# コンクリートなんでも小事典

## 固まるしくみから、強さの秘密まで

土木学会関西支部　編
井上晋 他　著

ブルーバックス

●カバー装幀／芦澤泰偉・児崎雅淑
●カバー写真／稚内港北防波堤ドーム
●トビラ・目次デザイン／中山康子
●図版／さくら工芸社

# まえがき

社団法人土木学会関西支部は、一般の方々への広報活動の一環として、土木をよりよく理解していただくための出版活動をしています。これまでに、講談社ブルーバックスから『水のなんでも小事典』（１９８９年）、『橋のなんでも小事典』（１９９１年）、『地盤の科学』（１９９５年）、『川のなんでも小事典』（１９９８年）の4冊を出版し、多くの方々からご好評を博してまいりました。５冊目となる本書は、「コンクリート」がテーマです。

当支部は、２００７年12月16日に創立80周年を迎えました。本書は、その記念事業の一環として企画され、このたび発刊の運びとなりました。

さて、私たちの身のまわりにある土木構造物あるいは建築構造物には、多くのコンクリートが使用されており、欠くことのできない建設材料となっています。道路、鉄道、橋、トンネル、住宅、学校、オフィスなど、私たちは朝起きてから寝るまで、コンクリート構造物に囲まれて生活しているといっても過言ではありません。にもかかわらず、一般の方々で、コンクリートをよく理解されている方は多くないようです。

コンクリートは、砂利と砂に、セメントと水を混ぜて練り上げたものです。本書では、その起源、用途に応じたコンクリートの材料やその仕組み、建設現場のさまざまな不思議、コンクリートの診断、維持管理、未来のコンクリートなど、コンクリートに関して読者の方々が日頃疑問に思っておられる事柄について、第一線で活躍している技術者や研究者ができるだけわかりやすく記述しています。

本書をお読みいただいて、コンクリートについてご理解いただきますとともに、土木技術を身近に感じて、親しみを抱いていただければ幸いです。

２００８年12月

土木学会関西支部創立80周年記念行事実行委員会　委員長　星野鐘雄

# もくじ



## 第1章 コンクリートとはどんなもの?

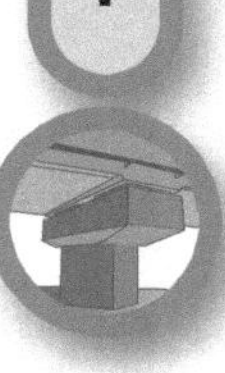

# 第2章

# コンクリートのルーツをたどる

## 第3章 コンクリートのレシピ



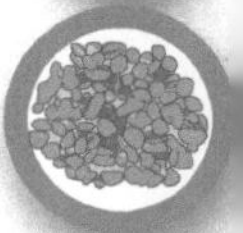

## 第4章 強さの秘密



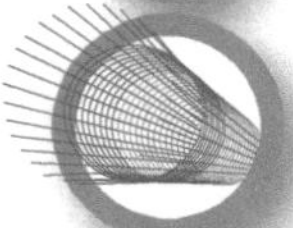

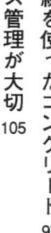

## 第5章 現場の不思議発見

## 第6章 いろいろな構造物

## 第7章 コンクリートの診断

## 第8章 コンクリートの維持管理

## 第9章 コンクリートと環境・未来

# 第1章

# コンクリートとはどんなもの?

**写真１－１**　街の構造物の多くはコンクリートでできている

私たちの日常生活の中で、コンクリートを目にしないことがあるでしょうか？

朝起きて、学校や会社へ向かう途中に目にする道路の縁石や舗道のブロック、駅のホームやバスターミナル、地下鉄の施設、橋、道路、トンネル、電柱……そして学校の校舎やオフィスのあるビルも、コンクリートを使って造られています。マンションにお住まいの方は、朝起きたところからもうコンクリートに囲まれていることになります（写真１－１）。

これほど、コンクリートという建設材料は、今日の私たちの生活に欠かせないものになっていますが、このコンクリートの中身はどうなっているのか、どうやって作られているのかご存じでしょうか。

この章では、本書のイントロダクションとして、コンクリートとはどんなものかを簡単に解説します。

## ①　セメントペースト、モルタル、コンクリート？

コンクリートによく似た物質で、モルタルやセメントペーストなどがありますが、これらはどこが違うのでしょうか？　私たちが使用しているコンクリートは、水、セメント、砂および砂利を混ぜ合わせて作るのが一般的です。この４つの材料から構成される集合体を「コンクリート(concrete)」と呼びます。なお、これら構成材料のうち、砂と砂利はまとめて「骨材《こつざい》(aggregate)」と呼ばれています。特に砂を「細骨材《さいこつざい》」、砂利を「粗骨材《そこつざい》」と呼ぶこともあります。

次に、モルタルですが、これはコンクリートの構成材料のうち骨材として砂（細骨材）だけを入れて作られたものです。左官屋さんが壁の仕上げ等で用いているコテで塗っているものが、モルタルです。したがって、モルタルの構成材料としては、水、セメントおよび砂ということになります。

最後に、セメントペーストですが、これは、モルタルからさらに砂を入れずに作られたもの、すなわち、水とセメントだけを練り混ぜたもののことをいいます。セメントペーストは、ちょうどハンドクリームや、水で溶いた片栗粉のような状態のものです。

ちなみに、近所のホームセンターなどでよく見かける「水と混ぜればコンクリート！」のような製品は、コンクリートの構成材料のうち、水以外の材料があらかじめ混ぜ合わせて売られているものです。

これらをまとめると、以下のようになります。

水＋セメント＝セメントペースト

水＋セメント＋砂＝モルタル

水＋セメント＋砂＋砂利＝コンクリート

## ②セメント、コンクリートという用語

セメント（cement）という言葉ですが、英語の辞書には、動詞で「接着する」とか「固める」とかいった意味が記してあります。

また、私たちが一般的に使用しているセメントを総称して「ポルトランドセメント（Portland Cement）」といいますが、ポルトランド（Portland）の語源は、イギリスにあるポルトランド島（Isle of Portland）という島の名前で、硬化したあとのセメントの風合いが、ポルトランド島で採れる石灰石（Portland limestone）に似ていることから、この名がついています。

一方、コンクリート（concrete）は、英語の辞書では、形容詞で「具体的な、有形の」といっ

た意味が定義されています。この言葉は、哲学で用いられる「形而上的な、抽象的な」といった意味をさすメタフィジカル（metaphysical）と対をなすものとして定義されているようです。

ところで、世界の国々ではセメントやコンクリートをどのように表記するのでしょうか？　主な国の言葉によるセメントとコンクリートを整理すると、次のようになります。

| | | |
|---|---|---|
| 日本語 | セメント | コンクリート |
| 英語 | cement | concrete |
| フランス語 | ciment | béton |
| ドイツ語 | Zement | Beton |
| スペイン語 | cemento | hormigón |
| 中国語 | 水泥 | 混凝土 |
| 韓国語 | 시멘트 | 콘크리트 |

日本に初めてセメントがもたらされたのは明治時代ですが、このとき、cement と concrete の英語の読み方がそのまま日本語として定着したようです。このうち特に、日本人としては漢字の意味が多少は理解できるという点で、中国語での表記はなかなか興味深いものがあります。日本

でも、太平洋戦争の英語表記を禁じていた時代には、コンクリートのことを「混凝土」と書いていたようで、古い文献を見ると、実際にこの書き方が使われていたことがわかります。

## 3 コンクリートはなぜ固まるか？

コンクリートを使うと、どうして大きくて丈夫な構造物を造ることができるのか？ というと、その秘密は、セメントにあります。ここでは、私たちが一般的に使用しているセメントの製造方法について簡単に説明します。

セメントの原料には、主に石灰石と粘土、そして少量のけい石と鉄さいが用いられます（写真1-2）。セメントを製造するには、まず、石灰石と粘土を細かく粉砕したものをキルンと呼ばれる大きな窯《かま》の中で1450℃にも達する高温で焼きます。この作業を焼成《しょうせい》といいます。この結果、石灰石と粘土は混ざり合いながら溶融し、これが冷却されるとセメントクリンカーと呼ばれる団粒状の物質となります。セメントクリンカーを細かく粉砕し、少量の石こうと混合することでセメントができあがります。

こうしてできあがったセメントは、水と接触することで非常に激しく化学反応を起こす性質を持っています。この化学反応の過程で、セメントとは異なる新たな物質を生成します。ここで、

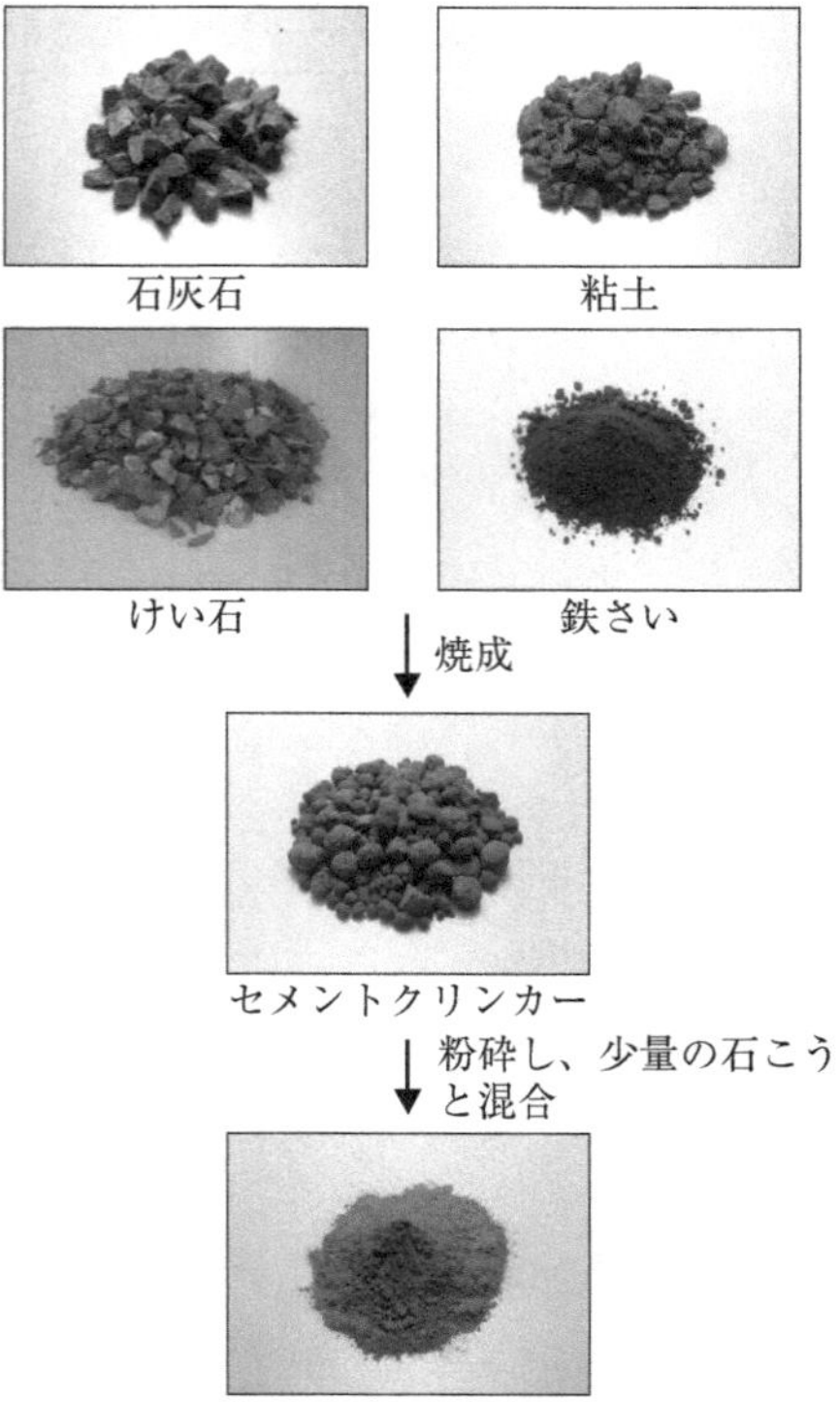


**写真1-2**　セメントの原料と焼成されたクリンカー

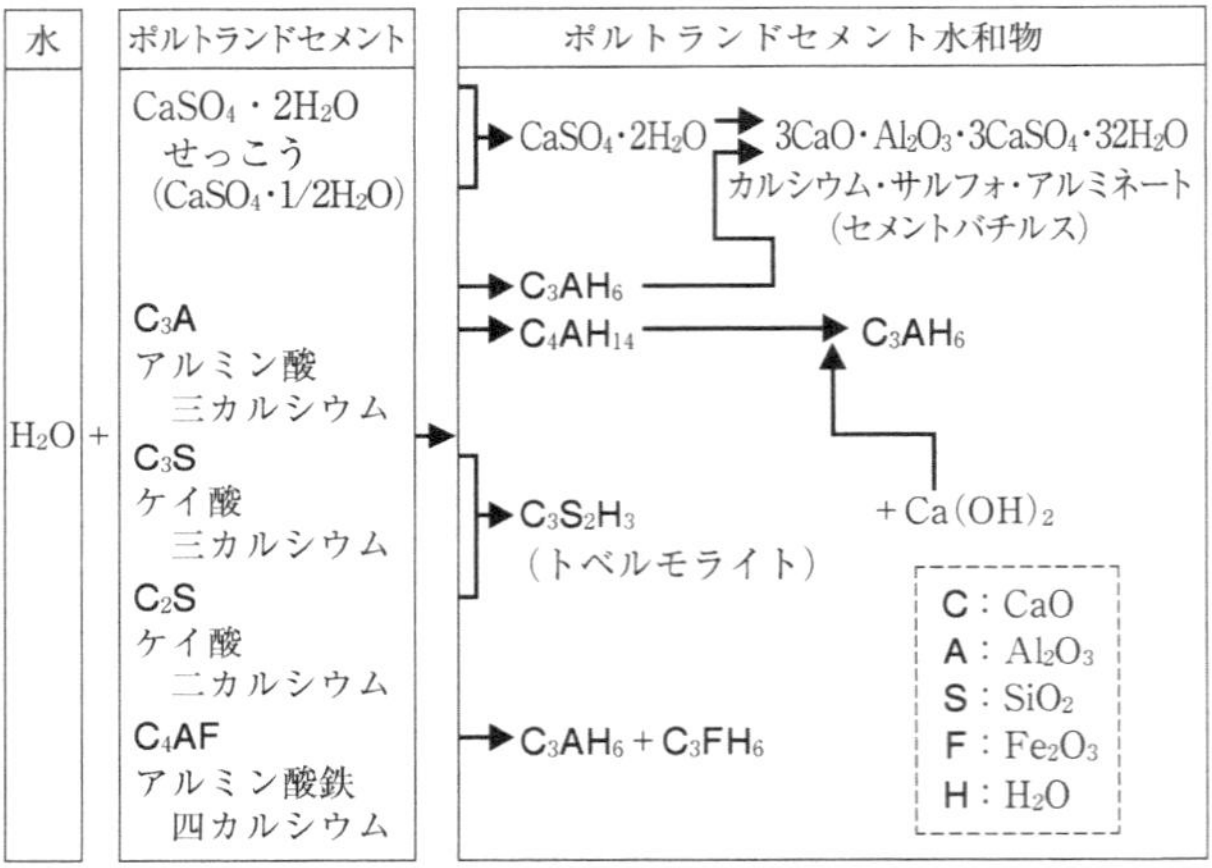


**図 1－1**　水和反応（出典：村田二郎、長瀧重義、菊川浩治『建設材料　コンクリート 第３版』、共立出版）

セメントが水と激しく反応することを水和《すいわ》反応といい、反応の結果、新たに生成される物質をセメント水和物《すいわぶつ》といいます。

セメントの水和反応は非常に複雑なので、詳しい説明は省きますが、化学式で表すと図1－1のようになります。セメントが水和反応すると、熱を発生します。この熱を水和熱と呼んでいます。コンクリートの中のセメントがこのような反応を経て、セメント水和物と呼ばれる小さな結晶を生成します。

セメント水和物は、カルシウム（Ca）、アルミニウム（Al）、ケイ酸（$SiO_2$）と水（$H_2O$）との化合物からなる物質で、その代表的なものとして水酸化カルシウム（$Ca(OH)_2$）が挙げられます。これらのセメント水和物は、コンクリートの中にある砂や砂利を糊のように結び付け、強固なひとつの塊にする性質を持っています。このような過程を経て、コンクリートが強固に固まるのです。

コンクリートを作る際に、水と混ぜ合わせてからほんの数分で最初の水和反応が始まり、1日も経てばしっかりと固まります。通常のセメントであれば、4週間（約1ヵ月）もすればセメントの固まる性能の大半が発揮されますが、セメントの水和反応そのものは、構造物ができあがってから50年も100年もの長い間、ゆっくりと継続し続けるということが、これまでの研究で明らかになっています。なお、コンクリートはこのように水和反応で固まるものですから、水が蒸発して乾いて固まるのではありません。泥が乾いて固まるのとは異なります。そのため、後述しますが、水中でも固まることができます。

## 4 いろいろなセメント

皆さんが料理で使う食材に小麦粉がありますが、小麦粉にも、パンやお菓子などを作る際に用いる強力粉のような、通常の小麦粉とはちょっと違った性質を持つものがあるのはご存じでしょう。実は、私たちがコンクリートに用いるセメントにも、用途や目的に応じていろいろな種類があります。

たとえば、地震などの災害により、橋や道路などコンクリート構造物が被害を受けた場合は、できる限り速やかに復旧する必要があります。このような場合には、通常のセメントのように、しっかり固まるまで1ヵ月も待つわけにはいきません。このような場合のために、練り混ぜてから1日でほぼ100％に近い強さを発揮する、早く固まるセメントがあります。

これとは反対に、大規模な構造物の工事などの場合は、1日に大量のコンクリートを扱うわけにはいかず、数日または数ヵ月にわたって繰り返しコンクリートを扱う必要があります。先に述べたとおり、コンクリート中のセメントは水と接してから1日も経てばしっかりと固まりますが、このような場合にそんなに早く固まってしまっては、数日前に用いたコンクリートとの間に不必要な不連続面が生じてしまいます。このような不連続面をコールドジョイントといいますが、これを生じさせないため、遅く固まるセメントなどもあります。

私たちが一般的に使用している「ポルトランドセメント」だけでも、固まるまでの時間の違いなどで、「普通ポルトランドセメント」、「早強ポルトランドセメント」、「超早強ポルトランドセメント」、「中庸熱ポルトランドセメント」などの種類があります。このほかにも、普通のセメントのように灰色ではなく、灰色の元であるセメント原料中の鉄分を除去して製造される真っ白なセメント（「白色セメント」）や、緊急工事などの目的で使用される、1～2時間程度で通常のコンクリート並みの強さを発揮する「超速硬セメント」などの特殊なセメントもあります。

また、最近では、都市ゴミを原料として製造される、環境にやさしい「エコセメント」のようなものも開発され、実用化されています。セメントの主な原料は石灰石と粘土であると先に述べましたが、最近のセメント製造工場では、廃タイヤやパチンコ台をはじめ、都市ゴミ、魚の骨、卵の殻、牛乳や肉骨粉、はてはプラスチックゴミやガラス瓶、建設残土までをも、セメントの製造に利用することができます。セメント産業は、世の中の廃棄物を原料とすることができる、資源循環社会にとってたいへん重要な分野なのです。

## 5 いろいろなコンクリート

セメントにもいろいろな種類があるように、使用する目的や用途に応じて、コンクリートにもいろいろな種類があります。最も一般的なコンクリートが、通常「生コン」と呼ばれている「レディーミクストコンクリート」(Ready Mixed Concrete) です。レディーミクストコンクリートは、設備の整った生コン工場と呼ばれる場所で、厳密な品質管理のもとで製造され、出荷されます。コンクリートを運搬するミキサー車は、街中でもよく見かけますが、このミキサー車が通常運搬しているのが出荷されたレディーミクストコンクリートです。

ダムなどの大規模な工事現場では、一度に大量のコンクリートを使用するため、ミキサー車に

**写真１－３** 水中でも固まるコンクリート（水中不分離性コンクリート、画像提供：株式会社熊谷組）

よって運搬されたコンクリートではなく、工事現場の敷地内で直接製造されたコンクリートを使用します。このようなコンクリートを「現場練りコンクリート」といいます。

このほか、高い耐震性が要求される高層ビルなどでは、通常よりもはるかに高い強度のコンクリートが必要とされます。このような構造物では「高強度コンクリート」と呼ばれる高品質なコンクリートが用いられます。また、通常のコンクリートよりも作業員の手間のかからない「高流動コンクリート」と呼ばれるものもあります。特殊な例としては、水中でコンクリートを施工することができる「水中不分離性コンクリート」（写真１－３）、ダムや舗装などで用いられる「転圧コンクリート」と呼ばれるものもあります。特に、水中不分離性コンクリートは、本州四国連絡橋の橋台を造るときに用いられたことで有名です。

構造物が完成した時点では、どれもみな灰色の固まりのようで見分けがつきませんが、工事段階では、使用する目的や用途に応じて、いろいろなコンクリートが使い分けられているのです。

第1章では、コンクリートについて、おおよそのイメージを持っていただけるように概要を述べました。第2章以降では、もっと詳細に説明していきます。

# 第2章

# コンクリートのルーツをたどる

私たちの生活の場を形成するのに不可欠な材料であるコンクリートは、いったいいつごろから使われ始めたのでしょうか? 本章では、コンクリートの生い立ちやその歴史について解説します。

## 6 コンクリートの起源

セメントが水と反応して固まるという性質については第1章で述べましたが、このような性質を持つセメントがいつごろ発明されたかというと、その起源はとてつもなく古いのです。

コンクリートの起源を調べるための研究は、これまで長年にわたって続けられています。それらの研究結果には、コンクリートの起源は、おおよそ2000~3000年前の古代ローマ時代とする説や、5000年ほど前の中国とする説、さらには9000年も前のイスラエルとする説などもあります。9000年前となると、日本はまだ縄文時代、世界史的に考えても中石器時代ないしは新石器時代ですから、コンクリートの起源がいかに古いかがよくわかります。

ところで、「どれがいちばん古いか?」といったことは、新しく発掘された遺跡の調査や古文書の記述などの解釈が進むほど、どんどんと塗り替えられてしまいます。今後、さらに古い遺跡などが発見され、発掘調査がなされて、コンクリートの起源となる年代がさらに遡るかもしれま

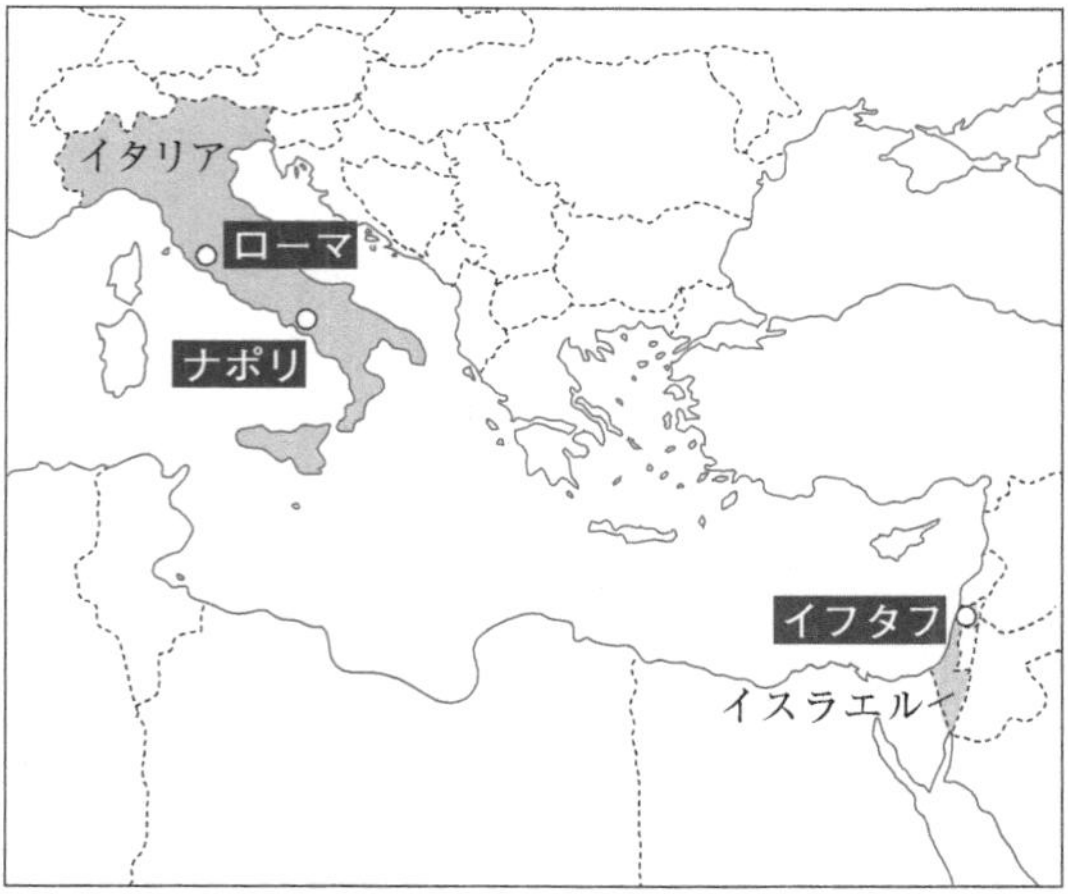


図2-1　イフタフとローマ

せん。したがって、次項以降では、「どのコンクリートが最も古いか?」ということは抜きにして、これまでの研究等で明らかにされているいろいろな古代コンクリートを紹介します。

## ⑦ 先人たちの研究（1）イフタフのコンクリート（イスラエル）

1981年、コンクリートの起源に関する研究論文が発表されました。これは、スウェーデンのローマン・マリノフスキー博士らによるもので、その内容は、イスラエル南ガレリア地方にあるイフタフの発掘現場（図2-1）で発見された壁部分を調査した結果、それらはコンクリートでできていると判断してよいのではないか、とするものでした。イフタフの発掘現場から出土した穀物の残りや火打ち石、床下に埋葬された人骨などに対して行われた調査の結果、この場所は紀元前7000年ころ（今から約9000年前）のものと判明しました。

マリノフスキー博士らの論文によれば、イフタフの発掘現場で発見されたコンクリートは、石灰を焼いた粉（セメントに相当）を石灰石の粒（砂に相当）と混合し、これを水で混ぜて床に敷き詰めて使われたと報告しています。また、発掘現場の別の場所では、粘土を焼成して作った直径70㎜もの赤いセラミックの破片（レンガのようなもの、砂利に相当）も使用していた形跡が見つかったとのことです。ちなみに、新石器時代には、粘土を焼成して土器を作っていたわけですから、ひび割れて使用できなくなった土器の破片をコンクリート用の砂利として流用していたと考えることも可能です。もしそうだったとしたら、当時すでに立派なリサイクル技術があったと考えることもできるでしょう。

現代の私たちが使っているコンクリートに非常によく似た材料が、9000年も前に発明され、しかも現存しているということは、非常に驚くべきことです。

## 8 先人たちの研究（2）大地湾のコンクリート（中国）

1980年代に中国の甘粛省奏安県の大地湾遺跡（図2－2）で、約5000年前に構築され

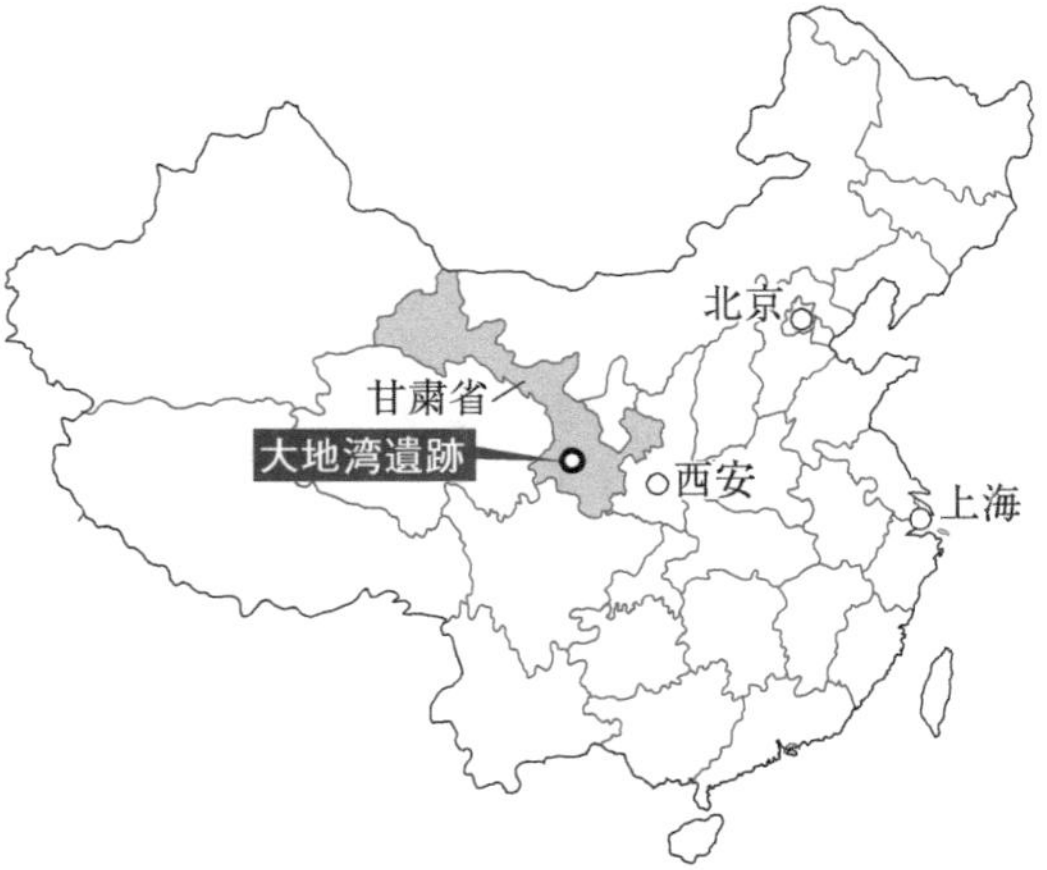


**図２-２**　大地湾遺跡

たと推定される大型住居跡が発見されました。この住居跡の床部分には、現代のコンクリートに相当するようなものが使用され、今日も現存していることが、中国の李最雄博士が１９８７年に発表した論文で紹介されました。大地湾遺跡は、これまでに発見された中国の新石器時代の遺跡の中では最も規模が大きく、保存状態も良好であり、豊富な遺物を多数出土した貴重な遺跡です。１９５８年に発見され、１９７８年から発掘調査が始まりました。

李博士によれば、大地湾遺跡の住居の床面に使用されていたのは、料《りょう》きょう石《せき》と呼ばれる石を焼成して粉末状にしたものをセメントとして用い、これを水と練り混ぜて固めたものであるということです。料きょう石は、粘土と石灰石が地層として隣り合う境界部分から産出される特殊な岩石で、成分としては炭酸カルシウムと粘土を含みます。また、料きょう石は焼成の過程を経ないと水と混ぜても固まらないという性質を持っていて、当時は900℃ほどの高温で焼成されたであろうといわれています。

現在、大地湾遺跡は、中国の重要文化財となっているため、5000年前のコンクリートをサンプルとして採取することはできませんが、甘粛省考古研究所、北京大学などに行けば、実物を見ることができるかもしれません。なお、料きょう石そのものは、今でも黄河の支流などで普通に見ることができるとのことです。

## 9 先人たちの研究（3）古代ローマのコンクリート（イタリア）

古代ローマ……この言葉だけでも、たいへんロマンティックな響きがします。そもそもロマンティックという言葉自体が「romantic」と書くくらいですから、古代ローマ時代が、今なお人々の興味を引く、たいへんに魅力的なものであることは、疑う余地のないところでしょう。日本でも、考古学の対象として、また、観光や新婚旅行の行き先としても、イタリアのローマ（図2-1）は、非常に人気のある街です。

先に述べたイスラエルのイフタフや、中国の大地湾遺跡と同様に、古代ローマ時代は、コンクリートが大活躍した時代でもあります。ローマ市内に現存する、学術的にも貴重な数多くの遺跡群は、ほとんどが、コンクリートでできているのです。いくつか例を挙げてみますと、フォロロマーノ、カラカラ浴場（写真2−1）、コロッセオ（写真2−2）、パラティーノの丘にある競技場……そして、古代ローマ人の暮らしを支えた有名な水道橋にも、コンクリートは使われています。

**写真2−1**　カラカラ浴場（ローマ）

**写真2−2**　コロッセオ（ローマ）

古代ローマ時代に造られたコンクリート構造物は、ローマ市内にあるだけではありません。イタリア南部の都市ナポリ近郊（図2−3）には、世界遺産にも登録されているポンペイ遺跡（写真2−3）やエルコラーノ遺跡など、古代ギリシア時代や古代ローマ時代を象徴する貴重な遺跡が点在していますが、これらの遺跡内にある構造物のほとんどすべてが、コンクリートでできています。ナポリは、「ナポリを見てから死ね」といわれるほど風光明媚な土地として有名ですが、コンクリートを研究する者としては、「古代ローマコンクリートを見てから死ね」といいたくなります。

歴史的に貴重な遺跡が豊富にあるイタリアでは、古代ローマ時代のコンクリートに関する研究

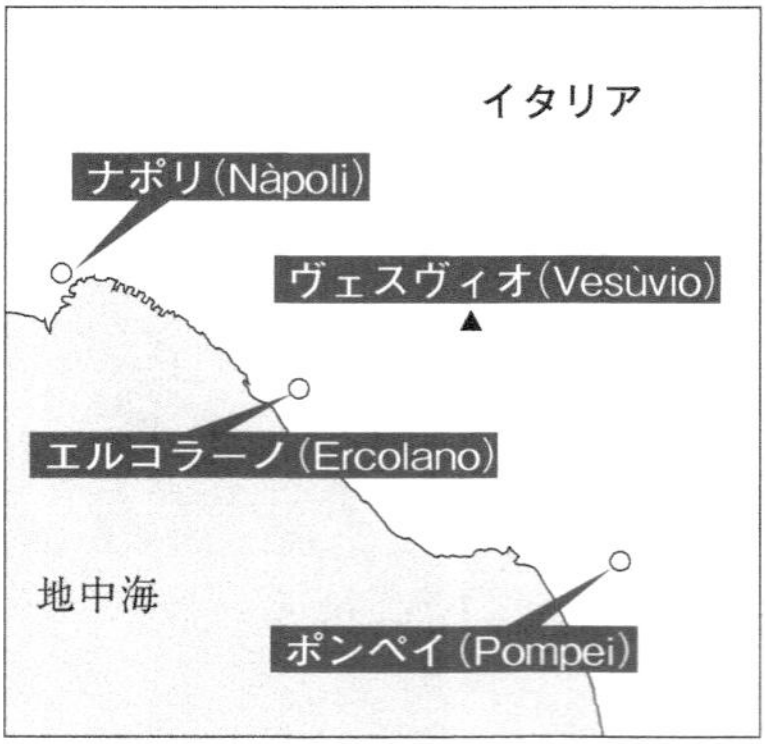


**図2-3** ナポリ近郊の地図

**写真2-3** ポンペイ遺跡とヴェスヴィオ

も古くから行われています。また、古代ローマコンクリートの研究は、イタリアのみならず、世界中の考古学者やコンクリートの研究者らによっても行われています。日本でも、すでに明治時代にコンクリートの起源として古代ローマ時代のコンクリートが紹介されていますが、近年では、塩野七生さんの大作『ローマ人の物語』（新潮社）や、小林一輔博士が執筆された『コンクリートの文明誌』（岩波書店）などで詳しく紹介されています。なお、古代ローマ時代には、ウィトルウィウス（Vitruvius）という人物がいて、土木・建築全般にわたる技術の集大成として『建築論』という大著を残しており、今日の私たちが古代ローマ時代のコンクリートを知る上できわめて重要な資料となっています。

## ⑩ ヴェスヴィオがもたらした奇跡の粉「ポッツォラーナ」

ナポリから電車で30分ほどのところに、ヴェスヴィオと呼ばれる大きな火山があります。ヴェスヴィオはこれまでに数多くの噴火を繰り返しており、紀元79年8月24日の大噴火では、多量に噴出した火砕流や泥流で近隣のポンペイの街やエルコラーノの街を一瞬にして埋没させてしまったことが特に有名です。

ヴェスヴィオは、噴火の際に大量の軽石や火山灰を高く噴き上げるタイプの火山で、その周辺地域には、水はけのよい火山灰などが深く堆積しています。古代ローマのコンクリートにとって重要なカギとなったのが、この火山灰でした。ウィトルウィウスの『建築論』では、ヴェスヴィオが噴出した火山灰をポッツォラーナ（Pozzolana）と呼び、この粉末と石灰を水で混ぜ合わせ、割石等を投入すれば、陸上はもとより海中であっても固まる性質を持ち、石塊のような強さをもたらすことが記されていたのです。このことは、大プリニウスが著した『博物誌』にも記されており、ポッツォラーナはヴェスヴィオ周辺の町やナポリ西方にあるバイアおよびポッツォーリの丘などで産するとしています。

ローマ人は、水1、石灰2、ポッツォラーナ4の割合で混ぜ合わせ、現代の私たちが用いるモルタルと同じような方法で使用していたのです。いつのころからか、ローマ人は、このようにして作られたモルタルの中に砕石や砂利を混入して一体化させ、建物の構造材として使用するようになりました。これが今日のコンクリートの原形となったということです。コンクリートの製造技術を得た古代ローマ人は、その後、次々と巨大建造物を構築していきます。最も代表的なコンクリート構造物といえば、ローマ市内にある巨大ドーム、パンテオン（写真2－4）といえるでしょう。蛇足ですが、このようなパンテオンの天井部分と似た構造のドームが、東京駅丸の内口構内にありますので、忙しくてイタリアまで行くのが難しい方はこちらをご覧になれば、ローマ人の技術の一端に触れることができるかもしれません（写真2－5）。

写真2-4　パンテオン（ローマ）の天井部分

写真2-5　東京駅丸の内口構内の天井部分

ローマ人はポッツォラーナが水で固まるという性質を知っていただけではないようです。ウィトルウィウスの『建築論』には風化した火山灰が堆積することで形成されるロームと呼ばれる土や、石造建築に多用された加工の容易な凝灰岩を切り出す際に副産される「石切り場の砂」と呼ばれる砕砂なども、水と混ぜ合わせることで固まるという性質を有していると知っていたとの記述もあります。ローマ人たちがこのようにして手に入れたコンクリートが、その後の古代ローマの繁栄を支え、石やレンガに代わる新たな建築技術の時代を切り開くことになりました。こうして考えると、ポッツォラーナという何でもないような「ただの粉」の類いまれな性質を見出し、これを利用してコンクリート技術を確立した古代ローマ人は偉大であったといわざるを得ません。また、ポッツォラーナの恵みを古代ローマ人に与えたヴェスヴィオも、偉大な火山と呼ぶにふさわしいでしょう。そしてなによりも、ポッツォラーナは、ヴェスヴィオがもたらした奇跡の粉といえるでしょう。なお、ポッツォラーナは、火山灰の一種であり、溶岩からできた岩石とよく似た性質のものなので、岩石学的な種類としては火山岩に属するものとされています。ポッツォラーナは火山灰が起源なので、その成分は採掘される場所によっても異なります。ポッツォラーナの化学的な成分とコンクリートとして固まった後の性質については、現在も世界中で研究が進められているところです。

## ⑪ コンクリート技術に関わる古代ローマ人の発明

古代ローマ人は、ポッツォラーナの性質を見出したことにより、コンクリートの製造技術を獲得しただけではありませんでした。今日の私たちがコンクリート構造物を造る上でも十分に参考

**図2-4**　ブラケット工法（出典：小林一輔、『コンクリートの文明誌』、岩波書店）

になるような施工技術をも用いていたのです。

たとえば、コンクリートは一定の時間を経ると、凝結《ぎょうけつ》という現象が始まります。凝結が生じたコンクリートの上に、新しいコンクリートを打ち足すと、コールドジョイントと呼ばれる不連続な面が形成されます。街で見かけるコンクリート構造物などにも、コンクリートの地肌にうっすらと白い線のようなものが入っているのを目にすることがしばしばありますが、これらの多くはコールドジョイントです。

古代ローマ時代のコンクリート構造物は、外側をレンガで構築し、その内側にコンクリートを充塡させる構造になっています。このような構造の場合、職人たちの作業手順として、まずある一定の高さにレンガを組み上げ、その高さまでコンクリートを充填します。この作業が終わったら、再び次の高さまでレンガを組み上げ、またコンクリートを充填する、という作業工程を繰り返します（図2－4）。

**写真2－6** カラカラ浴場の中詰めコンクリート。コンクリートの内部に一定間隔で平たいレンガが敷かれている

お気づきの方もおられると思いますが、このような工程では、コンクリートの充填作業が途中で時間を置かざるを得ない、すなわち、コンクリートのコールドジョイントを形成せざるを得なくなってしまいます。この問題を、古代ローマ人はどのように解決したのでしょうか？　じつは、レンガを組み上げた高さまでコンクリートを充填した段階で、平たいレンガを敷き詰めていたのです。このようにすると、コンクリートは高さ方向に一体化しませんが、丈夫な構造になります。ローマ人たちは、はじめから一体化しないことを想定して、丈夫になるような方法を見出していたのです。このようなローマ人たちの技術は、ローマのカラカラ浴場などで見ることができます（写真2－

**写真2-7**　壁に残された穴。ブラケット工法の跡といわれている

6)。

このほか、古代ローマ時代の遺跡にあるコンクリート構造物の壁面に、一定間隔で小さな穴を見ることがよくあります。これらの穴は、作業時の足場となるスペースを確保するための木材の差し込み口といわれています（写真2-7）。『コンクリートの文明誌』の著者である小林一輔博士は、このような小穴を設ける工法は、山陽新幹線の高架橋工事における急速施工の一環として採用されたブラケット工法の先取りであると指摘しています。

ブラケットとは、建設現場で設置される足場の一種です。敷地や工程に余裕のない場合に、コンクリート壁面にブラケットを直に設置して工事を進める工法をブラケット工法といいます。現代では、敷地や工程に余裕がある場合にはビティ（写真2-8）とよばれる器具を用いて足場を構造物の周囲に構築

**写真2-8**　ビティを設置した現代の工事現場

し、作業を行うのが一般的です。

このように、古代ローマ時代の遺したコンクリート構造物からは、コンクリートの製造技術だけでなく、構造物の施工技術にも、古代ローマ人たちの英知を読み取ることができます。

## ⑫ ポルトランドセメントの誕生

紀元395年に東西に分裂したローマ帝国は、476年に西ローマ帝国の滅亡を機に、事実上の「ローマ帝国としての滅亡」を迎えました。その後のヨーロッパは中世という時代を経るわけですが、この間、コンクリートの製造技術や施工技術は、まったくといっていいほど、進歩しませんでした。中世の壮麗な建築様式に見られるように、ヨーロッパではコンクリートのような堅牢な素材による構造物ではなく、細かな加工が施しやすい石造による構造物が主流を占めたからです。そんな時代であっても、石材と石材をつなぎ合わせる目地材としては、モルタルが使用されていたとの知見もありますが、中世においては、古代ローマ時代のような大規模なコンクリート構造物の建設は、まったくといっていいほど、なされることはありませんでした。

こうしてヨーロッパは18世紀の産業革命時代を迎えるわけですが、その歴史の流れの中で、イギリス人のジョン・スミートン（John Smeaton、１７２４～１７９２）という若者が、イングランド南部のエディストーン灯台の建設にあたり、古代ローマ時代に使用されていたコンクリートの製造技術に目を付けました。試行錯誤の結果、スミートンは、現在の私たちが使用しているセメントの原型となるポルトランドセメントに関する研究を続け、このセメントを用いたコンクリートによりエディストーン灯台を完成させました。その後、１８２４年にジョセフ・アスプディン（Joseph Aspdin、１７７８～１８５５）というイギリスのレンガ積み職人が「人造石製造法の改良」という表題で特許を取得し、歴史上で初めて「ポルトランドセメント」という名称が使用されました。これが、現在の私たちが使用しているポルトランドセメントの出発点といえるでしょう。

## ⑬ セメント誕生秘話「窯の発達」

　ところで、このようなセメントの誕生には、製造時の焼成温度が重要なポイントとなっています。先に述べたイスラエルのイフタフや中国の大地湾では、土器を焼くのには窯《かま》を用いていましたが、このような窯で到達できる温度は900〜1000℃程度でした。焼きイモを焼くときのような落ち葉を燃やしたときの野焼きの温度は600〜800℃くらい、タバコの赤く燃えている部分の温度は800〜900℃くらい、ダイオキシンが発生しないように都市ゴミを完全燃焼させるために必要な温度は800℃くらいであるといわれていますから、イスラエルや大地湾で用いられた窯を用いることで、相当な高温を達成できていたことになります。

　今日の私たちが使っているポルトランドセメントは、1450〜1600℃というたいへんな高温で原料を焼成（溶融）することで製造されています。スミートンやアスプディンがポルトランドセメントを開発した段階では、まだ1000〜1200℃程度だったといわれています。セメントの性能は、原料となる石灰石や粘土をいかに高温で焼成するかという点に、大きく左右されます。したがって、セメントの誕生と発達には、高温でモノを焼くことができる窯を作り出す技術の発達が、重要なカギとなります。

　このような温度にまつわる歴史は、セメントだけでなく、ガラスや製鉄、セラミックなど、その他の工業製品の発達とも、密接に関係していると思います。ちなみに、太陽の表面温度は約6000℃、温度の低い黒点と呼ばれる場所でも4000℃近くに達しているといわれています。もし、このくらいの温度で焼成することができたら、もっと高性能な素材ができるのかもしれません。

# 第3章
# コンクリートのレシピ

## 14 水加減と配合

第1章で説明しましたように、コンクリートの材料は、セメント、水、砂、砂利ですが、現在では、これに混和材料が加えられます。混和材料とは、コンクリートの性質を改善するための材料で、「混和材」と「混和剤」に分けられます。コンクリート全量に対して、使用量が比較的多い粉体系の材料を混和材、使用量が少ない薬剤的な材料を混和剤と呼んでいます。

コンクリートが使われ出した当初は、セメントが樽に入った状態で供給されていたこともあり、容積でコンクリート材料の使用割合を示していました。建築用は1対2対4、土木用は1対3対6等、と。セメント1樽に対し、砂を2樽分、砂利を4樽分はかりとり、それらを混ぜ合わせた後、水を適量、まさに職人の勘で適量加えて、コンクリートに仕上げていたようです。

さて時代は移り、現在のコンクリートの製造においては、容積ではなく質量で各コンクリート材料を計量しています。各材料の割合は、どのようにでも変えることができ、自由度は無限にあります。では、どのようにして各材料の量を決めているのでしょう。

各材料の割合を決めることを、配合設計、あるいは調合設計といっています。

配合を決める際には、表3－1に示したように、じつに多くのことを考慮して決めています。

| |
|---|
| 構造物として要求される強度を持っているか |
| コンクリートを扱う際の作業性が良いか（練混ぜ、運搬、打込み、締固め、仕上げ、型枠外しなど） |
| 構成材料が、施工中に分離しないか |
| 構造物中の鉄筋が錆びないようにできるか |
| 使われる環境条件下で長持ちするか（耐久性） |
| 有害なひび割れが生じないか |
| 水漏れのしないコンクリートか |
| 火災に対する安全性があるのか |
| コストは |

**表3-1**　コンクリートの配合を決める際に考慮している項目

構造体として所要の強度があり、打込み等の作業に適する作業性、構造物が長持ちするための耐久性、そして経済的合理性を有することも必要です。

皆さんが日常目にするコンクリート構造物、たとえば、学校校舎、高層ビル、鉄道や道路の高架橋、ダムや堤防、海洋や河川の橋、空港滑走路やエプロン、原子力発電所、等々、あらゆるコンクリート構造物に用いられるコンクリートの配合を決める際には、表3-1のような項目が十分に検討されているのです。じつに大変な作業ですが、幸いなことに先人たちが築きあげてくれた莫大な知見やデータベースがあるため、それらを活用して配合設計を行っています。

配合設計に活用されている知見の代表的なものを紹介します。

### （1）強度と水セメント比

コンクリートを使って構造物を造るとき、最も重要なのが強度です。強度には、力の加わる方向によって、圧縮強度、引張強度、曲げ強度などがありますが、圧縮強度で評価される場合が多くなっています。第4章で詳しく説明しますが、コンクリートの強度と水セメント比の間には密接な関係があります。セメントに対する水の割合が減少する、つまりセメントペーストの濃度が高くなるほど、コンクリートの強度が増加します。

### （2）耐久性、水密性と水セメント比

コンクリートの耐久性にはいろいろな特性がありますが、基本的にはコンクリートの性質を変化させる物質が、コンクリート中に侵入することにより耐久性にかかわる現象が生じます。代表例としては、空気中の二酸化炭素の侵入による中性化（炭酸化）と、塩化物イオンの侵入による塩害が挙げられます。

一般的なコンクリートの場合、骨材が容積でおおむね70％（60〜80％）を占め、残りの部分をセメントと水からなるセメントペーストが占めています。70％を占める骨材相互を、セメントペーストがくっつけているという形です。したがって、接着剤であるセメントペーストの性質（濃度）が、異物質のコンクリート中への侵入程度に大きな影響を与えます。

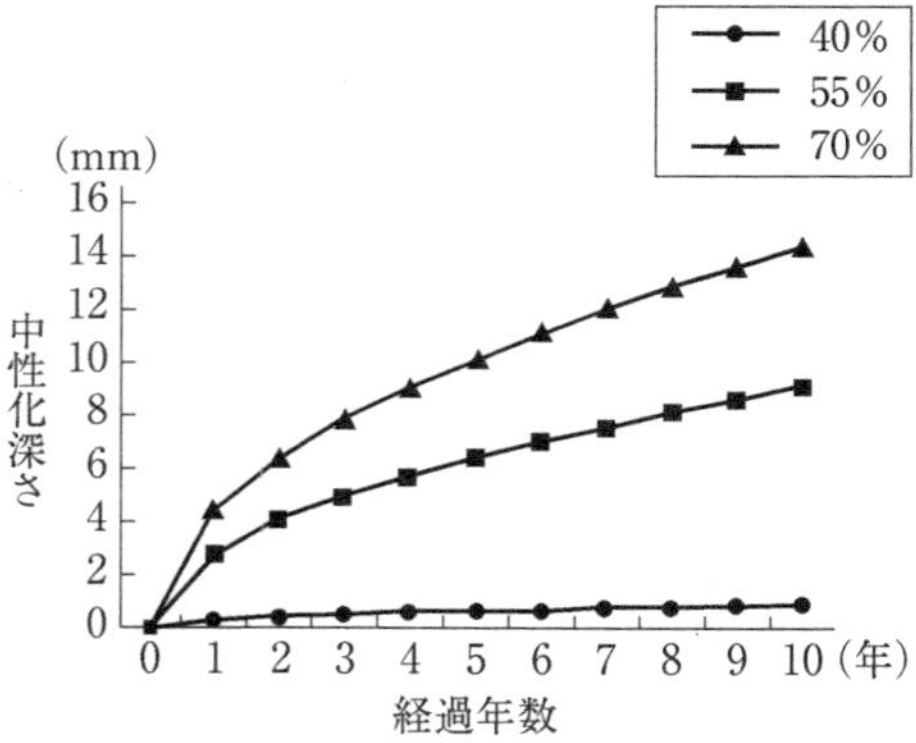


**図3-1**　中性化の進行に及ぼす水セメント比の影響。水セメント比が40%、55%、70%の場合を比較した

コンクリート内部への水の浸入のしやすさを水密性といいます。水密性も、やはりセメントペーストの濃度が影響を与えます。

耐久性や水密性と水セメント比の関係を見てみましょう。コンクリートの性質は、水セメント比が小さいほど、つまりセメントペーストの濃度が高いほど良くなります。たとえば、中性化と水セメント比の関係は図3-1のとおりです。水セメント比が大きいほど、中性化の進行が速いことがわかります。中性化の進行を抑制したい場合は、水セメント比を小さくすることが効果的なのです。

コンクリートは、ひび割れ等の欠陥がなければ基本的には水を通しにくい材料、つまり防水性を持った材料です。しかし、圧力がかかった場合などには、水がじんわりと滲み込んでいく場合があ

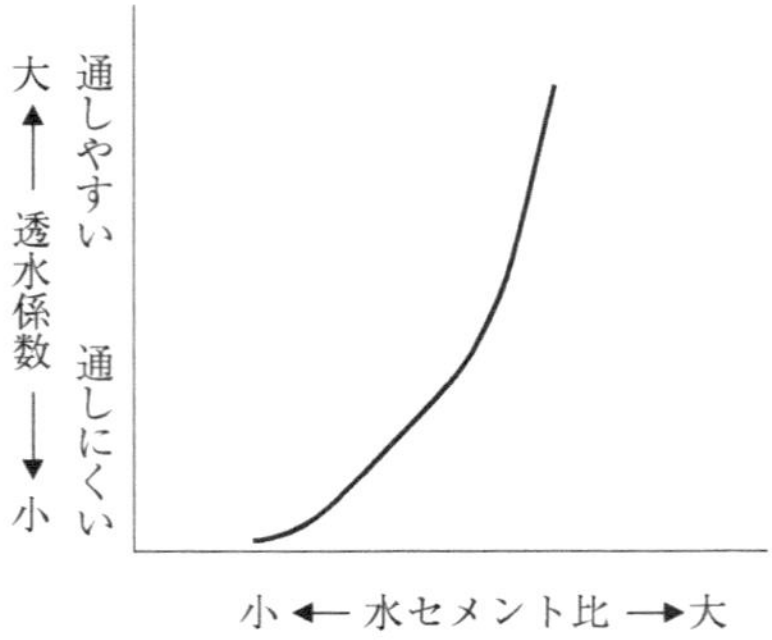


**図3-2** コンクリートの透水係数と水セメント比

ります。水の通しやすさを表す指標が透水係数であり、水セメント比とは図3－2に示すような関係があります。水セメント比が大きいほど、水を通しやすいことがわかります。

### （3）水量

コンクリートの軟らかさは、基本的には含まれる水が多いのか、少ないのかで決まります。たこ焼きの粉を水で溶くときと同じです。水を増やせば増やすほど、軟らかくなっていきます。

先に説明しましたように、セメントが固まるためには、水和反応のための水が必要です。ただ、通常のコンクリート中には、水和反応に必要な量以上の水が含まれています。施工するためには、コンクリートに一定の軟らかさが必要なのですが、その軟らかさを所定の値にするための水です。これらの水は、水和反応に消費されませんから、いわば余剰の水です。余剰の水は、コンクリートの硬化後に空隙となり、耐久性や水密性を低下させる要因となります。このため、固まった後のコンクリートの性能発揮という面から見れば、水量は所要の品質が得られる範囲内でできるだけ少なくする必要があります。

（4）セメント量

コンクリートにはさまざまな原因でひび割れが発生することもあります。セメントが固まるときに発生する反応熱（水和熱といいます）が原因となるひび割れや、コンクリート構造物が乾燥するときに発生する乾燥収縮などです。ひび割れを減らすにはセメント量ができるだけ少ないことが望ましいのですが、一方では、少なすぎると耐久性低下に繋がります。

これらの知見を考慮して、配合が決定されますが、その流れは次のとおりです。

まず、①構造物の種類や各部分の大きさにより、強度、骨材の大きさ（粗骨材最大寸法）、スランプ（軟らかさ）を決めます。鉄筋が配置された中にコンクリートを打ち込みますので、鉄筋の間隔などとの関係を考慮する必要があります。②次に実際の工事に使用する材料を用いて試験練りを実施し、強度などが目標どおりであることを確認します。外れているようであれば、配合を修正し、再度試験を実施します。なお、ＪＩＳ（日本工業規格）に規定された生コンクリートを使用する場合は、生コンクリート工場で品質を確認した配合を準備していますので、②の検討は省略できます。配合は、コンクリート量１㎥あたりの各材料の使用量（単位量といいます：単位セメント量、単位水量等々）として表します。表３－２をご覧ください。

| 粗骨材最大寸法 mm | スランプ cm | 水セメント比 % | 空気量 % | 細骨材率 % | 水 kg/m$^3$ | セメント kg/m$^3$ | 細骨材 kg/m$^3$ | 粗骨材 kg/m$^3$ | 混和剤 ml/m$^3$ |
|---|---|---|---|---|---|---|---|---|---|
| 20 | 8 | 55 | 4.5 | 42 | 160 | 291 | 762 | 1,094 | 728 |

粗骨材最大寸法：粗骨材の大きさを示す値
スランプ：コンクリートの軟らかさを示す値。大きいほど軟らかい
水セメント比：水とセメントの質量比。上表では160/291×100＝55％
空気量：コンクリート1m$^3$中の空気の容積割合
細骨材率：骨材全量に対する細骨材の容積割合（上表の骨材量は質量表示）

**表3－2** 配合の表し方

## ⑮ 材料の主役は砂と砂利

コンクリートの材料のひとつに骨材があります。骨材とはなんでしょう。土木学会では、「モルタル、またはコンクリートをつくるために、セメントおよび水と練り混ぜる砂、砂利、砕砂、砕石、スラグ骨材、その他これらに類似の材料」と規定しています。コンクリートの骨格を形成する材料だから、骨格材料、転じて骨材なのでしょう。骨材は、コンクリート容積の約70％を占めていますので、コンクリートの性質に大きな影響を及ぼします。コンクリートの材料構成を、モルタルおよびセメントペーストと比較する形で図3－3に示します。

骨材は、英語ではaggregateと表記されます。辞書を引いてみると、集合体、集積物との訳があります。まさにコンクリート用材料として「骨材」が備えるべき性質をしっかり

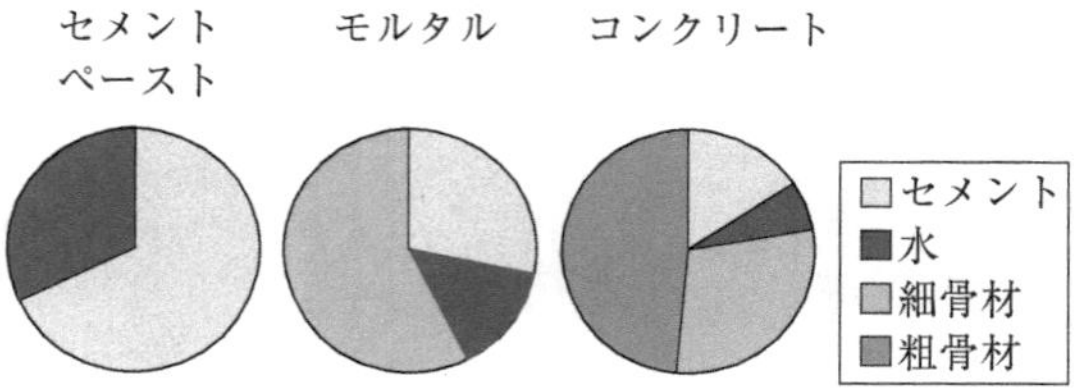


各々代表例（質量比）。上記以外に、空気泡、混和材・混和剤も。

**図3－3**　セメントペースト、モルタル、コンクリートにおける材料構成

| | ふるいの寸法(mm) | | | | | | | | |
|---|---|---|---|---|---|---|---|---|---|
| | 25 | 20 | 10 | 5 | 2.5 | 1.2 | 0.6 | 0.3 | 0.15 |
| | 各ふるいを通過するものの質量割合(%) | | | | | | | | |
| 砂利（最大寸法 20mm） | 100 | 90～100 | 20～55 | 0～10 | 0～5 | | | | |
| 砂 | | | 100 | 90～100 | 80～100 | 50～90 | 25～65 | 10～35 | 2～10 |

**表3－3**　砂利および砂の標準粒度（出典：JIS A5308 附属書1 表2を抜粋して制作）

と表現した訳です。

　コンクリートに用いる骨材としては、粒度分布が重要です。一般のコンクリート用としては、特定の大きさの粒が欠けることなく、大小の粒がバランス良く、連続して存在することが要求されます。大小の粒の集合体、集積物であることが要求されるのです。このことから、たとえば生コンクリートのＪＩＳでは、粒度分布を表３－３のように決めています。

　骨材には、細骨材、粗骨材という分類があることは、第２章で説明しました。一般に、５㎜

| 産地による区分 | 大きさによる区分 | |
|---|---|---|
| | 細骨材 | 粗骨材 |
| 天然骨材 | 山砂<br>川砂<br>陸砂<br>海砂 | 山砂利<br>川砂利<br>陸砂利<br>海砂利<br>火山れき（軽量） |
| 人工骨材 | 砕砂<br>人工軽量細骨材<br>高炉スラグ細骨材<br>溶融スラグ細骨材 | 砕石<br>人工軽量粗骨材<br>高炉スラグ粗骨材<br>溶融スラグ粗骨材 |
| 再生骨材 | 再生細骨材 | 再生粗骨材 |

**表3－4**　主な骨材の種類

以下のものを細骨材、5㎜を超えるものを粗骨材といいます。ただし、この5㎜という境界値には、理論的な根拠はなく、実用的な観点から採用されたものです。

では、なぜコンクリートには骨材が必要なのでしょう。骨材なしでも、コンクリートというか、コンクリートらしきものを作ることはできます。骨材がありませんので、セメントと水、すなわちセメントペーストということになりますが、このセメントペーストだけでも形あるものを作ることはできます。しかし、通常のコンクリートに比べて材料費が大きく増加し、またできあがったコンクリートもひび割れが多いものとなります。こうした経験を踏まえ、経済性とコンクリートの性能の両面から骨材を使用しているのです。

骨材の種類は多様です。表3－4に主な骨材の種

| 項　目 | 試験の狙い |
|---|---|
| 粒度分布 | ふるい分け試験により、大小粒の混合状態を求める。粒度分布は、コンクリートの作業性、経済性に大きな影響を及ぼす |
| 密度および吸水率 | 密度の大きなものは一般に吸水率が小さく、骨材自体の強度が大 |
| 粘土塊量 | 粘土とは土中の細粒分であり、粘土塊がコンクリート中に混入するとコンクリートを練り混ぜる際に必要な水量が増加するのに加え、強度や耐久性に影響する |
| 有機不純物 | コンクリートの硬化を阻害し、強度や耐久性に影響する。腐食土や泥炭質に含まれるもの |
| 塩化物量 | コンクリート構造物中の鉄筋の腐食を促進する |
| 安定性 | 気象作用に対する骨材の安定性を知る目安となる |
| すりへり減量 | 道路用やダム用コンクリートでは、磨耗に対する抵抗性が必要となる。粗骨材のすりへり抵抗性がコンクリートの耐磨耗性に影響する |

**表3-5**　骨材の主な試験項目

類を整理しました。砂や砂利などは天然骨材ですが、岩を砕いた砕石や、砕石よりもさらに小さく砕いた砕砂は、人工骨材に分類されます。再生骨材については第9章で説明します。コンクリート用骨材として、多種多様のものが使用されているのがわかっていただけると思います。

さて、構造物に使用するコンクリート用の骨材ですので、使用する骨材もなんでも良いというのではなく、あるレベル以上の品質を持っていることが要求されます。骨材に要求される品

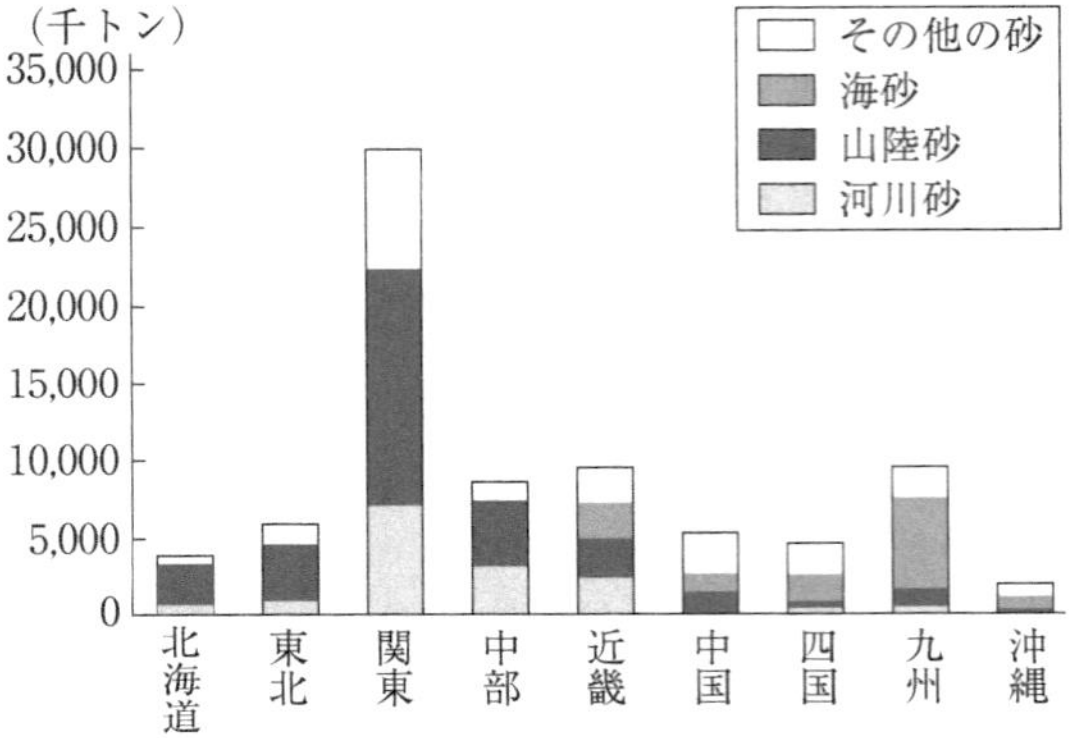


**図3-4**　生コンクリート工場における細骨材使用状況（2005年度）

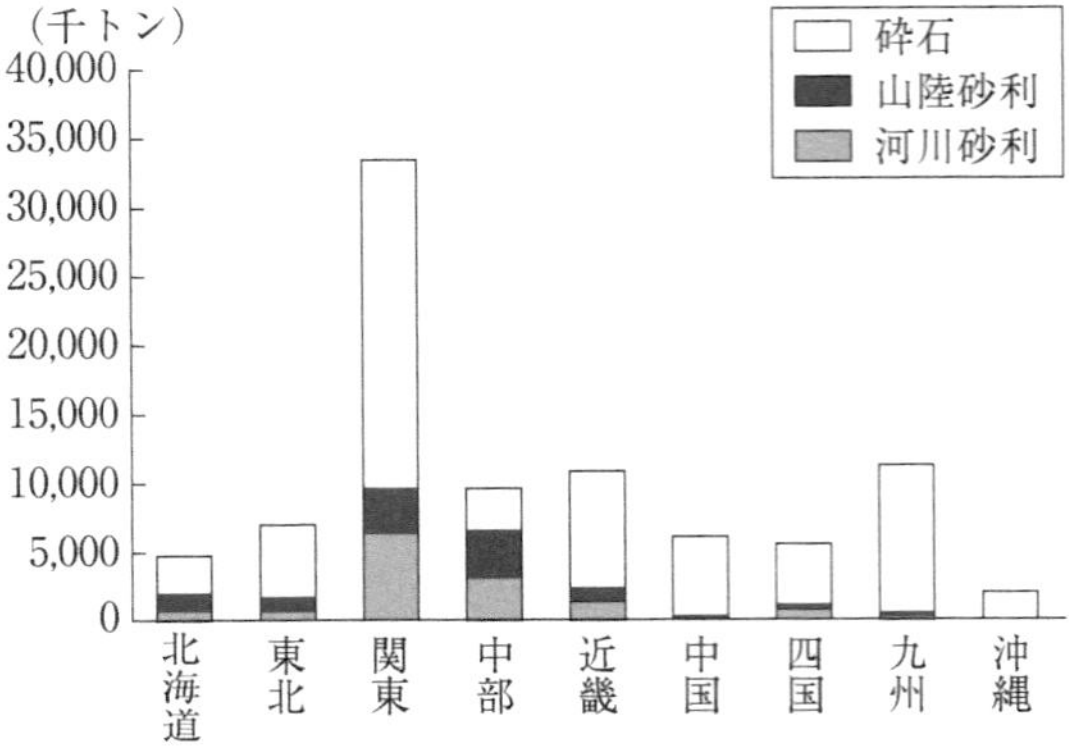


**図3-5**　生コンクリート工場における粗骨材使用状況（2005年度）

質をコンクリートの性能と関連させ、表3－5に整理しました。前述したように、適度な粒度分布は重要ですし、密度および吸水率、粘土塊量は強度に直接影響します。有機不純物、塩化物量は耐久性に大きく影響します。

骨材は輸送コスト等の関係から工場近辺の材料を使うケースが多いようです。図3－4および図3－5には、2005年度における生コンクリート工場での細骨材および粗骨材の使用状況を、また図3－6には、1984年と2005年の比較を示しました。

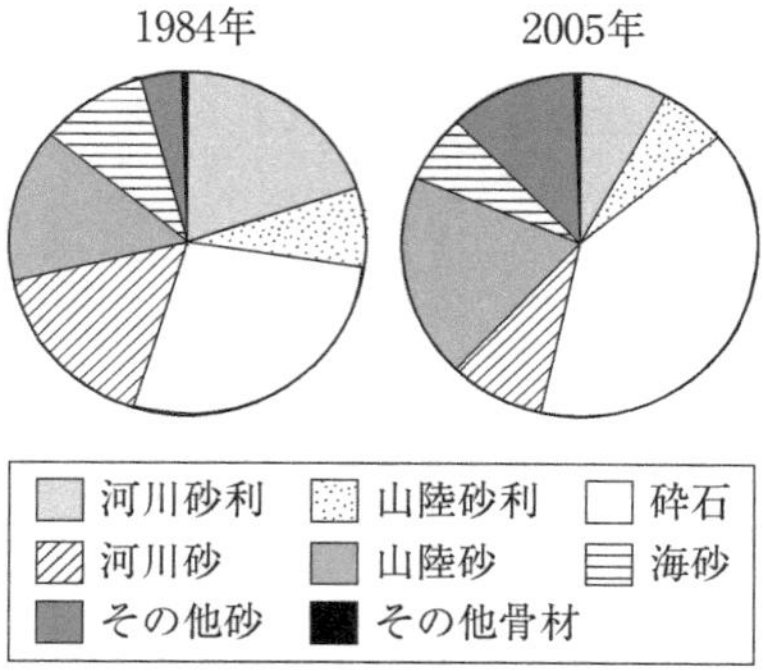


**図3-6**　生コンクリート工場使用骨材の推移（構成比）

1984年度から2005年度への変化を見ると、全国レベルでは、砕石は約28％であったものが、39％に増加。河川砂利＋山陸砂利は、約27％から14％程度に半減。河川砂＋山陸砂＋海砂は、約40％から34％程度とやや減少し、なかでも、海砂は10％強から7％弱に減少といった推移が認められます。

骨材の需給に関しては、地域差が大きいため、日本全体で通用する傾向はほとんどありませんが、そのなかで特筆すべきものを以下に示します。

・東京、神奈川、千葉での砕石供給が不足し、高知、大分、青森等から海送使用
・房総半島の山砂が減少し、砕砂等との混合使用が増加
・瀬戸内海での海砂採取が規制され、供給量が大幅減。2006年度には全面禁止
・中国砂の輸入は、中国国内での需要増大に伴い、減少へ
・日本建築学会が、2006年2月に収縮ひび割れ制御指針を制定。石灰石骨材を推奨
・解体コンクリート塊から骨材を製造する「再生骨材」がJIS化

骨材資源は、今後ますます多様化していくものと考えられますので、適材適所で使うべく、選択を確実に行うことがより重要になってきます。

## ⑯ 混和剤と呼ばれる調味料

コンクリートはセメント、骨材（砂、砂利）、水の量を適切に決めれば作ることができます。しかし、実際には、化学混和剤（以下混和剤）という薬剤を使用して、コンクリートの性能を改善しています。具体的には、打ち込みやすくする、早く固まらせる、遅く固まらせる、などの性能を与えることができます。ここでは、コンクリートにいろいろな性能を付加する薬の種類とその役割を紹介します。

| 種　類 | 説　明 |
|---|---|
| ＡＥ剤 | コンクリート中に多数の微細な独立した空気泡（10～300$\mu$m程度）を一様に分布させることにより、ワーカビリティー（作業性）および耐凍性を向上させる剤 |
| 減水剤 | 所要の作業性、軟らかさを得るのに必要な水量を減少させる剤 |
| 高性能減水剤 | 必要なコンクリートの軟らかさを得るための単位水量を大幅に減少させるか、同じ単位水量でコンクリートの軟らかさを大幅に増加させる剤 |
| ＡＥ減水剤 | ＡＥ剤と減水剤の作用を併せ持つ剤。空気を連行する性能を持ち、コンクリートの単位水量を減少させる剤 |
| 高性能ＡＥ減水剤 | 空気連行性能を有し、ＡＥ減水剤よりも高い減水性能及びコンクリートの軟らかさを長時間維持できる性能を持つ剤 |
| 硬化促進剤 | セメントの水和を早め、初期材齢の強度を大きくする |
| 流動化剤 | あらかじめ練り混ぜられたコンクリートに対して添加し、その流動性を増大させることを目的とする剤 |

**表３－６**　化学混和剤の種類と特徴

混和剤は、主として、その界面活性作用または水和調整作用によって、コンクリートの諸性質を改善します。主なものとしては、ＡＥ剤、減水剤、高性能減水剤、ＡＥ減水剤、高性能ＡＥ減水剤、硬化促進剤および流動化剤があります（表３－６）。

主な混和剤の効果について、もう少し詳しく見てみましょう。

## （１）ＡＥ剤

ＡＥ剤（Air Entraining Agent）は、空気連行剤とも

いい、コンクリート中に10～３００㎛程度の大きさの微細な独立した空気泡を混入させる混和剤です。これらの気泡は、コンクリートの流動性を向上させるとともに、寒冷地等の凍結環境下で、コンクリート中の水分が凍結した際の膨張圧力を緩和する働きをします。コンクリートの耐凍性の向上に役立つのです。適切な空気量値は、３～６％程度です。

わが国には１９４８年ごろに技術導入され、１９５０年に日本発送電・平岡発電所、国鉄・信濃川発電所の施工で使用されました。ほぼ時を同じくして、磐城コンクリート工業・業平橋工場（のちの東京エスオーシー業平橋工場）が生コンクリート工場として初めて使用を開始しました。ちなみに同工場は、わが国の生コンクリート工場第1号で、東京都墨田区の同工場跡地には、生コンクリート工業発祥の地の碑が建立されています。

ＡＥ剤を使用したコンクリート（ＡＥコンクリート）は、１９５１年着工の営団地下鉄（現・東京メトロ）丸ノ内線建設工事にも採用されました。

ＡＥコンクリートは、耐凍性に優れているだけでなく、コンクリートの流動性と均一性を高め、運搬による材料分離もなく、施工も行いやすいという利点があります。これらが、関係者に認知されたことで、生コンクリートの技術的基盤ができあがり、本格的な生コンクリート発展の礎となりました。

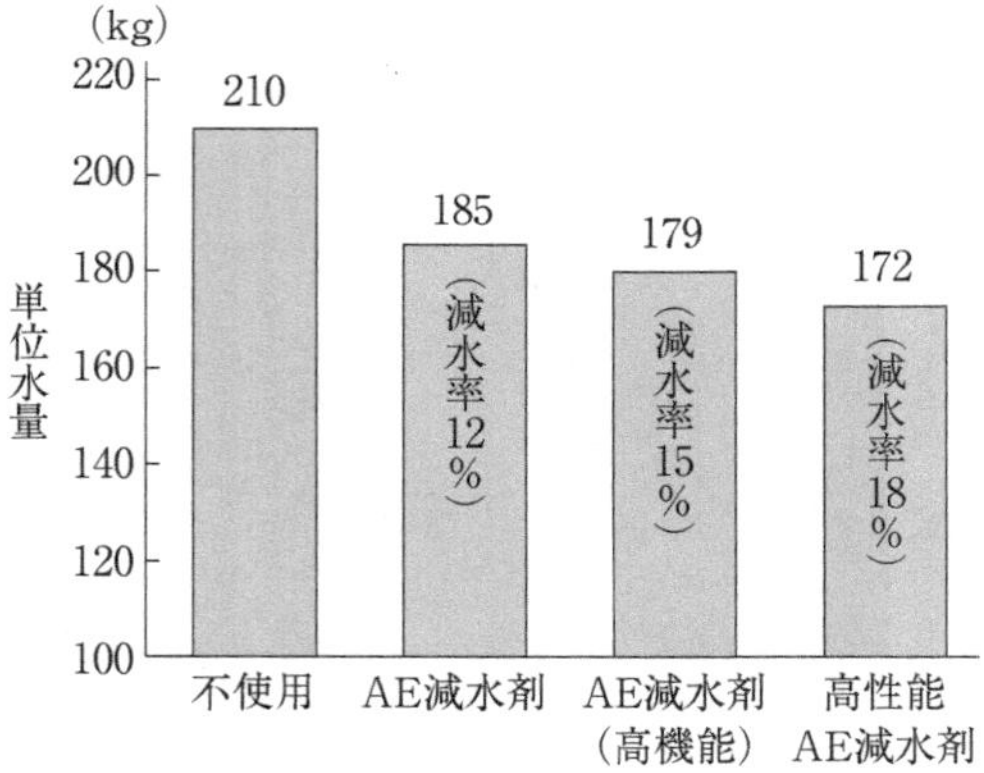


**図3-7**　単位水量の低減効果（数字は、コンクリート用化学混和剤協会HPより）

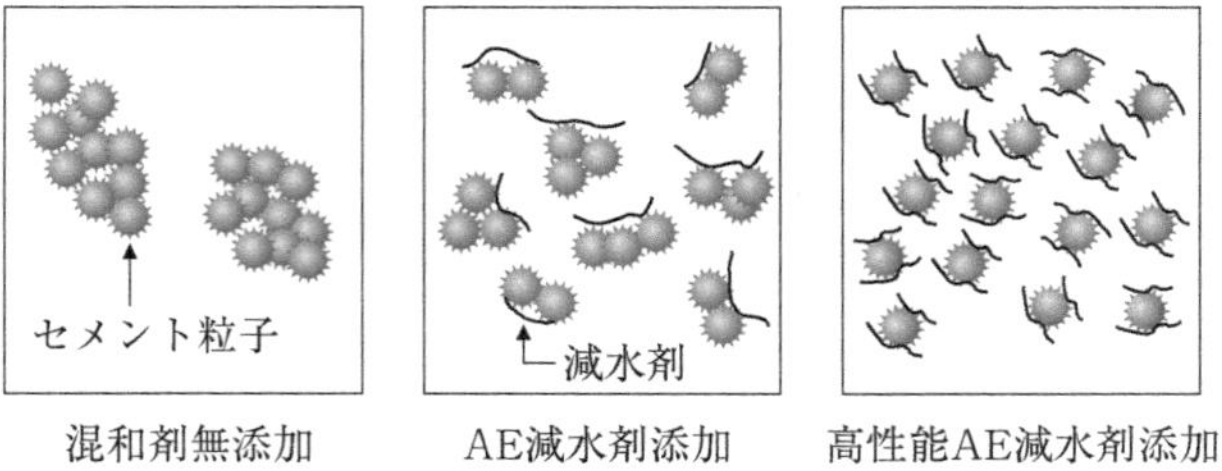


| セメントの分散状態 | 凝集 ←――――――――――――→ 分散 | | |
|---|---|---|---|
| 減水率 | — | 12% | 18% |
| 単位水量の一例 | 210 | 185 | 172 |

**図3-8**　化学混和剤によるセメント粒子の分散状況（出典：コンクリート用化学混和剤協会HP）

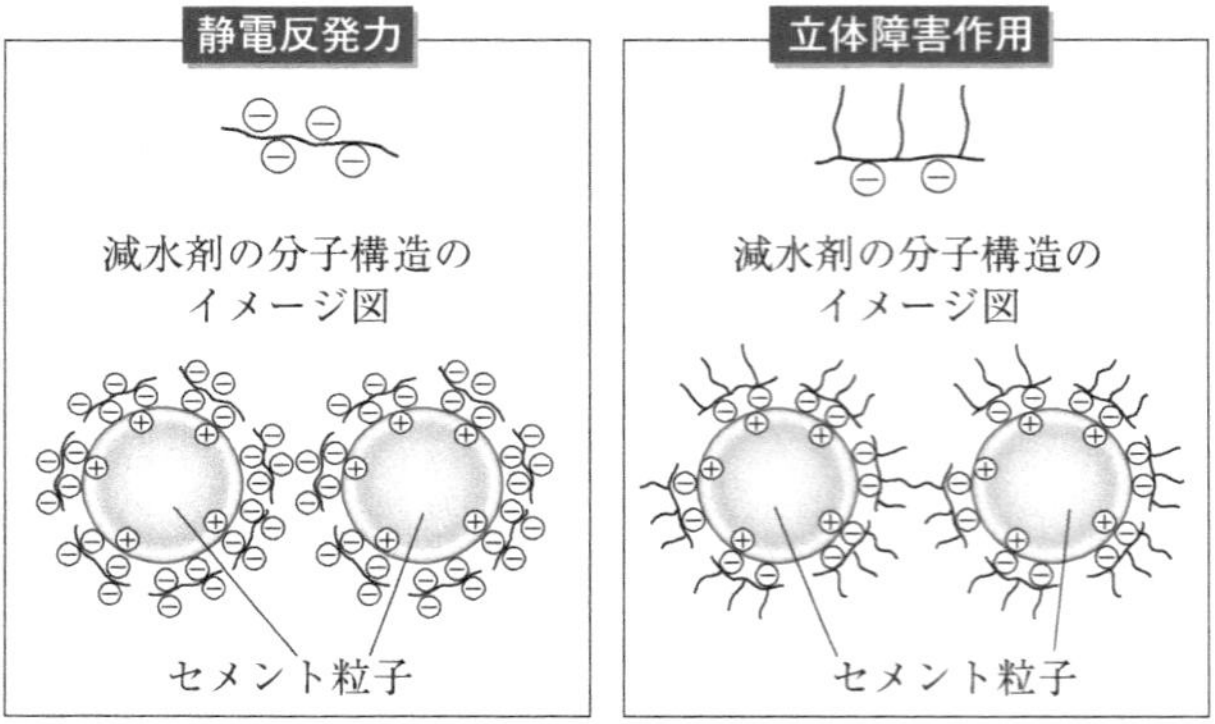


**図3-9** 化学混和剤によるセメント粒子の分散メカニズム。セメント粒子に吸着した減水剤のマイナス電荷の反発による分散を静電反発力と呼ぶ。一方、立体障害作用は、セメント粒子に吸着した減水剤の、かさ高い分子構造により、セメント粒子同士の凝集を阻害することによる分散作用（出典：コンクリート用化学混和剤協会HP）

（2）減水剤

たこ焼きを作る際に粉を水で溶きますが、ともすれば、まま粉状になり、うまく混ざらない経験をした方もおられるでしょう。コンクリートの場合も、粉状のセメントをいかにうまく水に分散させるかがポイントとなります。そこで威力を発揮するのが減水剤です。

減水剤にはいろいろな種類のものがありますが、基本的な働きとしては、セメント粒子に吸着して、プラスとマイナスの静電反発力等によりセメント粒子を分散させます。その結果、所定の作業性および強度を得るのに必要な単位水量、単位セメント量を減らすことができます。単位水量の低減効果は、図3-7に示し

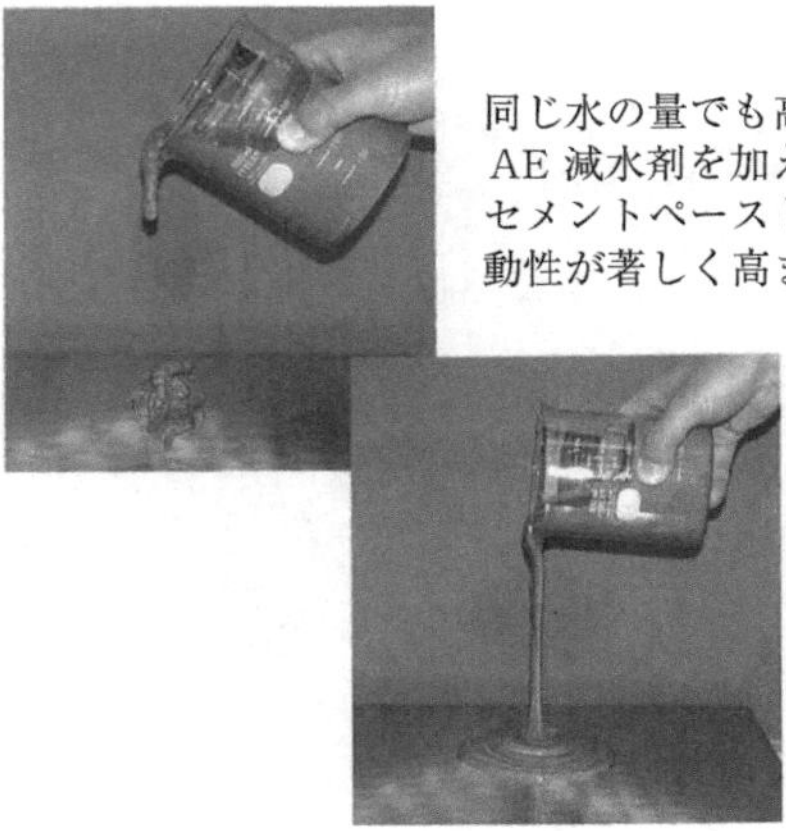
同じ水の量でも高性能
AE 減水剤を加えると
セメントペーストの流
動性が著しく高まる

**図3-10**　高性能 AE 減水剤の効果（出典：セメント協会、『セメントの常識』）

たように混和剤の種類により異なりますが、汎用の混和剤では12～18％程度単位水量を減らすことができます。

### （3）高性能ＡＥ減水剤

ここ数年でコンクリートの高性能化が大きく進みました。高強度コンクリート、高流動コンクリート、ひび割れ低減コンクリート等です。そして、これら高性能コンクリートの開発普及に大きな役割を果たしたのが、高性能ＡＥ減水剤です。ＡＥ剤と減水剤の長所を併せ持ち、さらにそれらの効果を高めた材料といえるでしょう。練混ぜ後のコンクリートの軟らかさを長時間保持させる性能も持っています。

混和剤によるセメント粒子の分散状況、分散メカニズムは、それぞれ図3-8および図3-9の

**写真３－１**　化学混和剤を活用して復元された平城宮跡・朱雀門（奈良）の基壇

とおりです。セメント粒子表面に混和剤が吸着することによりセメント粒子の分散が生じます。混和剤のマイナス電荷同士の相互作用による分散は静電反発力によるもので、混和剤の分子構造がかさ高いことによる分散は立体障害作用によるものです。高性能ＡＥ減水剤の効果を端的に表す写真を図３－10に示しました。左右の写真とも水量は同じですが、高性能ＡＥ減水剤を加えるとセメントペーストの流動性が著しく高まるのがわかります。

混和剤の力を活用した超高耐久性コンクリートを紹介しましょう。

奈良市の平城宮跡に１９９１年に復元竣工した朱雀門の基壇（鉄骨鉄筋造、コンクリート量６４０㎥）には、耐用年数５００年以上となるように設計製造されたコンクリートが使用されています。コンクリート組織を非常に緻密なものとすることにより、耐用年数５００年以上としたものです。奈良を訪れた際にご覧ください（写真

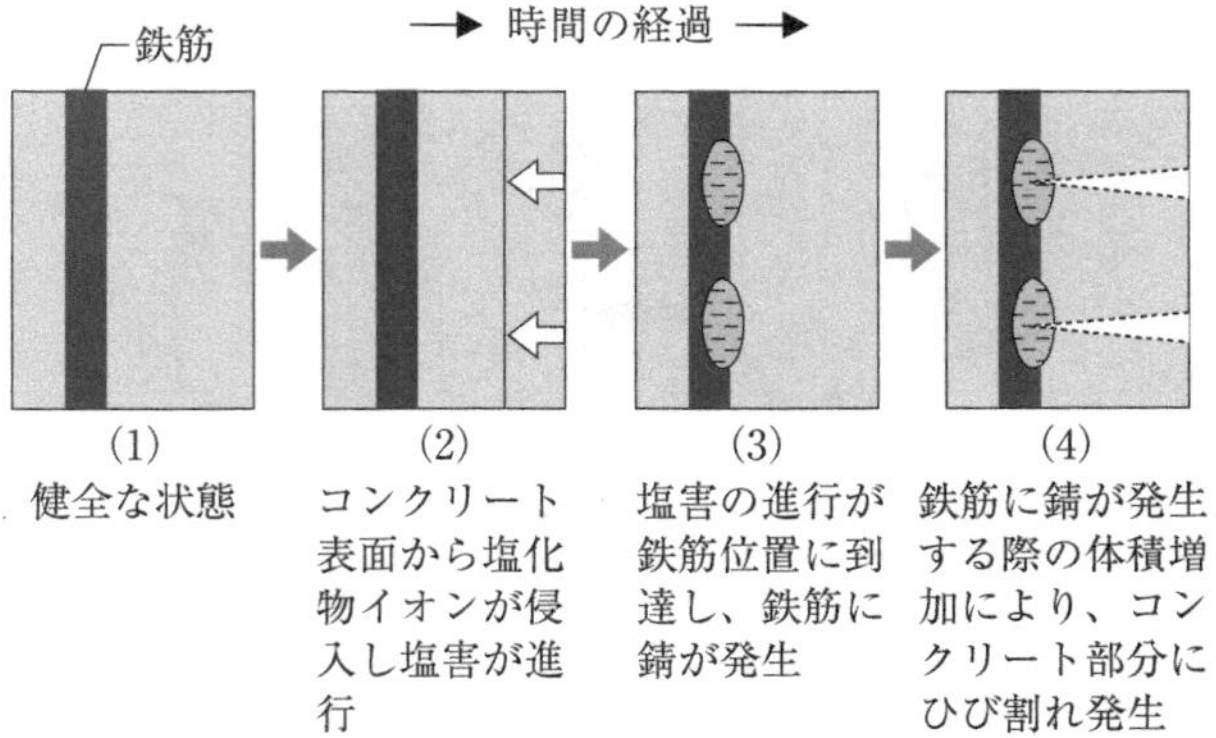


**図3-11**　塩害劣化の進行過程

3-1)。

## 17 塩分は少なめに

コンクリートは、長期にわたって耐久性を維持できる建設用材料ですが、環境条件や使用材料によっては劣化が生じる場合があります。その原因の代表的なもののひとつが、塩害です。塩害とは、塩化物イオンによる害です。

　コンクリートに対して塩化物イオンはどのようなメカニズムで害を及ぼすのでしょうか。まず、コンクリート構造物中の鉄筋（鋼材）が腐食すると、腐食生成物である錆が生じ、体積が増加します。このため、周辺のコンクリート（かぶりコンクリートといいます）にひび割れが発生し、コンクリートの剥落《はくらく》に繋がるケースがあります。また、錆の生成により鋼材断面積が減少しますので、構造体を支える鉄筋の力が弱くなるという問題も出てきます。

進行過程を図3－11に示しました。(1)の段階では鉄筋は健全な状態です。時間の経過とともに(2)コンクリート表面から内部に向かって塩化物イオンが浸透してきますが、この段階では、鉄筋表面の塩化物イオン量は、まだ小さな値です。さらに塩化物イオンが浸透し、(3)の段階となります。鉄筋表面の塩化物イオン量が多くなり、鉄筋表面に錆が発生します。鉄が錆に変化する際、体積膨張を伴います。この際の膨張圧により、かぶりコンクリートにひび割れが発生します。段階(4)です。ひび割れが生じると、このひび割れを通じて塩化物イオンの浸透がさらに進み、錆生成の加速・ひび割れの増加といった悪循環となってきます。

塩害には、発生原因により大きく分けて2つのタイプがあります。内的塩害と外的塩害です。内的塩害とは、使用材料に起因するものです。海から採取した砂を十分に洗浄せずに骨材として使用した場合や、塩化物イオンを多量に含む混和剤を使用した場合に発生します。外的塩害とは、塩化物イオンが外部からコンクリート中に侵入することにより生じます。海岸に立地する構造物に潮風が当たる場合や、道路構造物で路面の凍結防止用に散布した融氷剤や融雪剤がコンクリート中に浸透するケースです。周囲を海に囲まれたわが国では、海洋波浪条件の厳しい日本海側や沖縄県等を中心に、外的塩害による損傷を受けた構造物が多数存在します。図3－11は外的塩害ですが、内的塩害の場合、表面から塩化物イオンが侵入するのではなく、コンクリート内部の塩化物イオンが塩害をもたらします。

では、どの程度の塩分量で劣化が生じるのでしょう。人間の場合には、塩辛い食事を摂りすぎると高血圧症になりますので、厚生労働省では、食塩摂取量を１日あたり10ｇ以下とするよう指導をしています。コンクリート構造物に対する処方箋を調べてみましょう。

塩害問題は、わが国では１９７０年代から顕在化し、関係各学協会、建設省等を中心に抑制策の検討が進められました。それらの成果から、鉄筋が腐食を始める塩化物イオン量は、コンクリート１㎥あたり０・５～１・０㎏であることがわかっています。鉄筋周囲のコンクリート中の塩化物イオン量がこの値に達し、酸素や水分が同時に存在すると鉄筋の腐食が始まります。鉄筋の腐食がさらに進行し、コンクリート構造物としての耐久性に問題が生じる場合の塩化物イオン濃度は１・５～２・５㎏／㎥以上です。

外的塩害の場合は、コンクリート表面から塩化物イオンが侵入し、内部に順次移動し、鉄筋位置でこの値に達したときが腐食の開始時期となります。そして、いったんひび割れが生じると、そのひび割れを通じて塩化物イオンがどんどん侵入してきますので、鉄筋の腐食は加速される段階に入ります。

これらの情報から、新しく造るコンクリート構造物では、生コンクリートに含まれる塩化物含有量をコンクリート１㎥あたり０・３㎏以下とするよう規定しています（ＪＩＳ）。この０・３

kg以下という値は、先に示した鉄筋の発錆境界値（0・5～1・0kg／㎥）や、鉄筋腐食によりコンクリート構造物の耐久性に影響を与える塩分濃度の境界値（1・5～2・5kg／㎥）に比べかなり低く、安全を考慮して設定されています。

**写真3－2** 塩化物イオン測定器

では、生コンクリートに含まれる塩化物イオン量はどのようにして求めるのでしょう。生コンクリートの塩化物含有量は、コンクリート中の水の塩化物イオン濃度とコンクリートの単位水量の積として求めることができます。実際の生コンクリート打設前の検査には、塩化物イオン測定器（写真3－2）による方法が多用されています。

続いて、コンクリート構造物の塩害対策について見ていきましょう。

内的塩害、つまりコンクリート材料に起因して発生する塩害については、材料を吟味することで対処しています。海砂を使用する場合は十分に洗浄を行う、あるいは塩化物イオン量の少ない混和剤を使用するなどの対策です。

外的塩害に対しては、配合、設計、施工の各工程で工夫が必要となります。まず、塩化物イオンが侵入しにくいコンクリートとするのが第一です。水セメント比の小さなコンクリートを採用することによりコンクリート組織が密なものとなり、塩化物イオンの侵入を減らすことができます。さらに設計面では鉄筋位置をコンクリート表面から深い位置に置く方法（かぶりを大きくする）や、コンクリート表面を遮塩性の材料で覆う方法（撥水性材料、樹脂系材料、ポリマーセメント系材料等）もあります。鉄筋を錆びにくいものに変えてしまう方法（エポキシ樹脂塗装鉄筋、アラミド鉄筋等）も選択肢です。

## ⑱ 養生と温度調節

コンクリートは、練り混ぜて所定の型枠に打ち込んだ直後の取り扱いによって、性状が大きく変わります。「初期養生」がきわめて大切なのです。「養生」とはなんだろう、と感じた方もおられるでしょう。人間の場合も「養生」という言葉を使いますね。病気の後などに、お医者さんから、「しっかり『養生』して、早く元気になってください」と。コンクリートの場合も「養生」は、健全なコンクリートを作るために使われる言葉です。

コンクリートが十分な強度と高い性能を発揮するには、打ち終わった後の一定期間、適当な温度のもとで十分な湿潤状態に保たれる必要があります。そうすることによって、セメントの水和反応が順調に進み、かつ有害な作用の影響を受けないですむからです。コンクリートを、適当な温度、十分な湿潤状態に置くことにより、コンクリートが本来持っている性質を発揮させるため

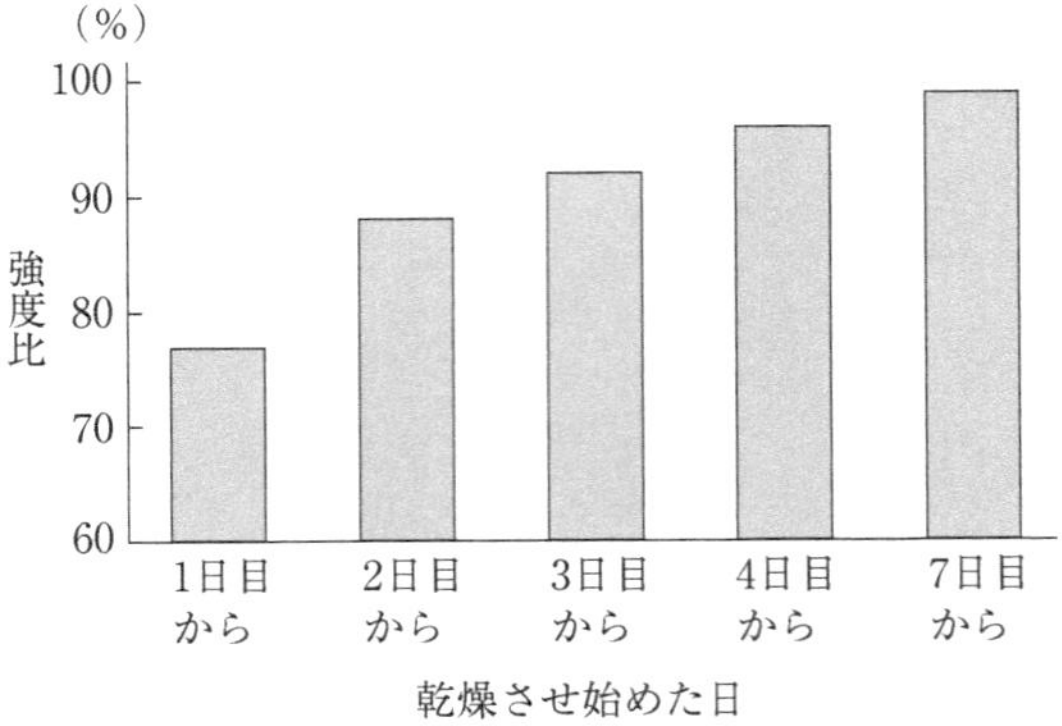


**図3-12** コンクリートを乾燥させ始めた日によって、強度（圧縮強度比）に大きな違いがでる

に行うのが「養生」です。

製造直後のコンクリートを乾燥させないように水分を十分与える養生方法を「湿潤養生」といい、水中、湛水《たんすい》、散水、湿布、湿砂、膜養生等、があります。この中で、コンクリートを乾燥させないために最も確実な方法は、コンクリートを水中に漬けてしまうことですが、構造物を巨大なプールに漬けることは現実問題として不可能です。通常のコンクリート工事では、実施可能な乾燥防止、水分供給策として、散水、湿布（養生マット、むしろ）で覆う方法、乾燥防止に役立つ膜をコンクリート表面につくる膜養生（被膜養生）が用いられています。

では、これらの湿潤養生はいつの時点から始めると良いのでしょうか。型枠に収めた（打設といいます）コンクリートにすぐ散水すると、散水された水が、まだ固まらないコンクリートを洗い流す結果となります。洗い流されてコンクリートがなくなってしまっては困りますね。したがって、打設直後から固まり始めるまでは、日光の直射を避けたり、風が当たらないようにして、水分の蒸発・逸散を防ぐ程度にとどめます。そして、コンクリートの硬化が進み、表面を荒らさないで作業ができる段階になれば、表面等の露出面を、湿らせた養生用マットや布等で覆うか、散水養生等により水分を与えます。

養生の効果を見ていきましょう。コンクリートの各種性能は、養生、特に打設直後の養生によって大きく変わります。たとえば、コンクリートの性能の代表例として強度がありますが、強度と養生の関係について、セメント協会のコンクリート専門委員会報告（F－38　初期の乾燥がコンクリートの諸性質におよぼす影響）からデータを引用し、作図したのが図3－12です。

しっかりと養生した場合に比べ、製造直後から乾燥させると、強度が劣ることがわかります。逆に言えば、初期の養生をきちんと行うことにより、湿潤養生期間を一日でも長くすることにより、より強度の高いコンクリートが容易に実現できるのです。

なぜ、このようなことになるのでしょうか。それは、コンクリート組織の密実さによるのです。製造直後の養生をきちんと行わないと、セメントの水和が十分に進行しないため、コンクリートの強度発現の源である、セメントの水和物組織が空隙の多いものとなります。水分をしっかりと与えた養生と、水分を与えずにすぐ乾燥させた場合の空隙量比較を図3－13に示します。横

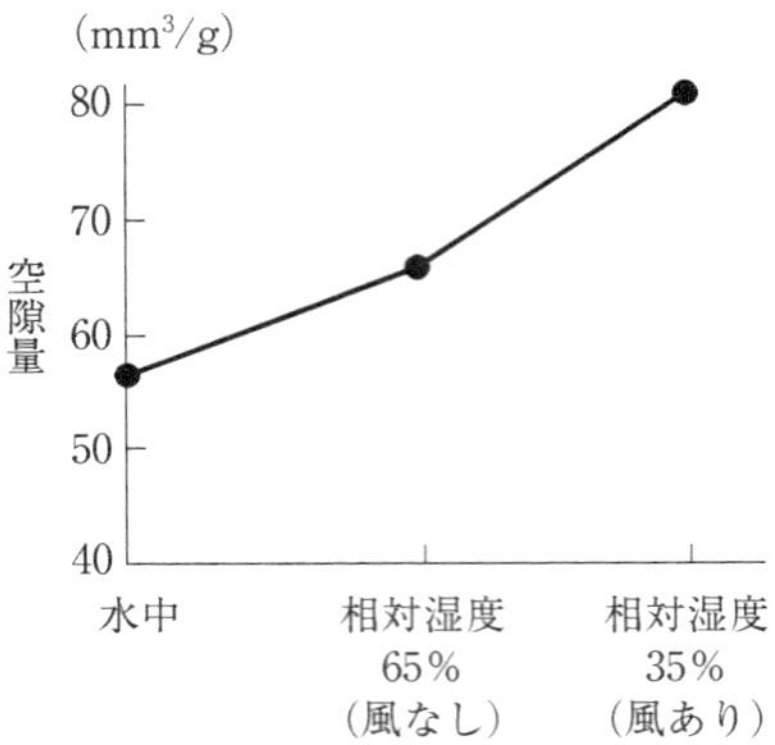


**図3-13** 乾燥による空隙量の増加

軸には、乾燥・湿潤レベルを3段階設定しています。水中に貯蔵することにより水分を十分与えた状態、湿度65％というわが国の標準的な乾燥状態に置いた場合、そして湿度35％で風を与えることによりかなり厳しい乾燥状態に置いた場合の比較です。

乾燥の程度がきつくなるにつれ、セメント水和物組織の空隙量が大きくなっているのがわかっていただけると思います。隙間の多いコンクリートとなるため、強度も出にくく、耐久性にも問題が生じます。

コンクリートが性能を発揮する源は、セメントの水和、つまり、セメントと水の化学反応です。化学反応の速度には、温度も大きく影響します。コンクリートの性能発揮には、水と温度が重要です。

温度（コンクリートの温度、周辺環境の温度）とコンクリート強度の関係を図3-14に示します。温度が低いと高い場合に比べ、水和反応（化学反応）が進みにくいために、水和物組織の発達が不十分となり、その結果として、たとえば強度が出にくい状態になります。逆に温度が高いと水和反応が活発に進みますので、初期の強度は大きくなっている状況です。

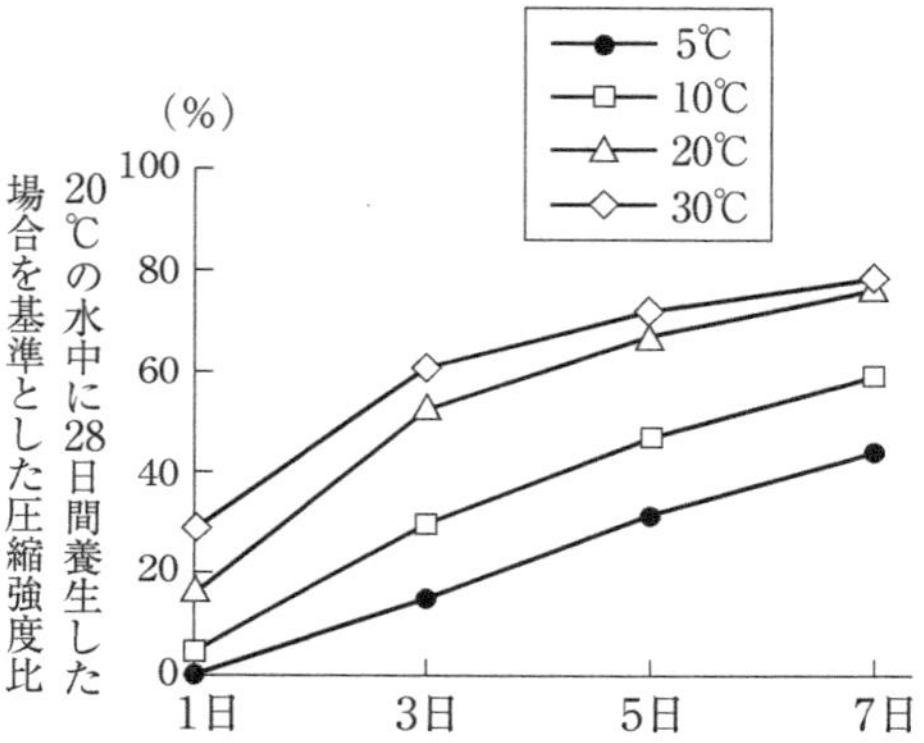


**図3-14**　コンクリート強度に対する温度の影響

土木学会のコンクリート標準示方書では、普通ポルトランドセメントの標準的な養生期間を、気温15℃以上で5日、気温5℃から10℃で9日、などと定めています。

さて、人間にとっても春秋に相当する常温期間が住みやすいのと同様、コンクリートも、極端な低温や高温は苦手です。夏場の直射日光が当たる場所にずーっといたい人はいないですよね、冬場の寒風が吹きすさぶ場所で過ごしたい人もいないですよね。コンクリートも同様の取り扱いを望んでいます。しかも、コンクリートの場合は、ほんの数日間の初期養生をきちんと行ってやれば、忍耐力のあるコンクリートに育つのです。

では、低温や高温のどういった点が問題なのか見ていきましょう。

まず、低温の場合です。冬期や寒冷地等では、コンクリート温度が著しく低くなる場合があります。コンクリート中には水が含まれていますが、この水も、水たまりや湖沼の水と同様、0℃以下になると凍ります。

ご存じのように、水が氷になるときには体積が増加します。養生の途中、コンクリートが固まらない状態で水分が凍結しますと、その膨張圧力でコンクリート組織が壊されてしまいます。これを初期凍害といいます。人間でいう、霜焼けでしょうか。

反対に夏期には、外気温や日射の影響等でコンクリート温度が高くなるケースがあります。この場合は、高温でセメントの水和反応がどんどんと進むため、初期の強度は増加しますが、高温であるがために初期に形成されるセメント水和物組織が粗くなり、結果として、その後の強度の伸び具合が小さくなります。また、高温による乾燥作用を受け、耐久性に問題が生じるケースも認められています。

このように、コンクリートが著しく低温や高温になることが予期される場合は、養生に特別の配慮が必要となってきます。土木学会や日本建築学会では、示方書・仕様書で、「寒中コンクリート」、「暑中コンクリート」の規定を設けています。日平均気温が4℃以下になる場合には寒中コンクリートとしての取り扱いを、日平均気温が25℃以上になる場合には、暑中コンクリートとして取り扱っています。

暖房や冷房をうまく使って人間が快適な生活を送っているのと同様、コンクリートにも適切な温度環境と水分供給環境を与えれば、健康で長持ちするコンクリートが実現できます。

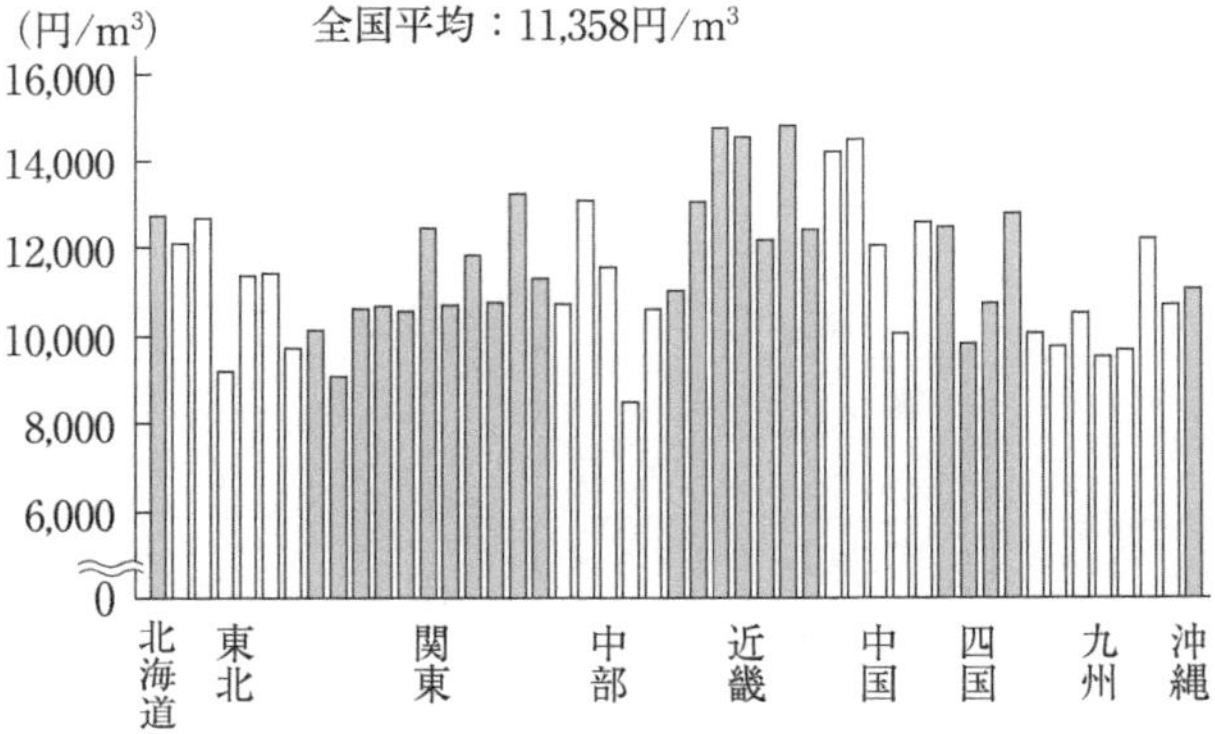


**図3－15**　都道府県別生コン単価（2005暦年度）

## ⑲ レシピによるコンクリートの値段

コンクリートの値段をご存じですか？

コンクリートは、全体のうち、生コンクリートの形で使用されるのが、約70～75％ですので、生コンクリート工場から購入する場合の価格を見てみましょう。経済産業省が集計整理した「生コンクリート統計四半期報・平成17暦年」からデータを引用し、都道府県ごとにグラフ化した結果を図3－15に示します。

全国平均では、1㎥あたり1万1358円ですが、最低8468円、最高1万4806円と、上下差6338円であり、1・75倍の開きがあります。

次に各構成材料の価格を見てみましょう。北海道（札幌）、東京（都心17区）、沖縄（那覇）の3地点を対象に、（財）経済調査会発行の『積算資料』200

| 材料名称 | スペック | 単位 | 札幌 | 東京 | 那覇 |
|---|---|---|---|---|---|
| 生コンクリート | 21－18－20 | $m^3$ | 9,500 | 11,900 | 11,700 |
| セメント | 普通セメント | t | 9,500 | 9,600 | 11,900 |
| | 普通セメント* | 袋 | 520 | 500 | 450 |
| 細骨材 | 地区代表種別 | $m^3$ | 3,000 | 3,900 | 2,800 |
| 粗骨材 | 砕石2005 | $m^3$ | 2,900 | 3,400 | 3,950 |
| 混和剤 | ＡＥ減水剤 | l | 310 | 285 | 310 |
| | 高性能ＡＥ減水剤 | kg | 330 | 300 | 330 |

*：25 kg入り、取引数量1～2 t　　単位：円

**表3-7**　コンクリート各材料の価格（出典：『積算資料』2008年7月号）

| | セメント | 水 | 混和剤（AE減水剤） | 細骨材 | 粗骨材 |
|---|---|---|---|---|---|
| コンクリート1 $m^3$あたりの各材料の価格（円） | 3,091 | 28 | 229 | 2,116 | 2,174 |
| 合計 | 7,638（円/$m^3$） | | | | |

表3-7における東京の価格で計算

**表3-8**　生コンクリート価格に占める各材料の値

8年7月号からデータを引用しました（表3－7）。生コンクリートの取引においては、温度補正、小型車割り増し、夜間割り増しなどがあり、また、契約数量・販売方式による差異も大きいのですが、ここでは一般的な値ということで代表数値を採用しました。

　生コンクリートの価格には、材料費、生コンクリート工場での練混ぜ費用および現場までの運搬費用が含まれます。で

| 種　類 | 正味量 | 表示価格 |
|---|---|---|
| 普通セメント | 25 kg | 550円 |
| バラス（砕石） | 18 kg | 278円 |
| 砂 | 18 kg | 278円 |
| インスタントセメント（砂混合） | 10 kg | 498円 |

**表3－9**　ホームセンターにおける小売値例

| | セメント | 水 | 混和剤（AE減水剤） | 細骨材 | 粗骨材 |
|---|---|---|---|---|---|
| コンクリート1 m³あたりの各材料の価格（円） | 6,698 | 29 | 229 | 12,592 | 15,283 |
| 合計 | 34,830（円/m³） | | | | |

**表3－10**　ホームセンターで材料を購入した場合のコンクリートの値段

は、このうち材料のみの価格はいくらなのでしょうか。表3－7の数値をもとに算出してみました。コンクリートの配合は、21－18－20と称される、圧縮強度21（N／㎟）、スランプ（軟らかさ）18㎝、粗骨材最大寸法20㎜としました（表3－8）。

　表3－8に示したように、1㎥あたり7638円となりました。この値に、前述のとおり、生コンクリート工場での練混ぜ費用および現場までの運搬費用が加算され、図3－15に示した生コンクリート価格になります。もちろん、コンクリートの配合によって価格は大きく変動します。

　では、ホームセンターで材料を購入

| 強度クラス (N/mm²) | 生コンクリート価格 (円/m³) | 備考 |
|---|---|---|
| 27 | 13,100 | 生コンJIS標準品 スランプ18 cm |
| 30 | 13,550 | |
| 40 | 16,100 | |
| 50 | 18,100 | |
| 60 | 21,150 | スランプフロー 50、60 cm |
| 80 | 22,000 | |

**表３－11**　高強度コンクリートの価格例

し、自分で練り混ぜたとしたら、どうなるのでしょう。非現実的ですが、比較の関係上、生コンクリート１㎥を練り混ぜる条件としました。

あるホームセンターで調べたところ、コンクリートの材料が表３－９の値段で販売されていましたので、それらの値を採用することとし、水は上水道料金を、混和剤は表３－８の場合と同一値としました。試算結果は、表３－10のとおり、１㎥あたり３万４８３０円になりました。

さて、現在、高強度コンクリートの需要が増加しています。

ある地区での高強度生コンクリートの価格を表３－11に示します。高強度コンクリートは、ある意味、現状では特殊コンクリートですので地域差が大きいと考えられますが、参考値としてご覧ください。

## ⑳ ダイエットのレシピ「軽量コンクリート」

コンクリートの密度、つまり単位体積あたりの重さは、2・3〜2・5程度であり、鉄筋の7・8には及びませんが、比較的大きな値といえるでしょう。この密度を積極的に利用した代表的なものがダムです。ダムはダム湖の貯水水圧にコンクリートの質量、重さで対抗しています。ほかにコンクリートの重さを活用したものとしては、放射線遮蔽用の重量コンクリートがあげられます。骨材に重量骨材を使用する等の工夫をしたものです。

しかし、一方では、軽いコンクリート、密度の小さなコンクリートが欲しいという要求もあります。たとえば、高層ビルを考えてみましょう。1階部分と、2階以上に分けて考えると、2階以上の重さを1階部分で支えていることになります。40階、50階と高くなるにつれて、1階部分が負担する重さが増加します。柱を中心に上階の重さを支えるのですが、高層になるにつれ、支える重さが増加するため、1階部分の柱の太さもどんどん増加することになり、1階部分の自由空間あるいは居住空間が小さくなります。これを避けるため、2階以上の重さ（自重）をできるだけ軽くして、1階の柱を細くしたいという要求が出てきます。ここで登場するのが軽量コンクリートです。

コンクリートを軽くする方法はいくつかありますが、大きく分けて、コンクリートの体積の約

| 種類 | | 概要 |
| --- | --- | --- |
| 天然軽量骨材 | 粗骨材 | 天然の火山れき及びその加工品。使用実績としては、榛名、大島、浅間産等がある |
| | 細骨材 | |
| 人工軽量骨材 | 粗骨材 | 熱膨張性を持つ膨張頁岩、膨張粘土、膨張スレート、フライアッシュ等を主原料として、1200～1300℃の高温で焼成して製造したもの。含まれる気化成分がガス化する際に膨張することにより、軽量化。粗骨材には、焼成時の加工方法により、造粒型と非造粒型 |
| | 細骨材 | |
| 副産軽量骨材 | 粗骨材 | 膨張スラグなどの副産軽量骨材及びそれらの加工品 |
| | 細骨材 | |

**表3－12** 軽量コンクリート用骨材

70％を占める骨材を軽くする方法と、コンクリート全体、正確にいえば、セメントペースト部分に微細な空気泡を入れて軽くする方法があります。前者が軽量骨材コンクリートであり、後者の代表的なものが軽量気泡コンクリートです。

### （1）軽量骨材コンクリート

軽量骨材の種類（表3－12）と、その歴史を見てみましょう。

わが国における軽量骨材の利用は、天然の軽量骨材から始まりました。火山活動等によって発生した火山れきなどの天然の軽量骨材が、関東大震災後あたりから軽量コンクリートブロックなどに使用されるようになったのです。群馬榛名産、伊豆大島産等が使用されました。1940年代後半には、構造物に用いられるようになりました。さらに、強度が高く、品質の安定したものが要求

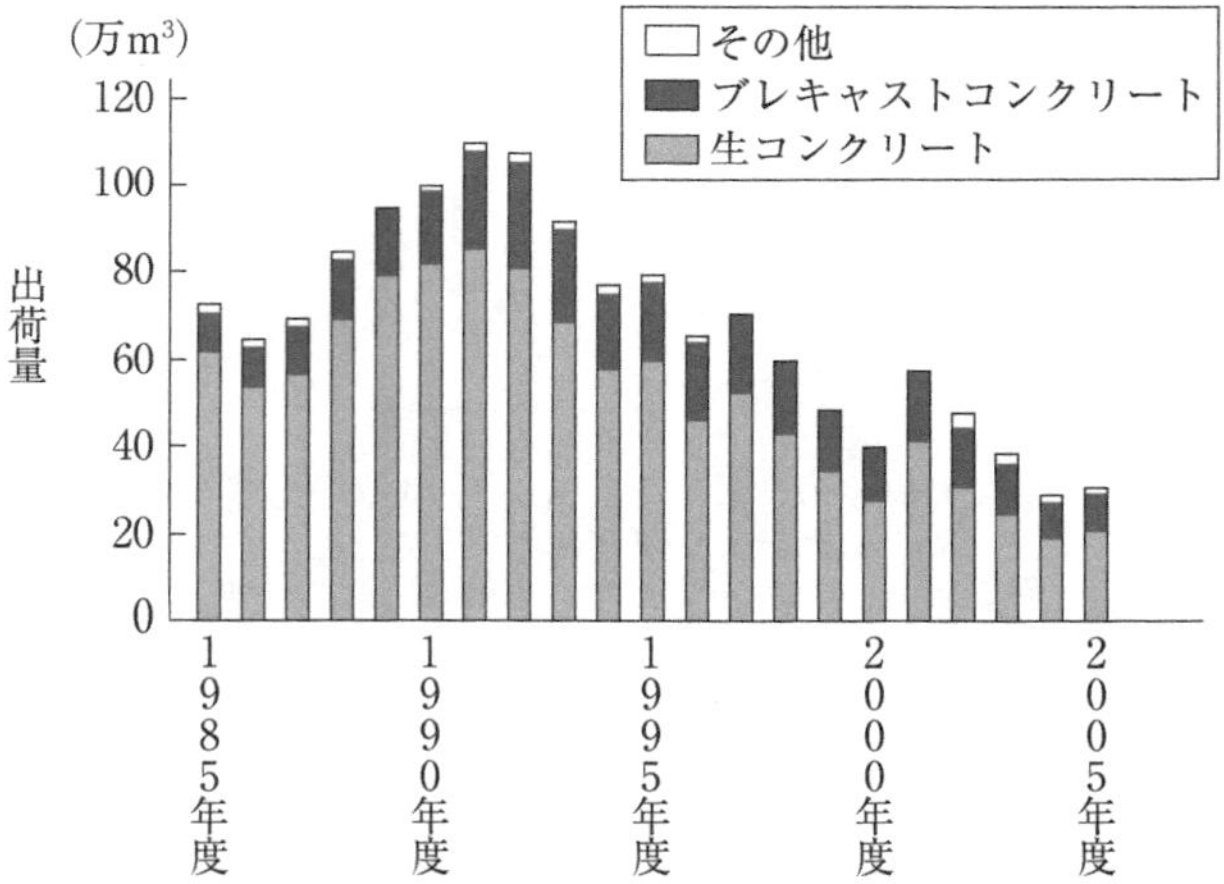


**図3-16**　人工軽量骨材の使用量推移（出典：人工軽量骨材協会HP）

されるようになり、1964年に膨張頁岩を原料とする人工軽量骨材が開発実用化されています。そして8銘柄の人工軽量骨材が建設省の認定を取得し、市場に出、本格的な軽量骨材コンクリートの展開が始まりました。人工軽量骨材は、熱膨張性を持つ岩や粘土などを原料として、高温で焼成したものです。

人工軽量骨材の需要の推移を図3-16に示します。1973年に最大出荷量185万㎥を記録した後、現在では、ほぼ30万㎥で推移しています。総需要は、建築着工床面積に影響されており、特に鉄骨コンクリート造建築物の着工状況と強い相関があります。鉄骨コンクリート造建築物の着工件数が減少傾向にあるため、軽量骨材の出荷量も伸びていない状況です。需要先は、生コンクリートがほぼ70%です。残りの多

| 性状 | 軽量骨材コンクリートの特徴 |
|---|---|
| 強度 | 汎用レベルでは、普通骨材コンクリートと同等の強度。骨材自体の強度が普通骨材に比べ低いため、高強度領域におけるコンクリート強度には限界 |
| 施工性 | 軽量骨材の吸水率が大きいため、施工性の検討を要する場合も（コンクリートの軟らかさの変化、ポンプ圧送時管内閉塞等） |
| 耐久性 | 中性化速度は普通コンクリートと同等<br>軽量骨材中の含水がコンクリートの乾燥収縮を緩和するため、乾燥収縮ひび割れ発生率が小さい<br>軽量骨材中の水分により、凍結融解抵抗性が問題となるケースも |
| 断熱性 | 熱伝導率が普通コンクリートに比べ半分以下であり、優れた断熱性を有する |
| 遮音性 | 普通コンクリートと同等レベル |
| 経済性 | 軽量化による構造部材（柱・梁）の小断面化<br>杭の本数・径または基礎の断面減（基礎工事費の削減） |

**表3-13** 軽量骨材コンクリートの特徴

| 建物種別 | 地上4階建て<br>店舗 | 地上14階建て<br>共同住宅 |
|---|---|---|
| 規模等 | 延床面積19,440m$^2$<br>1～3階店舗、<br>4～R階駐車場 | 延床面積4,700m$^2$<br>1～14階共同住宅 |
| コスト<br>削減効果 | 5%程度 | 1～3%程度 |

**表3-14** 人工軽量骨材コンクリート使用の経済性（出典：人工軽量骨材協会HP記述より作表）

| 名称 | 製造方法 |
|---|---|
| アフターフォーム型 | 発泡剤であるアルミニウム粉末とセメント中のアルカリの反応により水素ガスを発生させる |
| プレフォーム型 | 起泡剤によりあらかじめ製造した泡をセメントスラリーに混合する |
| ミックスフォーム型 | 練り混ぜの際に、起泡剤により気泡を発生させる |

**表3-15**　気泡コンクリートの製造方法

| 性状 | ALCの特徴 |
|---|---|
| 軽量性 | 重さは普通のコンクリートの1/4程度で、水に浮く |
| 耐火性 | 火災に強く、有毒ガスの発生もない<br>法定耐火構造の認定を受けた製品も市販されている |
| 断熱性 | 断熱性能は普通コンクリートの約10倍 |
| 遮音性 | 音を伝えにくい性質を有する |

**表3-16**　ALCの特徴

くがプレキャストコンクリートで、これは現場でなく工場で製造されたコンクリートです（第5章、第6章で詳述）。

軽量骨材を使用したコンクリートは、汎用レベルでは普通コンクリートと同程度の強度や遮音性があります。また、断熱性は普通コンクリートより優れています。ただし、施工性や凍結融解抵抗性といった耐久面では検討を要します（表3－13）。

軽量コンクリートを用いた場合の経済性、コスト削減効果を具体的な数値で見てみましょう。人工軽量骨材協会での試算例によりますと、建物にもよりますが、1～5％程度のコスト削減効果があります（表３－14）。

（２）気泡コンクリート

気泡コンクリートとは、軽量化・断熱化を目的に、発泡剤や起泡剤によりコンクリートの内部に微細な気泡を多数混入または発生させた軽量コンクリートのことです。粗骨材を使用せず、非常に軽いことが特徴です。ＡＬＣ（Autoclaved Lightweight Concrete）の略称で呼ばれる、軽量気泡コンクリート製の工場製品、ＡＬＣパネルが一般的です。ＡＬＣパネルには屋根用、床用、間仕切り壁用があり、取り付け金物等により躯体に取り付けられます。

製造方法によってアフターフォーム型、プレフォーム型、ミックスフォーム型の３種類に分類できます。製造方法を表３－15に、ＡＬＣの特徴を表３－16に示します。軽量で、耐火性、断熱性、遮音性に優れるなどの性質を持ちます。

# 第4章 強さの秘密

## 21 超強いコンクリート

コンクリートは適切に製造、施工、養生されていれば、100年以上たってもほとんど劣化しない耐久性に富む優れた建設材料です。たとえば、写真4－1は1908年（明治41年）に広井勇博士の指揮のもとで完成した小樽港北防波堤（下部がコンクリート斜塊ブロック）ですが、約100年経過した現在においても立派にその機能を果たしています。

一方、カバーの写真は1931年～1936年（昭和6年～11年）にかけて建設された稚内港北防波堤ドームです。稚内港は明治時代から太平洋戦争終期までは樺太航路発着点として発展し、現在は道北地方の物流の拠点として重要な役割を担っています。このドームは厳しい気象作用に対して旅客の安全を確保し、各種作業の効率化を図るために建設されたものですが、過酷な自然環境により1960年代頃から劣化が進行し始め、利用者の安全性の観点から一時は取り壊しも検討されました。しかしながら、そのデザインが世界に類を見ない独特の構造であること、地域のシンボルとして文化的価値が高く観光客にも親しまれていることなどから、原形に改修・復元することになり、1978～1980年の大改修、1999年～2002年の耐震補強工事を経て現在の姿になっています。これらの工事では、厳しい環境条件を考慮した高耐久性コンク

**写真4-1**　小樽港北防波堤

リートをはじめとして、本書で紹介するさまざまなコンクリート技術が用いられました。

このように、構造物の用途や形態、構造物がさらされる荷重・環境条件によっては、通常のコンクリートが持つ強さや機能以上のものが要求される場合があります。たとえば、超高層ビルでは上層階の重量を支えるためにコンクリートには大きい強度が要求されますし、水を貯めるコンクリート製のタンクには、より高い水密性が要求されることになります。ここでは、コンクリートの高強度化、高耐久化についてお話しします。

第3章で、コンクリートの強度は水セメント比と密接な関係があることを説明しました。強いコンクリートを作るには、水セメント比や単位水量をできるだけ小さくすればよいということになりますが、それにも限度があります。コンクリートには打ち込みやすさを確保するために必要な水が含まれていますが、セメントとの反応に使われなかったこれらの水は最終的に蒸発し、そこには微細な空隙が残ってしまいます。通常のコンクリートではこれらの空隙が強度の上で問題となることはありませんが、より強く緻密なコンクリートを作ろうとすれば、これらの空隙の数や大きさが問題となってきます。では、どうすればよいのでしょうか。答えは簡単です。これらの空隙を埋めてあげればよいのです。

コンクリートの強度は基本的にはセメントペーストの強度で決まります。コンクリートを構成する材料のうち、砂や砂利等の骨材は一般に強度が大きく、コンクリートとしての強度はこれらを結合しているセメントペーストの強度に依存するからです。したがって、硬化したコンクリートのセメントペースト中に存在する空隙を堅固で微細な物質で充填することができれば、高強度化が可能となります。このような働きをする物質として実用化されているものに、高炉スラグ微粉末、フライアッシュ、シリカフュームがあります。

高炉スラグ微粉末は、製鉄の際に副産物として得られる高炉スラグ（鉄鉱石の鉄以外の成分と石灰石やコークス中の灰分が熔けたもの）を急激に冷却した後、細かく粉砕したものです。高炉スラグ微粉末そのものは水では硬化しませんが、コンクリートの中に含まれるアルカリ水溶液（$Ca(OH)_2$）と接触すると反応し、セメントのように固まる性質（潜在水硬性といいます）を持っています。この性質を利用することにより、高強度化が可能となります。

一方、フライアッシュ（写真４－２）やシリカフューム（写真４－３）はポゾラン材料と呼ばれるもので、前者は石炭が燃焼した際の灰、後者は金属シリコン等を生産するときの副産物です。これらは主成分として二酸化ケイ素を含み、それ自体に水と反応して硬化する性質はないのですが、セメントが水和するときに生成する水酸化カルシウムと反応して不溶性の硬化物を生成し（ポゾラン反応といいます）、セメント硬化体の強度、水密性、化学抵抗性を高める役割を果たします。特に、シリカフュームは粒径が０・１～１㎛の球形の超微粒子であり、セメント水和物に存在する細かい空隙にまで入り込んで強度を発現する（これをマイクロフィラー効果といいます）ことから、コンクリートの高強度化には欠かせない材料となっています。

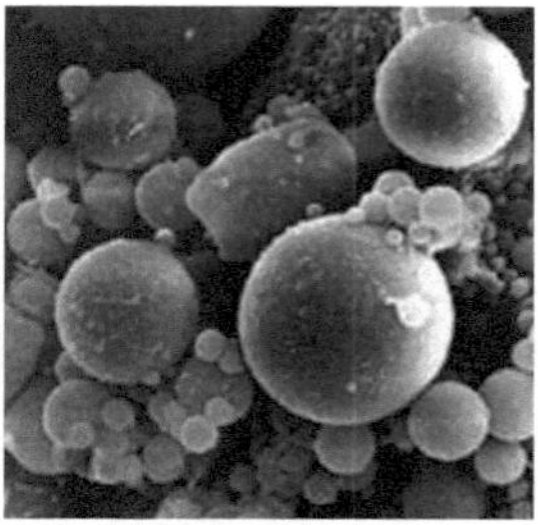

**写真４－２**　フライアッシュ（出典：セメント協会 HP）

**写真４－３**　シリカフューム（出典：竹中土木 HP）

ここに挙げた高炉スラグ微粉末、フライアッシュ、シリカフュームは、コンクリートの強度だけでなく、さまざまな特性を改善します。たとえば、これらをセメントの一部（30％程度）と置き換える形で使用すれば、コンクリートの流動性が改善されます。これは、セメント粒子間に入り込んだこれらの微粒子がボールベアリングの役割を果たすことによってコンクリートが流れやすくなるためで、結果として所定の作業性を確保するための水の量を減らすことができます。また、硬化したコンクリートは組織が緻密化されているため、一般に耐久性、水密性が向上します。

さて、それでは現在どのくらいの強度のコンクリートが製造可能なのでしょうか。コンクリートの強度といってもさまざまありますが、一般にコンクリートの強度といえば、圧縮に対する強度（圧縮強度といいます）を指します。これは、コンクリートが圧縮に強く引張に弱いという特性を持っており、主として圧縮力を受ける部分に用いられているからです。

通常のコンクリート、たとえば擁壁や橋脚、普通のビルには、圧縮強度でいうと21〜24N／㎟（直径10㎝の円柱に荷重をかけたとき、16〜20tかけないと壊れないくらいの強さ）のものが使われています。これが、長さ20m以上のコンクリート橋になると40N／㎟程度以上、超高層ビルの柱では80N／㎟程度以上となります。セメント、水、砂、砂利のみを用いたコンクリートでは、セメントをほどよく分散させ、所定の流動性が確保できる高性能AE減水剤などを使用しても80N／㎟程度が上限となります。したがって、それ以上の強度を実現するためには、上述のシリカフュームと高性能AE減水剤を併用し、かつ、骨材の強度も上げることが必要になってきます。このあたりの話は専門的になりますので省略しますが、技術的には圧縮強度が200N／㎟程度のコンクリートの製造が可能です。

## ㉒ 筋金入りのパートナー「鉄筋」

これまでは主に圧縮力に対するコンクリートの強度の話をしてきました。では、引っ張ったり曲げたりしたときの強度はどうなのでしょうか。残念ながら、コンクリートの引張や曲げに対する強度はそれほど大きくなく、引張に対する強度は圧縮の1／10～1／13、曲げに対する強度は圧縮の1／5～1／8になります。これは、コンクリートは金属のような均質な材料ではなく、セメントペーストと骨材との結合力と骨材の強さによってその強度が発揮されるため、引張力を受けると骨材とセメントペーストの結合が比較的容易に引き剝がされてしまうからです。圧縮には強いが引張・曲げには弱いという特性は、たとえばコンクリートのみで橋のような長いものを造ろうとした場合には不都合が生じます。

たとえば、図4－1のように橋の上を車が通ることを考えてみてください。車が通ると橋はその重みで下方へ曲がろうとします。このとき、橋の上側には圧縮しようとする力が作用しますが、下側には逆に引っ張ろうとする力が生じます。コンクリートは圧縮には強いので上側の圧縮

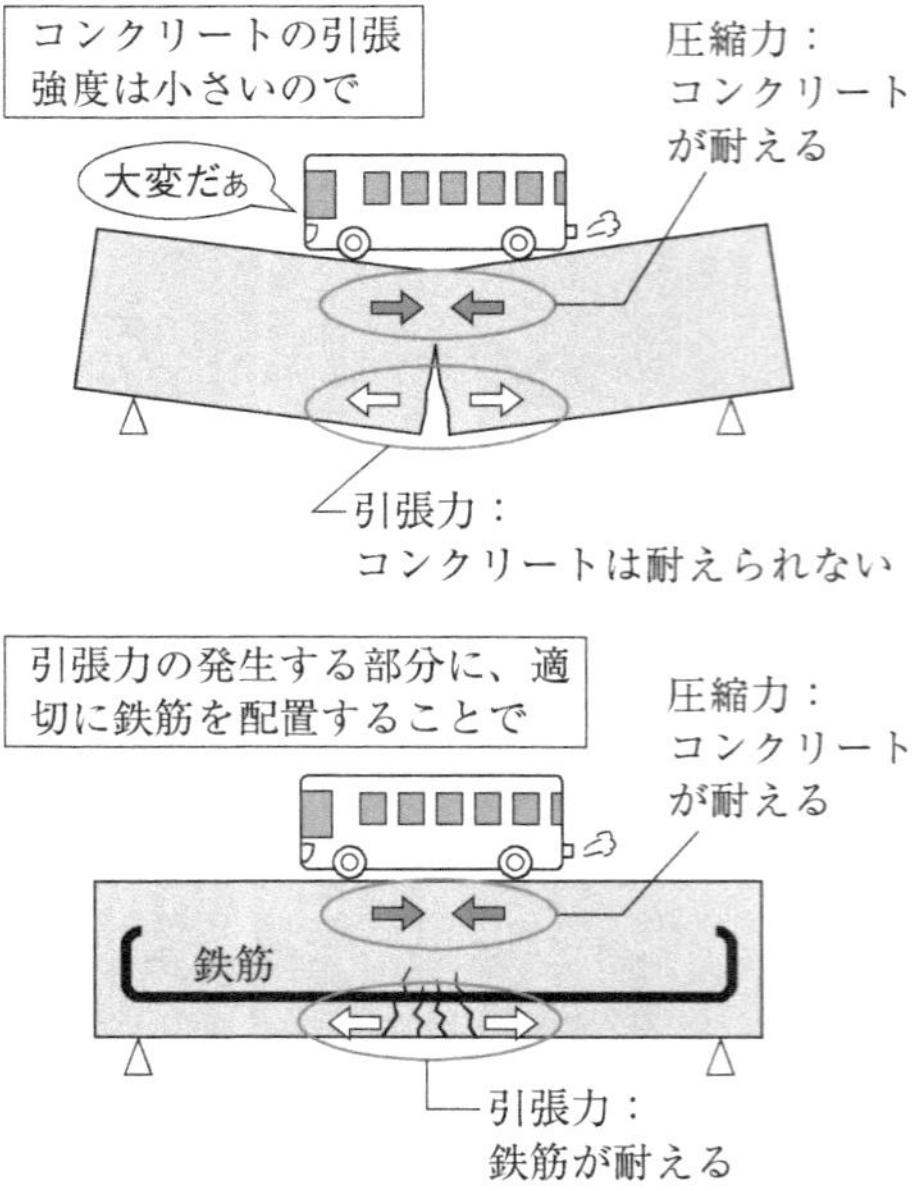
コンクリートの引張
強度は小さいので
大変だぁ
圧縮力：
コンクリート
が耐える
引張力：
コンクリートは耐えられない
引張力の発生する部分に、適
切に鉄筋を配置することで
圧縮力：
コンクリート
が耐える
鉄筋
引張力：
鉄筋が耐える

**図4-1**　鉄筋の役割

力に耐えることができても、車の重さがある程度以上に達すると下側の引張力には耐えられなくなり、ひび割れが入って真っ二つに折れてしまいます。これではとてもコンクリートだけで橋を造ることはできません。

このような弱点を補うために考え出されたのが鉄筋コンクリートです。鉄筋はコンクリートとは逆に、引張には強く、圧縮に弱いという特性があります（鉄は、本来は圧縮に対しても引張に対しても同じ強さを持っていますが、鉄筋のような細長いものを圧縮すると強さを発揮する前に折れ曲がってしまいます）。鉄筋コンクリートは、圧縮力は圧縮に強いコンクリートで、引張力は引張に強い鉄筋で受け持たせようという考え方です。こうすれば、大きな荷重がかかってコンクリートにひび割れが生じても引張力を鉄筋が分担してくれるので、真っ二つに折れることはなく、車が安全に走行できるわけです。補強されたコンクリートという意味で、鉄筋コンクリートのことを英語でReinforced Concrete、略してRCと呼びます。鉄筋はコンクリートにとっては背骨の役割を果たしてくれる、まさに〝筋金入りのパートナー〟というわけです。

さて、それではその鉄筋についてですが、工事現場で見かける鉄筋の表面には〝ふし（節）〟と呼ばれる凸凹がついていることにお気づきのことかと思います。凸凹がついている鉄筋を異形鉄筋と呼びますが、この凸凹は何のためについているのでしょうか。単なる飾りでしょうか。もちろん、そうではありません。この凸凹には深い意味が隠されているのです。

さきほど述べましたように、鉄筋はコンクリートの中で主として引張力に抵抗します。そのためには、鉄筋の端部がしっかりとコンクリート中に固定されていなければなりません（このことを定着といいます）。固定する方法はいろいろとありますが、通常は、鉄筋とコンクリートをくっつけている力（これを付着力といいます）を利用します。つまり、コンクリートの中で鉄筋がその強さを発揮するためには、両者がしっかりとくっついていなければならないわけです。この付着力が弱ければ、鉄筋はコンクリートの中をズルズルと滑って抜け出し、せっかくの力が発揮できません。鉄筋の表面の凸凹は、コンクリートとの付着力を高め、引っ張る力がかかったときに抜け出さないようにするために付けられているのです。

ただし、この付着力も、コンクリートにひび割れが入ってしまうと低下していきます。それを補うために、通常は鉄筋の端部を半円形や直角に折り曲げて、引っ張られたときに抜け出しにくいようにします。建設中の橋やビルの現場で鉄筋の端部が折り曲げられているのをよく見かけますが、それにはこういう意味があるのです。

話は少し変わりますが、物質は温度が上昇すると長さや体積が増加します。その増加比率の温度変化に対する割合を熱膨張係数と呼びますが、実はコンクリートと鉄筋の熱膨張係数はほとんど等しいのです（およそ$10\times10^{-6}$／℃）。熱膨張係数が異なると、温度変化によって鉄筋とコンクリートの間にずれようとする力が発生し、それが前述の付着力を弱めてしまいます。鉄筋とコンクリートは温度変化が生じてもお互いを拘束することなく、一緒になって動くことにより、変な力がかからないようにしているわけです。鉄筋コンクリートの原理を考え出した先人たちはこのことを知っていたかどうかはわかりませんが、いかなる時でも、お互いの欠点を補い合い一体となって挙動する、まさに、鉄筋とコンクリートはベストパートナーというわけです。

ところで、橋やビルの工事現場で見かける建設中の鉄筋コンクリート構造物の中には縦横無尽に鉄筋が配置されています。これらの鉄筋は基本的に引張力を受け持っていますが、その役割によって呼び方が違います（図４－２参照）。たとえば冒頭でお話しした背骨の働きをする鉄筋を主鉄筋と呼びます。この主鉄筋を取り巻くように主鉄筋と直交して配置される鉄筋を腹鉄筋（せん断補強筋、帯鉄筋とも呼ばれる）と呼び、建築の分野ではあばら筋という場合があります。この鉄筋は主鉄筋や中のコンクリートを損傷から守る働きをすることから、人間の骨にたとえてあばら筋というわけです。また、図中の折曲鉄筋は、計算上不必要となる梁端部の主鉄筋を折り曲げてせん断補強筋として合理的に利用しようとするものです。これ以外にもその役割に応じて、組立筋や配力筋などさまざまな呼称があります。

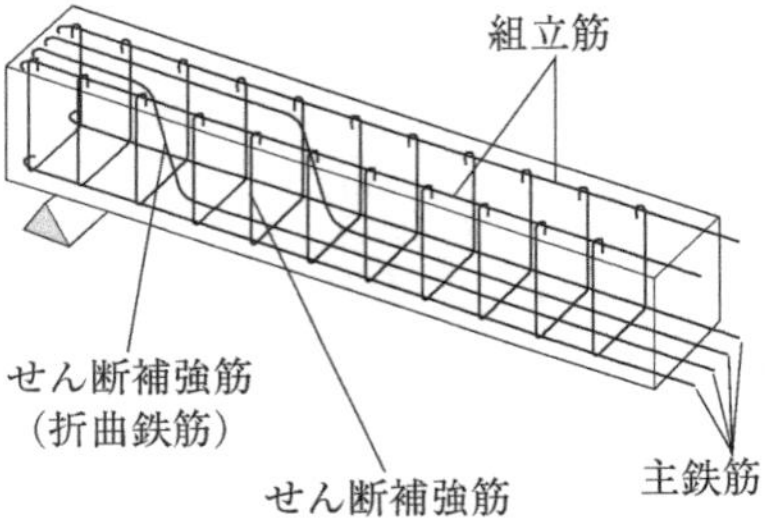


**図４－２**　鉄筋の名称

## ㉓ ピアノ線を使ったコンクリート

現在、私たちの社会には数多くのコンクリート製の構造物や建物があります。しかし、それらのコンクリート構造物には、すべてに鉄筋が配置されているわけではありません。

コンクリートに引張力が作用しない場合には、鉄筋を配置する必要はありません。その代表例がトンネルです。図４－３のようにトンネルのコンクリートには、周りの土砂等から力がかかりますが、これらはコンクリートに圧縮力を作用させるものの、引張力は作用しません。したがって、コンクリートのみで十分に周りの土砂等からの力を支えることができます。トンネルのコンクリートには鉄筋を配置する必要はありません。

では、橋はどうでしょうか。

道路に架かる橋を例に挙げると、現在、日本国内には高速道路から市町村道に至るまで、道路には数多くの橋が架けられています。その数は約67万橋（２００３年度道路統計年報）にも及びます。そのうち、長さが15ｍ以上の橋は約14万橋あります。この長さが15ｍ以上の橋の材料に着目すると、鉄製の橋が約４割、コンクリート製の橋が約６割を占めています。ところが、コンクリート製の橋のうち、鉄筋コンクリート製の橋は約３割です。残りの約７割はプレストレストコンクリートという構造です。

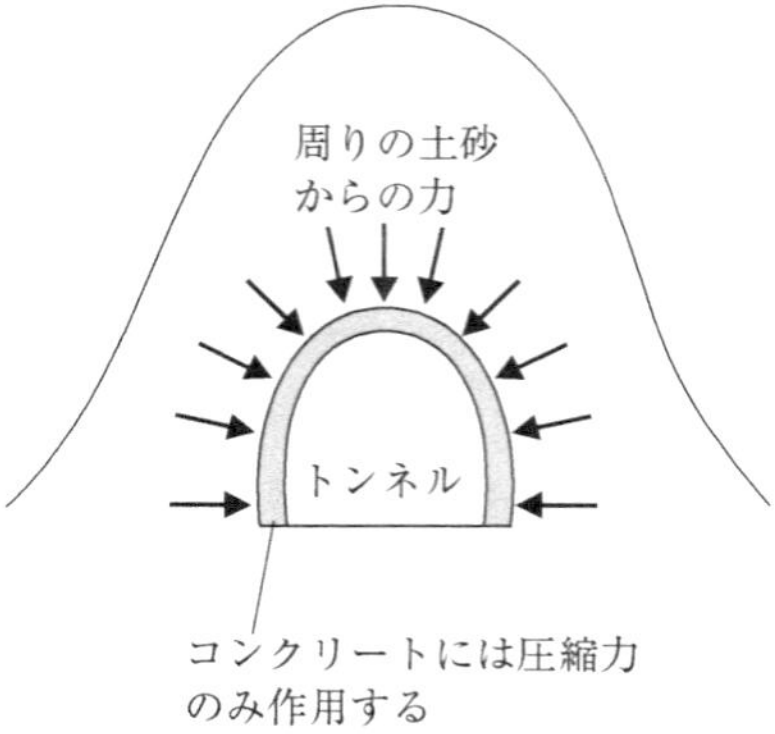


**図４-３**　トンネルの構造

それではプレストレストコンクリートについて説明しましょう。

前項で説明したとおり、自動車等の重みがかかると、橋の下側には引張力が発生します。鉄筋

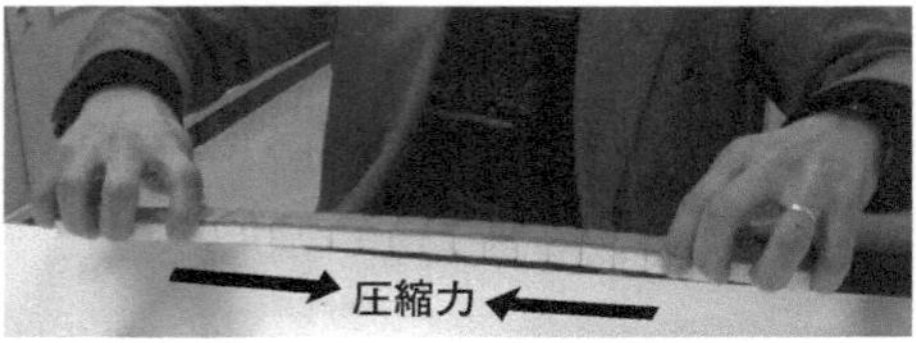


**写真４－４**　麻雀パイの一体化の例

コンクリートの橋の場合、その引張力を鉄筋で受け持たせていますが、同時にコンクリートにも引張力が作用しているため、コンクリートは引張に弱い性質から橋の下側のコンクリートにひび割れが発生することがあります。

そこで、コンクリートに前もって圧縮力を与えておき、自動車等による重さが作用しても、コンクリートに引張力が生じないようにすれば、ひび割れも生じません。この原理を「Pre（プレ）」前もって、「Stress（ストレス）」応力を作用させることからプレストレスといいます。なお、応力とは単位面積当たりに作用する力のことです。プレストレスを作用させたコンクリートをプレストレストコンクリート（Prestressed Concrete）といい、単語の頭文字をとって、ＰＣと略して呼ぶこともあります。

プレストレスの原理について、麻雀パイがわかりやすい例として挙げられます。

写真４－４のように麻雀パイを横に並べ、左右から手で押すと、一つ一つに分かれているパイが一体化されて一本の棒になります。左右から押す力が弱い場合には、少ない数のパイしか持てませんが、左右から押す力が

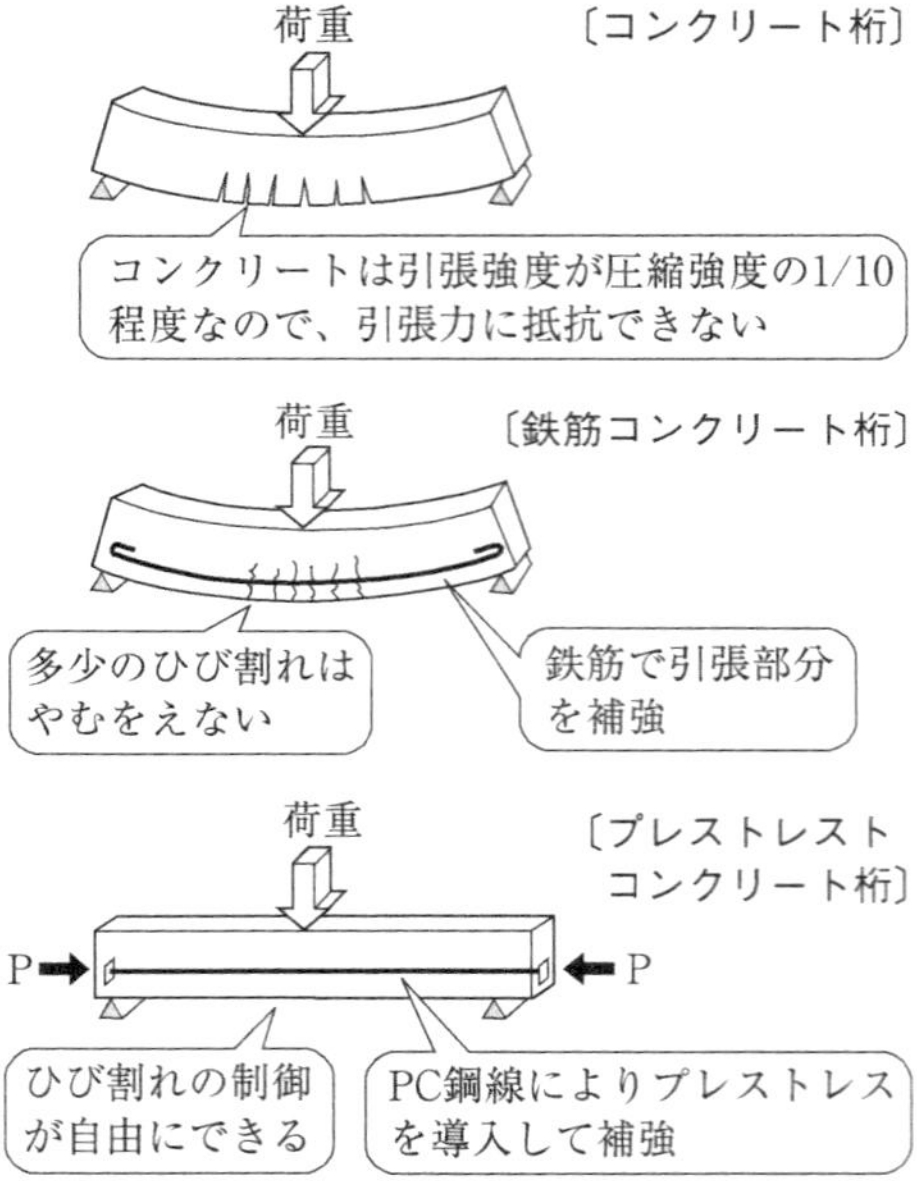
荷重
〔コンクリート桁〕
コンクリートは引張強度が圧縮強度の1/10程度なので、引張力に抵抗できない
荷重
〔鉄筋コンクリート桁〕
多少のひび割れはやむをえない
鉄筋で引張部分を補強
荷重
〔プレストレストコンクリート桁〕
P
P
ひび割れの制御が自由にできる
PC鋼線によりプレストレスを導入して補強

**図4-4** プレストレスの原理（出典：プレストレスト・コンクリート建設業協会、『やさしいPC橋の設計』）

増すにつれて、多くのパイを持つことができるようになります。

コンクリートの橋についても同じことがいえます。鉄筋コンクリートの橋は左右から押さえる力、つまり、プレストレスを作用させていないため、橋自身の重さや自動車等による重さの影響から、一般的に橋の長さは25m程度が限界といわれています。一方、プレストレストコンクリートの橋は、プレストレスを作用させることにより、鉄筋コンクリートより長い橋を造るこ

**写真4-5**　プレストレストコンクリート橋（エクストラドーズドPC橋）

とが可能です（図4-4）。このようにプレストレストコンクリートを用いると、写真4-5のような長い橋を造ることができます。

では、どのようにしてコンクリートにプレストレスを与えるのでしょうか。

プレストレスを与える方法には、プレテンション方式とポストテンション方式の2通りの方法があります。まず、プレテンション方式について説明します。

図4-5に示すように①引張に強い金属製の鋼線（これをPC鋼線といいます）をジャッキで引っ張ります。②①の状態で型枠を組み、コンクリートを型枠に打ち込みます。③コンクリートが硬化した後に、PC鋼線を切断します。引っ張られていた鋼線が切れると元の状態に戻ろうとしますが、その力がコンクリートに伝わり圧縮力を与えます。

工場でPC部材を製造する場合には、このような原理

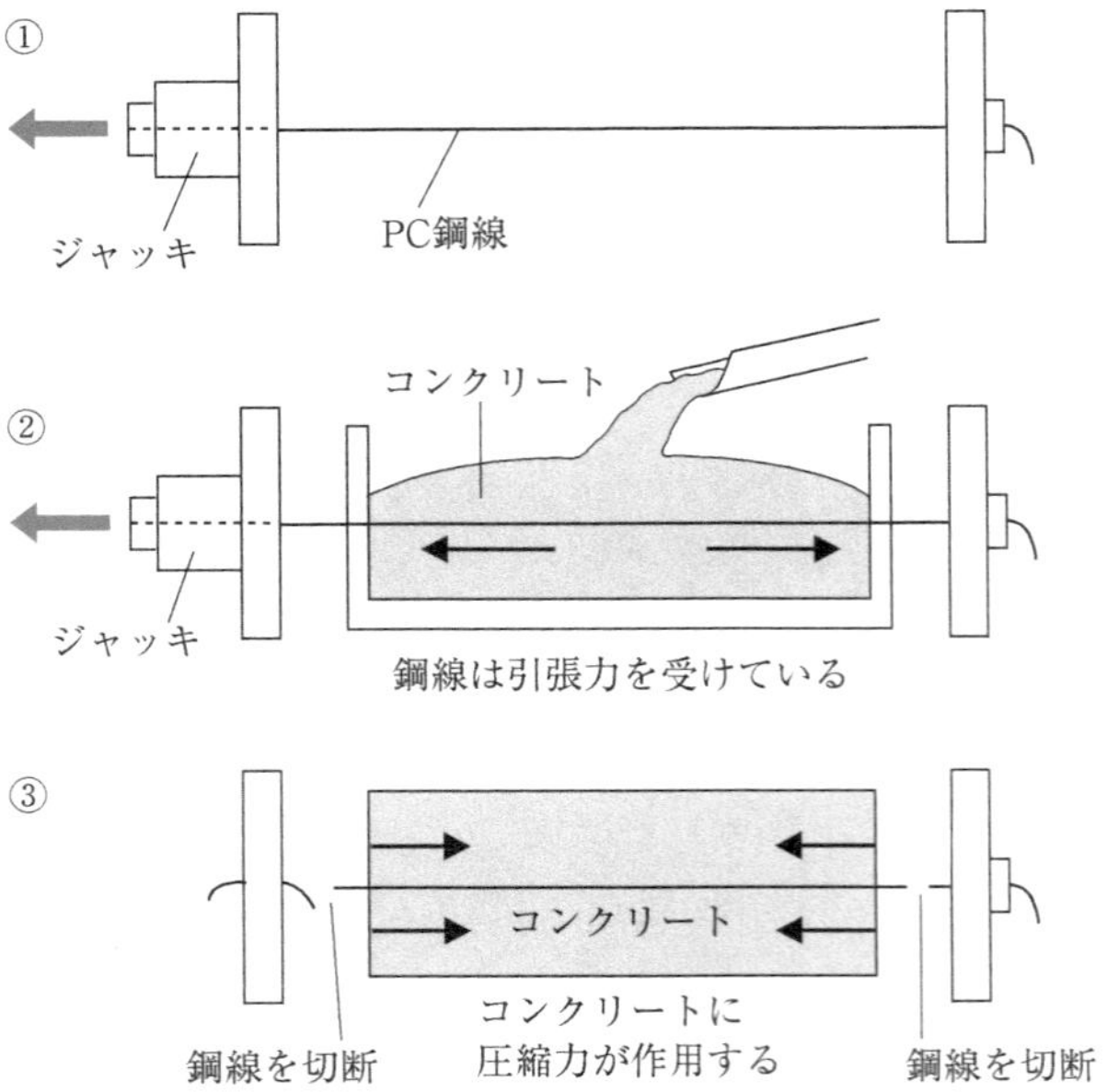


**図4-5** プレストレスを与える手法（プレテンション方式）

でコンクリートにプレストレスを与えます。コンクリート製の橋、水道用タンク、建築物等のさまざまな構造物を構成する部材が製造されています。これらをプレキャスト部材といい、工場生産のため、高品質な製品を大量生産できることが特徴です。写真4-6はコンクリートの道路橋ですが、主《しゅ》桁《げた》はプレキャストPC部材です。

　この技術は1950年代にわが国に導入されましたが、引張に強い材料として、ピアノに使われている弦と同じ材質のピアノ線を用いてプレストレスを導入していたため、当時はピアノ線コンクリー

プレストレスト
コンクリートの
製品を橋脚間に
架けて使用する。
主桁と呼ぶ
主桁
橋脚

**写真４-６**　橋梁におけるプレキャストPC部材の適用事例

ト工法と呼ばれていました。

プレテンション方式は、工場において事前にプレストレスを与えましたが、建設現場においてプレストレスを与える方法があります。それをポストテンション方式といいます。では、その作業工程を説明します（図４-６）。

①鋼線を束ねたもの（これをＰＣ鋼より線といい、プレストレスを与える鋼材を総称してＰＣ鋼材といいます）を挿入したシースと呼ばれる管を配置し、コンクリートを打ち込みます。②コンクリートが硬化し、所定の圧縮強度が発現した後にジャッキによりＰＣ鋼材を引っ張ります。③引っ張った状態のＰＣ鋼材を定着具で固定し、その後、コンクリートとＰＣ鋼材を一体化させるためにセメントを主成分とする接着剤（グラウトといいます）をシース内に注入します。このような工

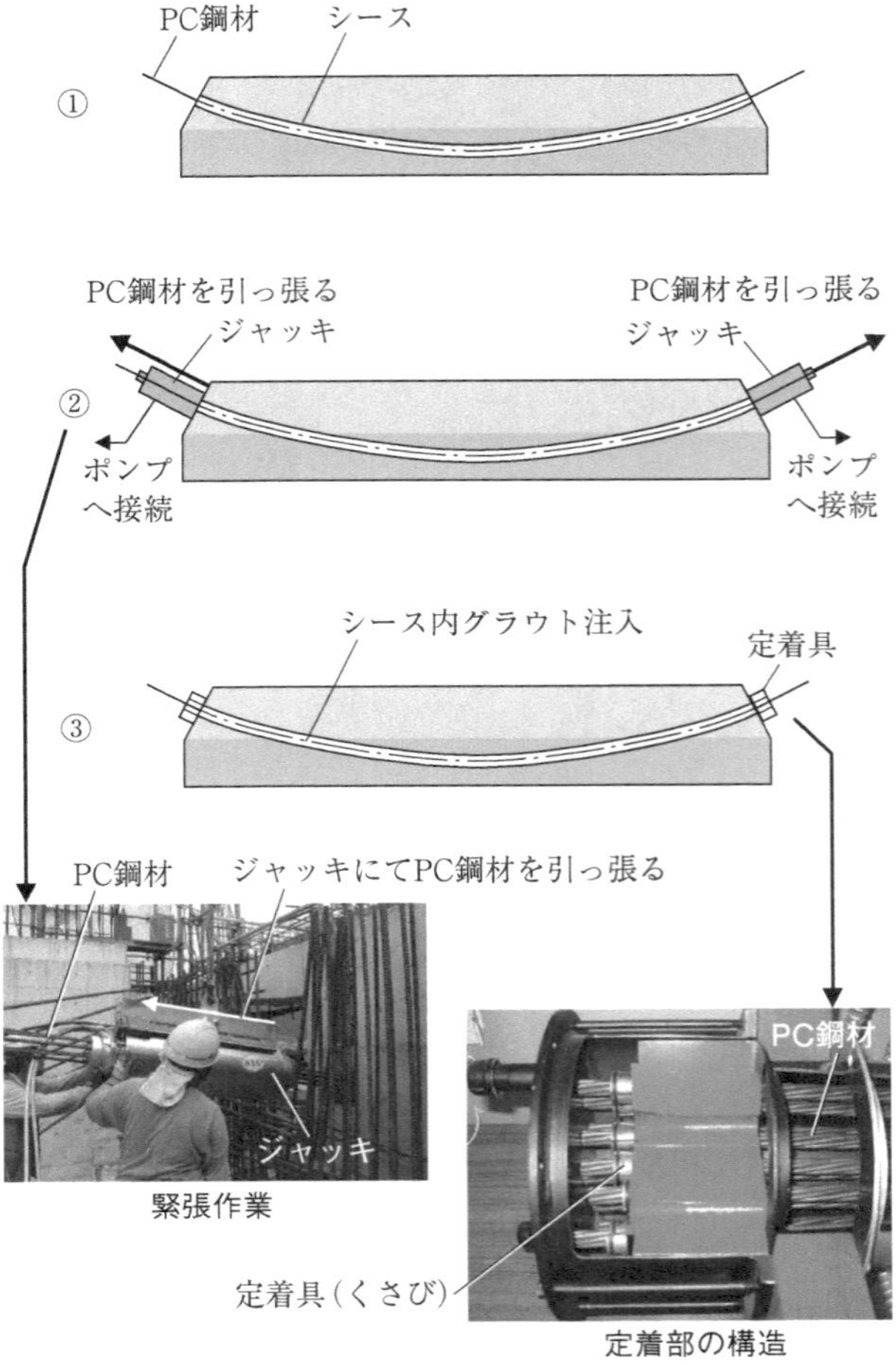


**図4-6** ポストテンション方式の作業工程

程を経てコンクリートにプレストレスを与えます。

## 24 ストレス管理が大切

ここではコンクリート構造物を設計する場合の考え方について簡単に説明します。

コンクリート製の橋を例に挙げると、図4－7に示すようにさまざまなパーツから構成されています。すべてのパーツが重要な役割を担っていますが、このなかで、自動車や鉄道等の重みを支える役割を担っているパーツが主桁です。また、主桁同士を横方向に連結する桁を横桁《よこげた》といい、それらを総称して桁《けた》といいます。

自動車等の重みがかかると、主桁の上側には圧縮力が作用し、主桁の下側には引張力が作用します。この状態を図4－8に示します。応力（ストレス）とは単位面積あたりに作用する力のことですから、主桁の上側には大きな圧縮力が作用しているため、圧縮応力も大きくなります。一方、主桁の下側には大きな引張力が作用しているため、引張応力も大きくなります。また、中央付近では、圧縮力と引張力がともに作用せず、応力が0となる箇所があります。図4－8において応力状態のみを抜き出すと、図4－9のようになります。

続いて、さまざまな力を加えた場合に作用する応力の違いについて説明します。

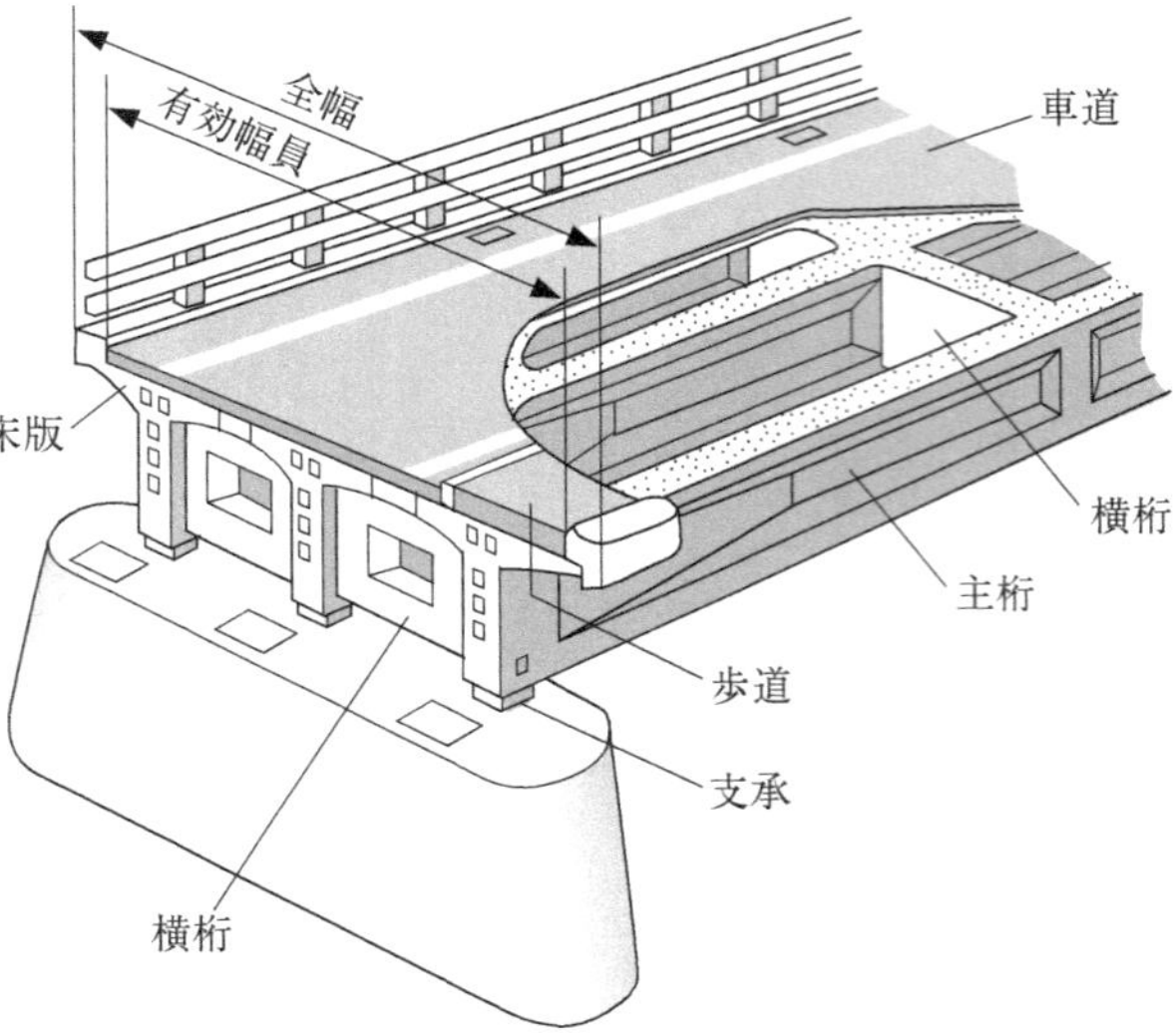


**図4-7** コンクリート橋を構成するパーツ（出典：多田宏行、『保全技術者のための橋梁構造の基礎知識』、鹿島出版会）

まず、力を加えている点の左右の断面には、中央に加えている力の影響で応力が作用しますが、力を加えている点よりも応力は小さくなり、図4-10①のようになります。さらに、②のように加えている力が大きくなった場合には、力を加えている中央の点、左右の点ともに応力が大きくなります。一方、力を加えている点が右側に偏っている場合には、右側の断面に大きな応力が作用します。この場合は、中央位置の断面に作用している応力は、右側の断面に作用している応力よりも小さくなります。さらに、左側の断面に作用している応力はより小さくなり、③のようになります。また、力を加えている点が1点だけでなく、上部に一様に力が加わっている場合には中央位置の断面に作用している応力が大きくなりますが、左右の断面に作用している応力も中央に1点だけ力を加えている場合①と比較して大きくなり、④のようになります。このように、コンクリートの部材に加えている力（荷重）が異なると、おのおのの断面に作用する応力も異なります。

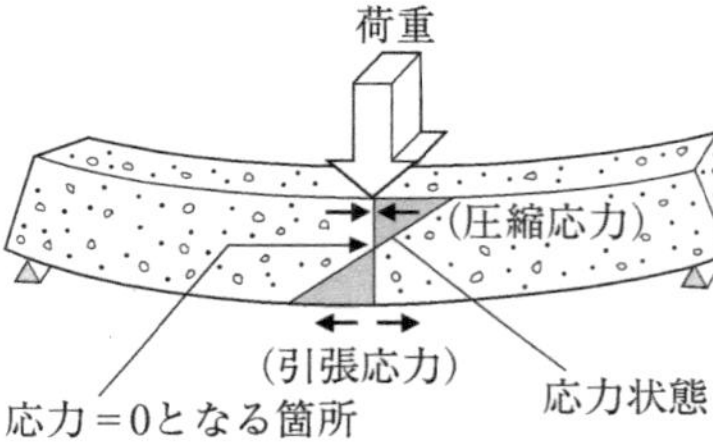


**図4-8**　主桁の変形と応力状態

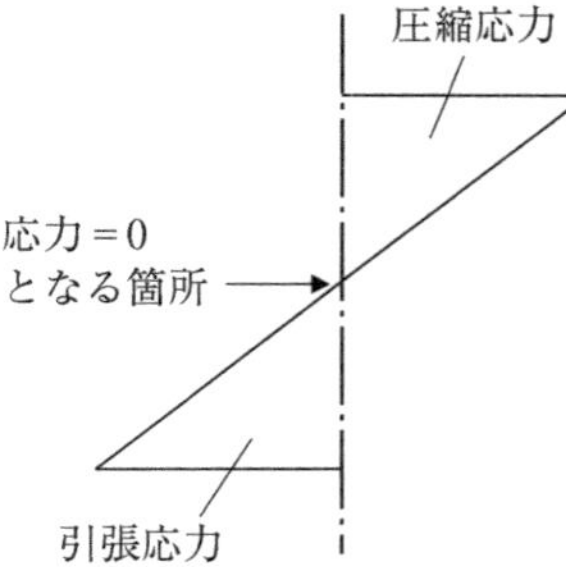


**図4-9**　主桁の応力状態

こうしたことを前提に、鉄筋コンクリートの主桁を設計する場合の考え方について説明します。

道路に架かる橋の場合を例に挙げると、現在は25ｔのトラックが通ることを想定して設計しています。そのトラックが通るときに、主桁に対して荷重による応力がどの程度作用するのか計算します。コンクリートの主桁に作用する応力には圧縮応力と引張応力がありますが、圧縮応力

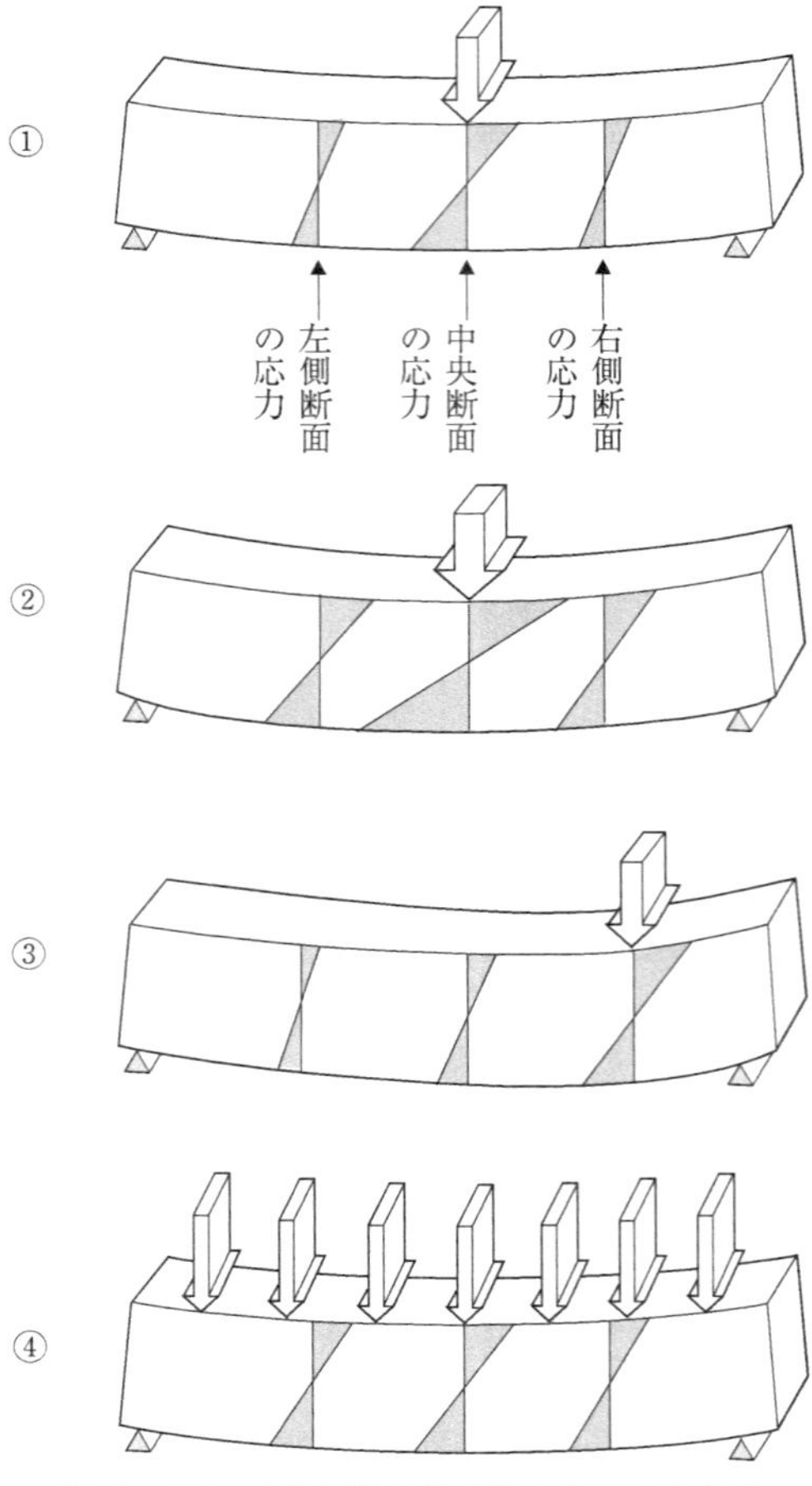


**図4-10** 力を加える位置や大きさを変える

については鉄筋が受け持ち、引張応力は鉄筋が受け持ちます。そこで、コンクリートに作用する圧縮応力と鉄筋に作用する引張応力がともにそれぞれの許容値以下であれば、その荷重に耐えることができると判断します。それぞれの許容値とはコンクリートの圧縮強度や鉄筋の材質から決まるもので、コンクリートの圧縮強度や鉄筋の引張強度（鉄筋を引っ張ったときに破断する強度）が大きければ許容値も大きくなります。

コンクリート部材に作用する応力（ストレス）が許容値以下であるかどうかを確認することから、この設計方法を「許容応力度設計法」といいます。現在の日本国内にある道路に架かる橋はすべてこの考え方に基づいて設計されています。人はストレスが多すぎるとさまざまな病気を誘発しますが、コンクリートも作用する応力（ストレス）が許容値を超えている場合は、安全でないと判断します。

続いて、プレストレストコンクリートの主桁を設計する場合の考え方について説明しましょう。

鉄筋コンクリート製の主桁は自動車等の重みがかかると、図４-８に示す応力状態になります。一方、これにプレストレスを与えることにより引張応力を打ち消したものがプレストレストコンクリート製の主桁です。つまり、引張応力を上回る圧縮応力をプレストレスとして与えます。図４-11にプレストレストコンクリートの主桁の応力状態を示します。このように、プレス

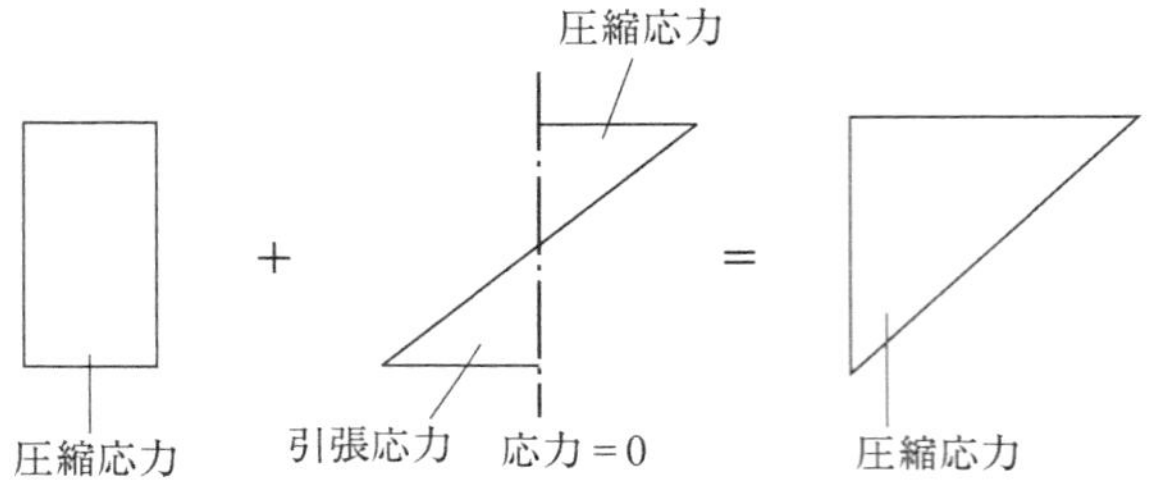


(a) プレストレス　(b) 荷重による応力　(c) プレストレスと荷重による応力を足し合わせた応力

**図4－11**　プレストレストコンクリートの主桁の応力状態

トレスを与えることにより引張応力を打ち消しています。しかし、断面の上側から下側まで一様に圧縮応力を与えることにより、断面の上側には大きな圧縮応力が発生しており、無駄が多いといえます。

そこで、この無駄な点を見直すためにプレストレスを与える（ＰＣ鋼材を配置する）位置を変化させてみます。図4－12の(a)は断面の中央位置（図の中心位置）にＰＣ鋼材を配置した場合で、一様に圧縮応力が与えられていますが、(b)はＰＣ鋼材の配置位置を断面の中心から下側にずらしたため下側に圧縮応力が大きく発生し、上側に向かって圧縮応力が小さくなり断面の上側では引張応力が発生しています。この中心からずらした量を偏心量といいます。

これは主桁の下側に集中して力をかけているため一見バランスが悪いように見えますが、この状態に荷重による応力が作用すると、プレストレスによる圧縮応力と荷重による引張応力が打ち消し合うため過剰な圧縮応力が発生せ

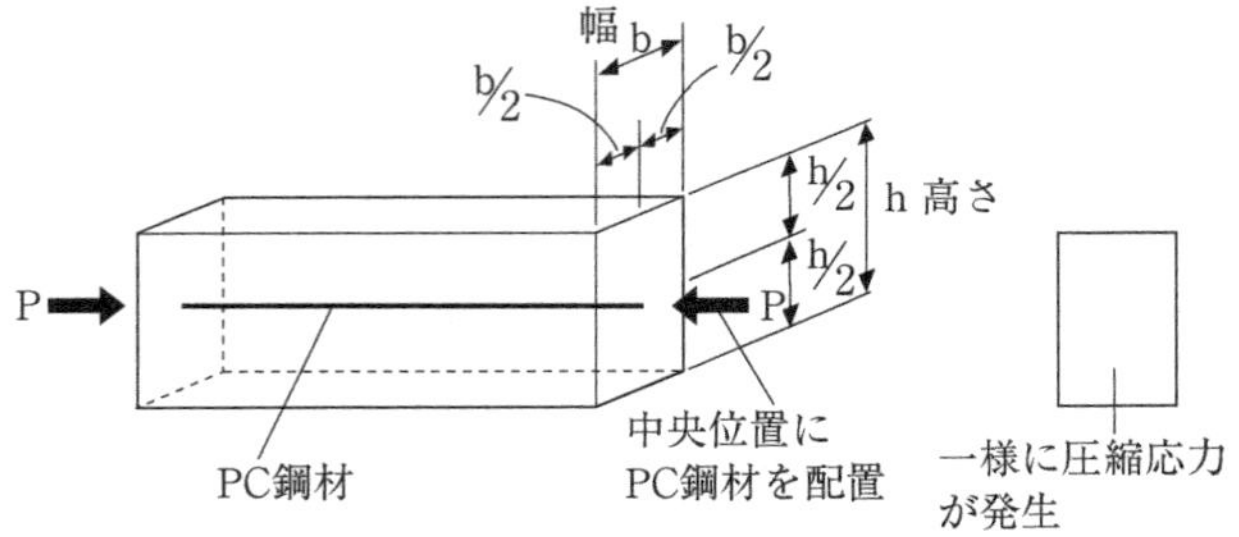


(a) 桁の中央位置にPC鋼材を配置した場合の応力の状態

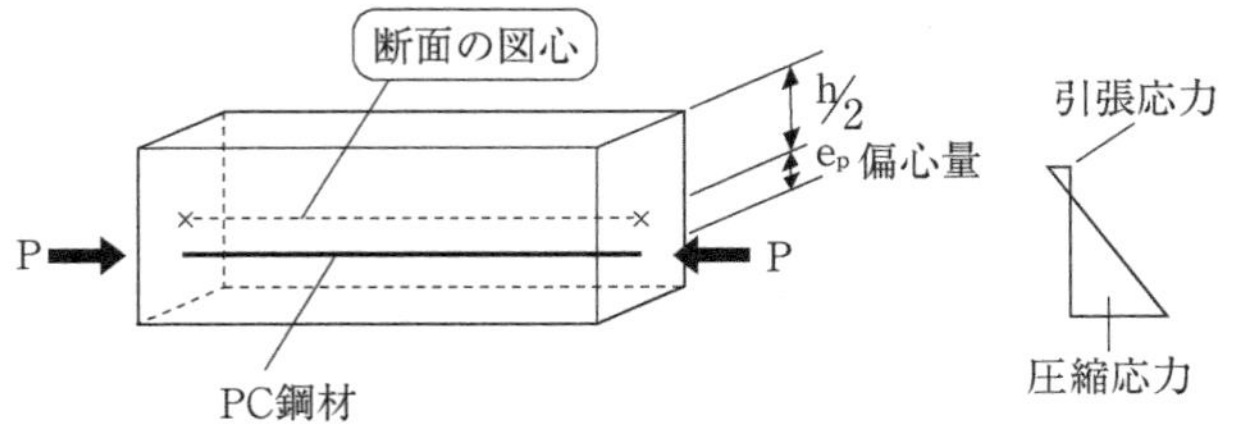


(b) 桁の下側にPC鋼材を配置した場合の応力の状態

**図4-12**　PC鋼材の配置位置による応力状態の変化

ず、図4-13のように非常に経済的な応力状態になります。このように経済的なプレストレストコンクリートの主桁を作製するためには、プレストレスの量と配置位置（偏心量）が重要なカギを握っています。(c)のように、荷重が作用したときに下側に圧縮応力が少し残るようにすることで、主桁にひび割れが生じないようにします。

では、プレストレス量等を決定する考え方について説明します。まず、トラック等の荷重によって主桁に作用する応力を計算します。荷重による応力がわかれば、引張応力を打ち消すためにどの程度のプレスト

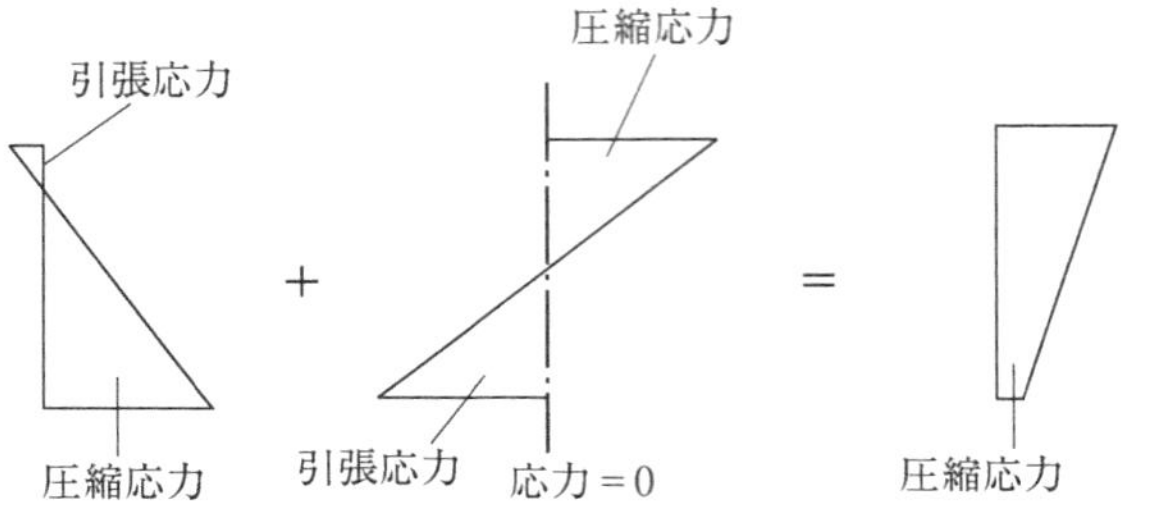


(a) プレストレス　(b) 荷重による応力　(c) プレストレスと荷重による応力を足し合わせた応力

**図4-13**　経済的な応力状態

レスが必要なのかがわかります。配置位置はプレストレスと荷重による応力を足し合わせた応力が、経済的な応力状態になるように決定します。

プレストレストコンクリートの桁を作製する上では、プレストレスの量と配置位置（偏心量）が重要な指標になりますが、特に、プレストレスの量が不足していれば、自動車等が通行した場合にひび割れが生じることが考えられ、強度不足に陥ることになります。したがって、プレストレスを与える場合に、PC鋼材にどの程度の応力（ストレス）が作用しているかを把握することがきわめて重要です。

## ㉕ 地震にも強く

1995年1月17日に発生した兵庫県南部地震における鉄筋コンクリート橋脚やビルの倒壊の状況は、10年以

**写真4-7**　兵庫県南部地震で崩壊した鉄筋コンクリート橋脚

上経過した現在においても、土木技術者のみならず一般市民の方々の脳裏に深く焼き付いているものと思います（写真4-7）。設計で想定した以上の激しい揺れが作用したためとはいえ、コンクリート神話の崩壊といわれても仕方がないような被災の状況でした。しかしながら、その後も2000年鳥取県西部地震、2001年芸予地震、2004年新潟県中越地震、2008年岩手・宮城内陸地震という大きな地震を経験しながら、コンクリート高架橋の倒壊というような大きな損傷が発生しなかったことは、兵庫県南部地震をはじめとする過去の地震による被害から学んだ結果といっても過言ではないでしょう。現在では、兵庫県南部地震クラスの地震が発生しても構造物が倒壊することなく、損傷が想定した程度以下に収まるような設計がなされ、また、既存の構造物についてもこれらを満たすように順次補強がなされています。

さて、ここでは地震に対するコンクリート構造物の強さについて説明するわけですが、その前に、そもそも構造物を設計するときにどんな地震を想定しているのか、また地震後の構造物の状況としてどのようなものを考えているのかについてお話しします。

ご存じのように、地震は台風や津波と同じく偶発的であり、自動車や列車の荷重のように常に構造物に作用するわけではありません。また、その大きさも現在の科学技術では予想することができません。したがって、通常は次に示すような考え方で地震に対する設計を行っています。

①設計では、(a) 構造物を使用する間(耐用期間:通常50~100年)に数回発生する比較的小さな地震(レベル1地震)と(b)兵庫県南部地震のように構造物の耐用期間内に発生する確率はきわめて小さい(1000年に1回程度)大きな地震(レベル2地震)の2つを想定する。

②地震後の構造物の状態としては、(i) 地震時に機能を保持し、地震後も機能が健全で補修を必要としない(地震にびくともしない)、(ii) 地震後に機能が短期間で回復でき、補強を必要としない(若干の修繕で元に戻せる)、(iii) 地震によって構造物全体が崩壊しない(使えなくなることは仕方がないが、倒壊による人命の損失だけは避ける)、の3つを考える。

③①で想定した地震に対して②で考えた地震後の状態が満たされるように構造物を設計する。

②の地震後の構造物の状態は、その構造物の持ち主(たとえば、橋ですと国民ということにな

りますが、現実的にはそれを管理する役所になりますし、自宅ですと読者の皆さんを指すことになります）が決めることになります。橋を例に挙げますと、50～１００年に数回発生するような比較的小さい地震にはびくともせず、兵庫県南部地震のような大地震が再び来た場合は、若干の修繕ですぐに元に戻すことができるように造ることが原則でしょう。兵庫県南部地震クラスの大地震が来てもびくともしない構造物を造ることは技術的に可能ですし、たとえば原子力発電所など、損傷したときの影響がきわめて大きい構造物ではそのように造っていますが、莫大な費用がかかります。つまり、いつ来るか、また、その大きさもわからない地震に対して、地震後どのような状態であることを期待するのかは、その構造物の重要度（壊れたときの影響）と持ち主の経済的観点（予算）の両面から決定されることになるわけです。

次に、地震に対する強さの話をしましょう。地震に強いと一言でいっても、その強さにはいろいろな意味があります。〝強い〟という言葉から皆さんはこれまでお話ししてきたコンクリートの強度のように頑丈で堅固なものを想像されるかもしれません。もちろん、そのような意味もありますが、相手が地震の場合は、〝ねばり〟や〝力を受け流す〟という意味も含まれています。

図4‐14は地震に対する構造物の抵抗のしかたを示したもので、縦軸の荷重は構造物がどれくらいの大きさの地震力に耐えられるかを、横軸の変位は地震によって構造物がどれくらい変形するか（たとえば柱がどれくらい曲がるか）を表しています。通常の構造物は、比較的小さい地震

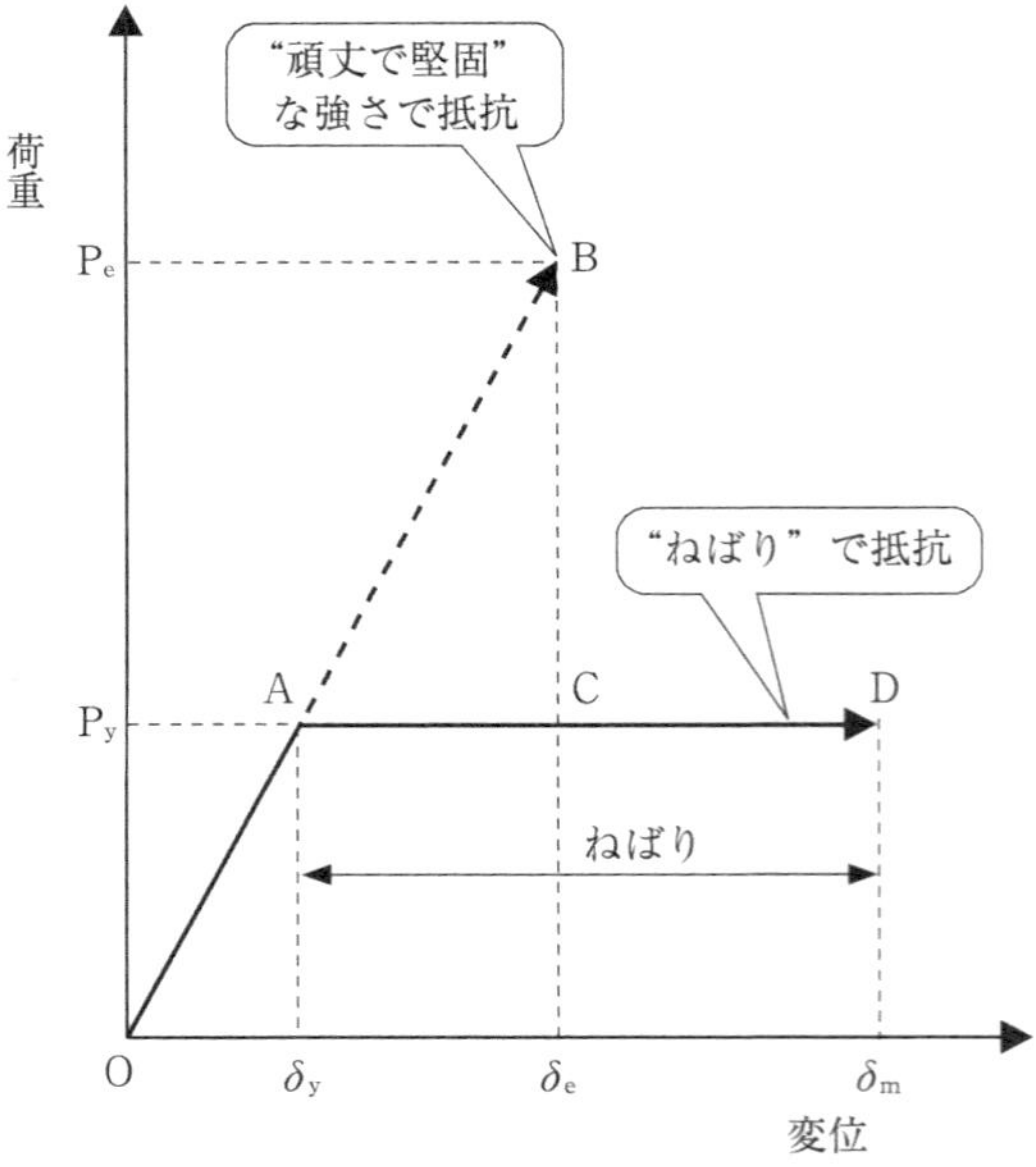


**図4-14** 地震力に対する抵抗のイメージ。荷重は主鉄筋が負担し、変位には帯鉄筋で対抗する。同じ地震に対して“頑丈で堅固”な強さで抵抗させる場合（O→A→B）には、大きな荷重に対する強度（Pe）が必要となる。これに対して、ねばりで対抗させれば、強度（Py）は小さくてすむ。

（レベル１地震）に対しては、まさに〝頑丈で堅固〟な意味での強さ、すなわち力に対しては力で抵抗します。この強さは、たとえば柱でいうとその太さや背骨となる主鉄筋の量で決まります。一方、大地震（レベル２地震）に対しては、〝頑丈で堅固〟な意味での強さを発揮した後の〝ねばり〟で抵抗するように設計しています。

これは、前述したように、大地震に対して〝頑丈で堅固〟な強さだけで抵抗しようとすれば、柱の太さが非現実的なほど太くなり、また、大量の鉄筋が必要になるからです。したがって、図４－14に示すように、発生する確率のきわめて小さい大地震に対しては、構造物がその強さを維持しながら変形すること、すなわち〝ねばり〟で抵抗させることにしているわけです。

この〝ねばり〟の大小を決めるのが、主鉄筋と直交方向に主鉄筋を取り巻くように配置される帯鉄筋（あばら筋）の量です。この帯鉄筋は、主鉄筋の外側にあるコンクリート（かぶりコンクリートといいます）が破壊して剝がれ落ちても、内側にあるコンクリートをしっかりと拘束するとともに、主鉄筋が外側にはらみ出すのを防止することで、〝ねばり〟を増加させる役割を果たしています。

以上は、地震に対して構造物そのものが抵抗する場合の話ですが、近年はそれ以外の方法で構造物を地震から守る方法が採用されつつあります。それらは、免震と制振という考え方で、その概念図を図４－15に示します。免震は地震のエネルギーや地盤の変位を吸収できるような装置を

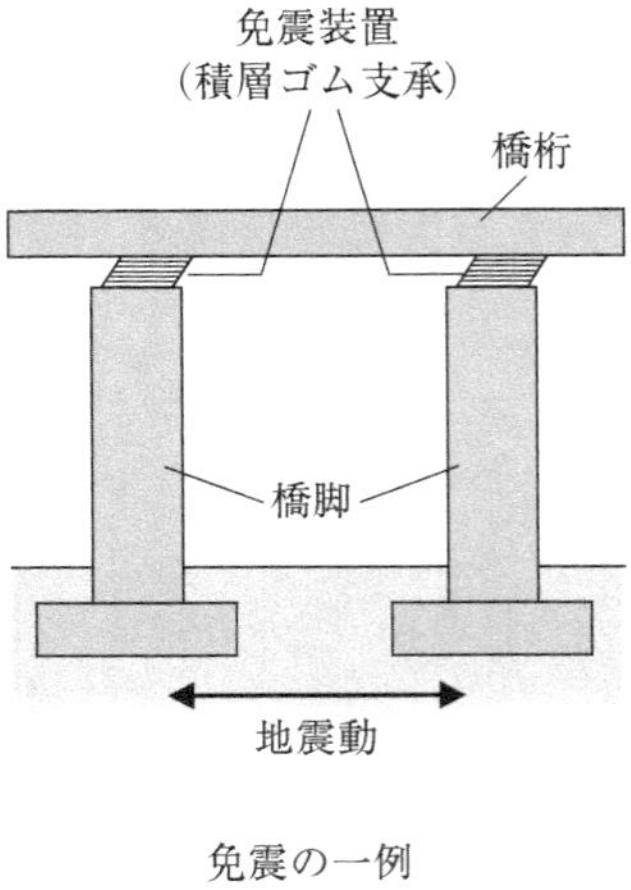


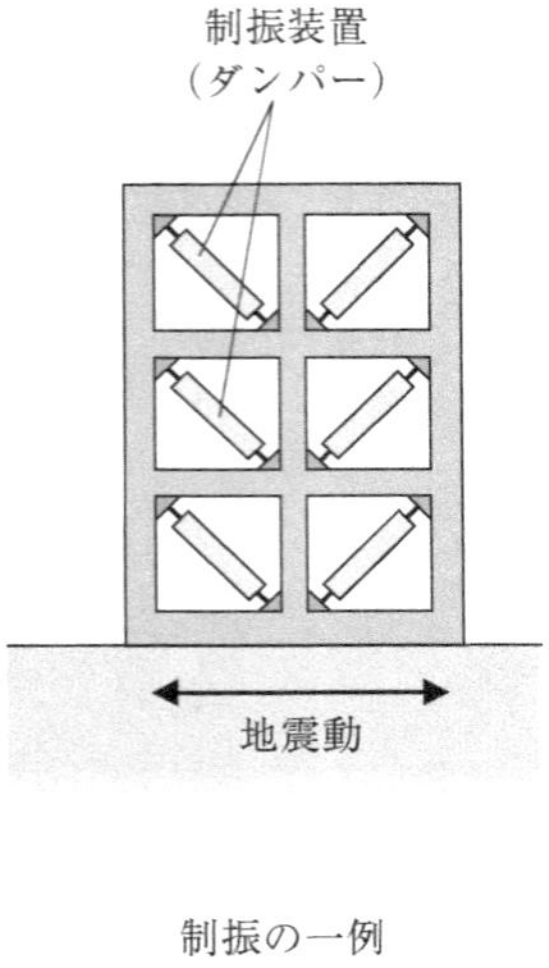


**図4-15** 免震と制振の概念図

構造物と地盤、あるいは構造物の部材と部材の間に挿入する方法です。これにより、構造物が揺れる周期を長くして地震との共振を防いだり、地震の揺れが直接構造物に作用しないようにすることが可能となります。

たとえば、橋梁では鉛プラグ入りの積層ゴム支承を橋桁と橋脚の間に挿入することにより、橋脚の揺れが直接橋桁に伝わらないようにしています。また、近年では最下層の柱の下部に免震構造を採用したビルも数多く建設されています。

一方、制振は地震の揺れ方に応じて構造物の揺れが最小になるよう、振動エネルギー吸収機構（ダンパー）等の制振装置を構造物に装備することにより、構造物の振動を制御しようとする方法です。たとえば、構造物の揺れを低減するよう調整された重錘を用いたＴＭＤ（Tuned Mass Damper）は超高層ビルや長大橋主塔の制振によく用いられている構造です。

話は少しそれますが、先頃、ビルやマンションの耐震偽装が社会的に問題となりました。すでに述べましたように、地震に対する設計とは、想定した地震に対して構造物が要求された性能を満たすように柱の寸法や、主鉄筋・帯鉄筋の量を決めることですが、そのためには適切な設計・施工が行われなければなりません。必要な量の鉄筋を少なくすれば所定の強さやねばりを発揮することができないのは当然です。耐震偽装問題は、「コンクリートは固まってしまえば、中がどうなっているのかわからない」、「鉄筋の間引きは、地震が来ない限りは見つからない」というきわめて悪質な考え方に基づくものであるといえます。現状の建築認可システムや設計計算書のチェックシステムにも問題がなかったわけではありませんが、設計者・技術者としての自覚と倫理観さえしっかりしていれば起こらなかった問題といえるでしょう。コンクリートにかかわる技術者として、同じ過ちが繰り返されることのないようにしたいものです。

第5章

# 現場の不思議発見

## ㉖ 鉄筋の組立て

鉄筋コンクリートでは、鉄筋とコンクリートがそれぞれの弱点を補い合うことによって、強いものになっています。したがって、鉄筋はとても大切で、設計図に示された太さ（径）のものを、示された本数（径と本数で鉄筋量）だけ、示された位置に、正確に配置することが求められます。

それらを示している設計図が「配筋図」です。配筋図によって、施工業者は鉄筋を配置していきます。

それぞれの鉄筋は一定の長さのまっすぐな棒状のものとして搬入されます。搬入された鉄筋のことを生材《なまざい》といい、それを切断し、曲げるなどの加工をして使います。加工するにあたり、それぞれの鉄筋の加工形状や全長がわかるような設計図を作ることが多く、この設計図を「鉄筋加工図」と呼んでいます。すなわち、鉄筋加工図は、配筋図に示されている最終の姿になるように鉄筋部品を作るための設計図ということになります。一つ一つの鉄筋部品を必要本数作るにあたっては、配置された鉄筋が十分にその役割を全うできるように細かい規則が決められており、鉄筋加工図は、その規則を守って一つ一つの鉄筋部品が作れるように考えられています。

鉄筋加工図に従って、鉄筋を加工します。専門の加工工場で行う場合もありますが、現場に鉄筋加工場を設けて行うこともあります。加工には、ギロチンと同じ原理で鉄筋を切断する切断機（バーカッタ）と、てこの原理を使って鉄筋を曲げる曲げ加工機（バーベンダ）を使い、常温で行います（写真５－１）。

加工が終われば、加工された鉄筋を現地に運び、配筋図に示されているとおりに鉄筋を配置していきます。この作業を「鉄筋を組み立てる」といいます。鉄筋を組み立てる方法はいくつかありますが、ここでは、構造物の大きさや、複雑さ、鉄筋量の多少に関係なく組み立てることができる方法をご紹介します。

**写真５－１**　バーベンダ

その前に、鉄筋コンクリート構造物の大まかな造り方をご説明しましょう。一般的には、初めに、鉄筋を組み立てます。次に、型枠を作ります。鉄筋は、取り囲まれるようにコンクリートで覆われることになりますが、このコンクリートの形を決めるのが型枠です。型枠は、金属やプラスチック製品の鋳型にあたるもので、造りたい形の型枠ができると、その中にコンクリートを打ち込んで鉄筋コンクリート構造物を造ります。背の高い橋脚のようなものや幅の広い壁のようなものは、縦方向や横方向に何回かに分けて造ることになります。すなわち、鉄筋の組立てやコンクリート打込みを何回かに分けて行うのですが、この場合、鉄筋はその強さが十分発揮できるように、適切な方法で継ぎ、連続させて組み立てていきます。

前章までに説明しましたとおり、鉄筋コンクリートの構造物を造るときには、コンクリートがしっかりと鉄筋を抱え込んで、くっつき一体となって固まっていることが大切です。そのためには、鉄筋の周囲にコンクリートがしっかり入り込んでいる必要があります。そうなって初めて付着力が働き、鉄筋が引っ張られた場合でも、抜け出したりせずしっかりと力を伝えることができます。

コンクリートの表面から鉄筋の表面までの最も短い距離のことを「かぶり」といいますが、コンクリートと鉄筋の一体化には、かぶりが重要な役割を担っています。

かぶりの役割はほかにもあります。コンクリートの中の鉄筋が腐食すると、ひび割れなどを発生させ、構造物の耐久性を著しく損なうことは前述しました。かぶりは、腐食の原因となる酸素・水分や塩分の侵入を防ぐ役割があります。

それから、コンクリート構造物が火災に遭えば、鉄筋は比較的簡単に溶けますが、コンクリートは火に強くなかなか溶けません。すなわち、かぶりは火に弱い鉄筋を火災から保護する役割も担っているのです。

構造物の強さという面からすれば、鉄筋はできるだけコンクリートの表面近くに入れたいのですが、以上のような理由から一定のかぶりを確保する必要があります。かぶりは、コンクリートの表面から鉄筋の表面までの最も短い距離ですから、型枠から鉄筋までの隙間をなんらかの方法で確保すればいいことになります。このために、スペーサという道具を使います。型枠と鉄筋の隙間を正確に確保するために、型枠と鉄筋の間に挟み込む道具がスペーサなのです（図５－１）。

スペーサは、コンクリート製やモルタル製、プラスチック製やセラミック製、それから鋼線製が多く使われています。鋼線製は、錆びる恐れがあるので防錆塗料処理を行ったものを用います。スペーサは、コンクリートの内部に残ることになりますから、その強さは使われているコンクリートの強さ以上が必要です。

鉄筋を所定の位置に正確に組み立てるためには、鉄筋間隔（ピッチ）の確保も重要です。ピッチを正確にするため、組立鉄筋を用います（図５－１）。組立鉄筋は構造上必要な鉄筋ではないので、普通は配筋図に示されていませんが、鉄筋の正確な配置のために欠かせない補助鉄筋です。壁のように、両側に配置されている鉄筋の間隔を保持するためのものを幅止め鉄筋（図５－１）といいます。これも組立鉄筋の一種です。補助鉄筋ということでおろそかになりがちです

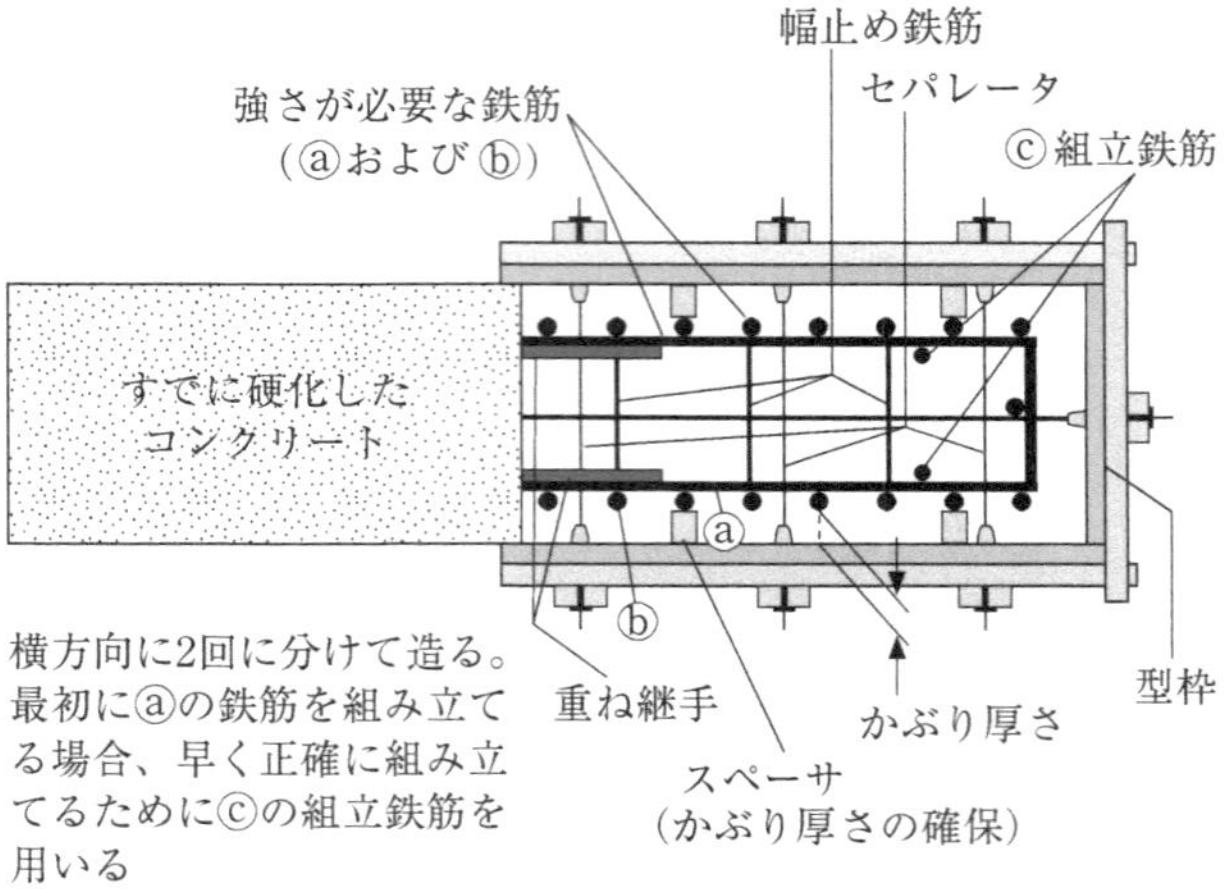


**図5-1**　簡単な鉄筋組立ての一例

が、これらの組立鉄筋も所定のかぶりを確保することが重要です。かぶりの小さい組立鉄筋が原因で鉄筋の腐食が進行し、耐久性が損なわれたりすることがあるからです。

組み立てられた鉄筋が、コンクリートを打ち込むときにガタつかないように、しっかり固定する必要があります。鉄筋を固定することを結束するといいます。鉄筋の結束には、点溶接する方法もありますが、鉄筋の材質に悪影響を及ぼすことがあるので禁止されている場合が多く、普通は結束線を用います。結束線とは、直径0・8㎜以上のなまし鉄線で、ハッカという特殊な道具で、縦横の鉄筋を引き寄せしっかり結わえます（写真5－2）。太い鉄筋の場合は、直径の大きな（3・2～4・0㎜程度）結束線を使います。長すぎるとコンクリートの表面に露出してしまう原因になるので、30～45㎝程度のものを多く使います。

何回かに分けて造る構造物では、鉄筋を継いでいくことになります。最も一般的で簡便な方法は、2本の鉄筋を必要な長さだけ重ね合わせる「重ね継手」（図5－1）です。その他の方法として、「ガス圧接継手」や「機械継手」などがあります。土木構造物では、直径25㎜以下の鉄筋には重ね継手を用い、それより大きな直径の鉄筋にはガス圧接継手や機械継手を考えるのが一般

①
②
③

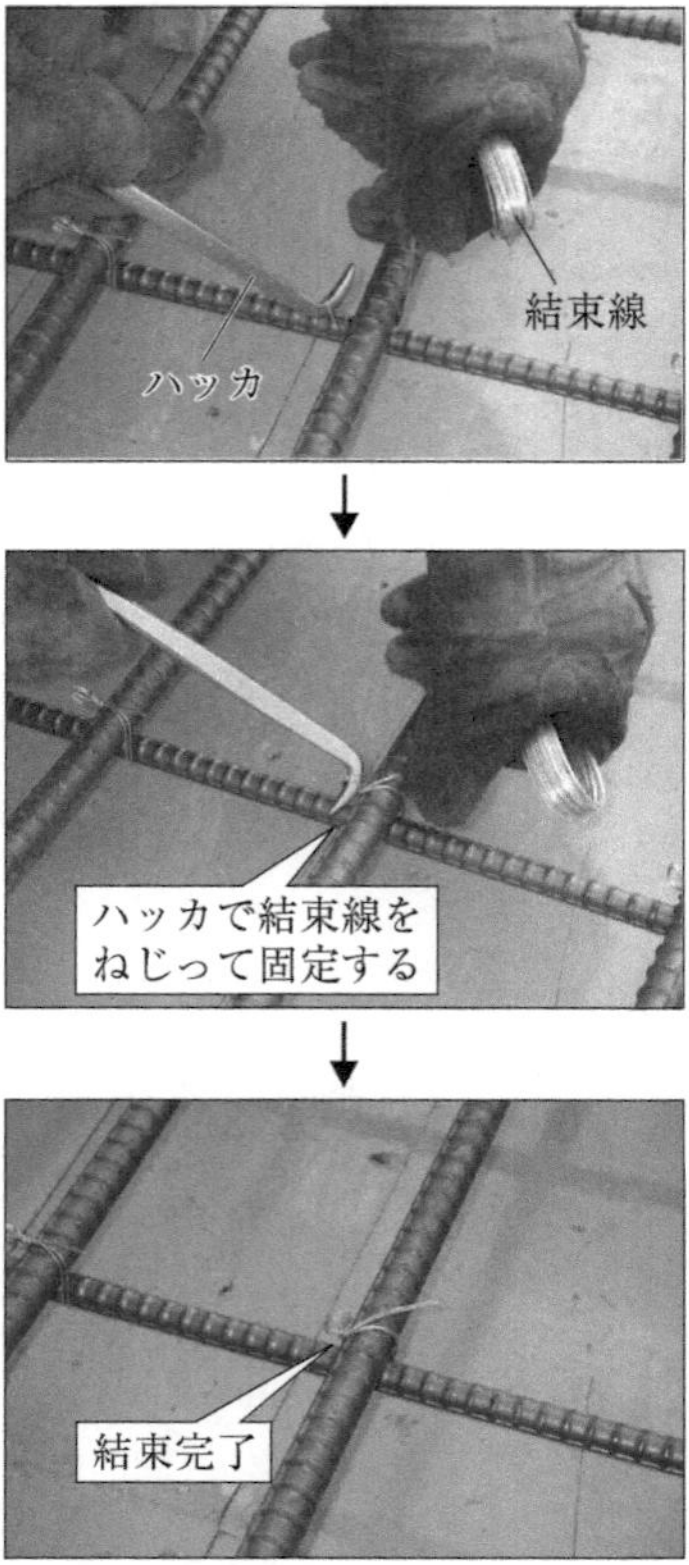
ハッカ
結束線
ハッカで結束線をねじって固定する
結束完了

**写真5－2**　鉄筋交差部の結束方法。①→②→③の順番で結束する

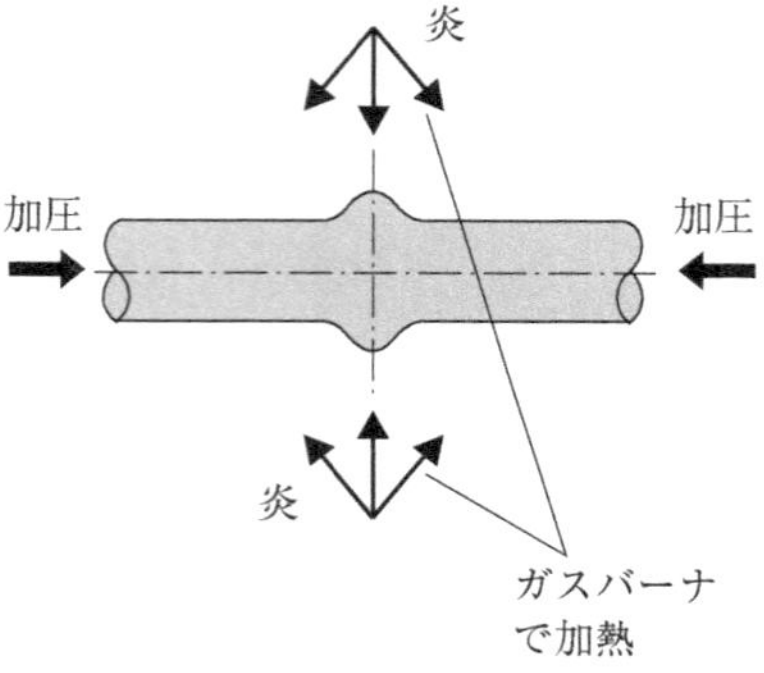


**図5－2**　ガス圧接継手

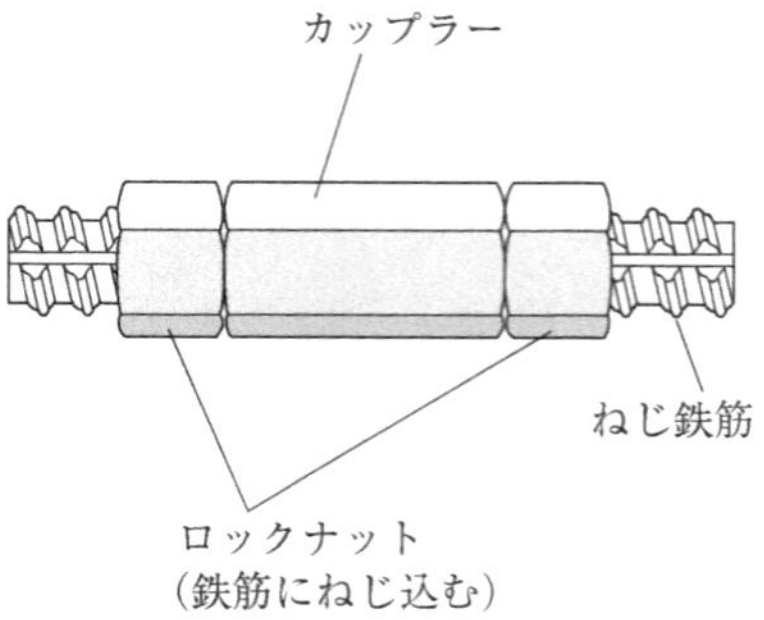


**図5－3**　機械継手（ねじ固定方式）

的です。

ガス圧接継手は、2本の鉄筋を突き合わせ、接触部分の周囲をガスバーナによって加熱しながら、団子のように膨れるまで2本の鉄筋を押し付けることによって継ぐ方法です（図5－2）。機械継手は、鉄筋にねじを切っておき、ナットで継ぐ方法です（図5－3）。ガタつかないように接着剤（エポキシ樹脂）を入れる場合もあります。また、接合する2本の鉄筋の継手部に、鉄筋より径の大きい円筒状のスリーブ（sleeve：さや管）を挿入し、油圧プレス機でスリーブを圧着して鉄筋を継ぐ方法もあります。いずれの方法でも、鉄筋の継手は構造上の弱点になるので、大きな力がかかる箇所は避けます。また、ひとつの断面に集めないで（芋継ぎにならない）、鉄筋直径の25倍以上離して相互にずらして（千鳥）配置します。

建設会社は大小含め50万社以上あります。取り立てて特徴のない会社がほとんどです。こんな中での過当競争、一方的に押し付けられるコストダウン、弱い立場の下請け会社（協力会社）になると、かなり厳しい状況に追いやられることがあります。そんな状況の中でも、ほとんどの人は誇りを持って仕事に携わっているのですが、中には「手抜き」を考える人がいても不思議ではありません。どのような管理が行われるかが重要になります。

昨今では、鉄筋工事について、鉄筋を間引くようなことはさすがになくなりましたが、以下のような手抜きが考えられます。品質確保のために定められている基準値より小さい強さの質が悪い鉄筋を使うこと。しっかりと正確に組むために、スペーサの数や結束する箇所数が決められているのですがこれを守らなかったり、組立鉄筋の本数を減らしたりすること。また、ガス圧接継手では、加圧の大きさや炎の種類を（還元炎から中性炎へ）変化させながら、一定以上の大きさのきれいな団子にする入念なやり方が必要ですがこれが守られないこと。これは、兵庫県南部地震の倒壊現場でも問題になりました。

## 27 コンクリートの形を決める型枠

コンクリートはドロドロの流動性を保ちながら運搬され現場に到着します。この、まだ固まっていないコンクリートをフレッシュコンクリートと称しますが、こんな状態ですから、鋳型さえあれば、自由な形を造ることができます。造りたい形にする鋳型を型枠と呼びます。

型枠は、打ち込まれたコンクリートが一定の強さに達するまで支える役割を担っており、必要がなくなれば取り外されます。このような設備を仮設備といいますが、型枠は仮設備です。図5－4と図5－5に示しているように、型枠は、コンクリートと直接接するせき板とせき板を補強するリブからなっていますが、さらに、型枠を緊結している型枠締付け材および支保工で支えられます。

せき板に使用する材料は、必要な強さを持ち、曲がったり、たわんだりしにくい性質を備えていることはもちろんですが、コンクリートの水分やアルカリ分により変形や変質しないもの、仕上がり面が美しく、繰返し使用できる回数が多く、加工や組立てが容易で安全に作業ができるものでなければなりません。また、型枠を取り外すときにコンクリートがせき板にくっついてくると、コンクリートの表面がでこぼこになって外観が悪くなります。そこで、型枠を剥がれやすくするために、一般的にせき板面に油や樹脂などでできている剥離剤を塗っておきます。せき板の

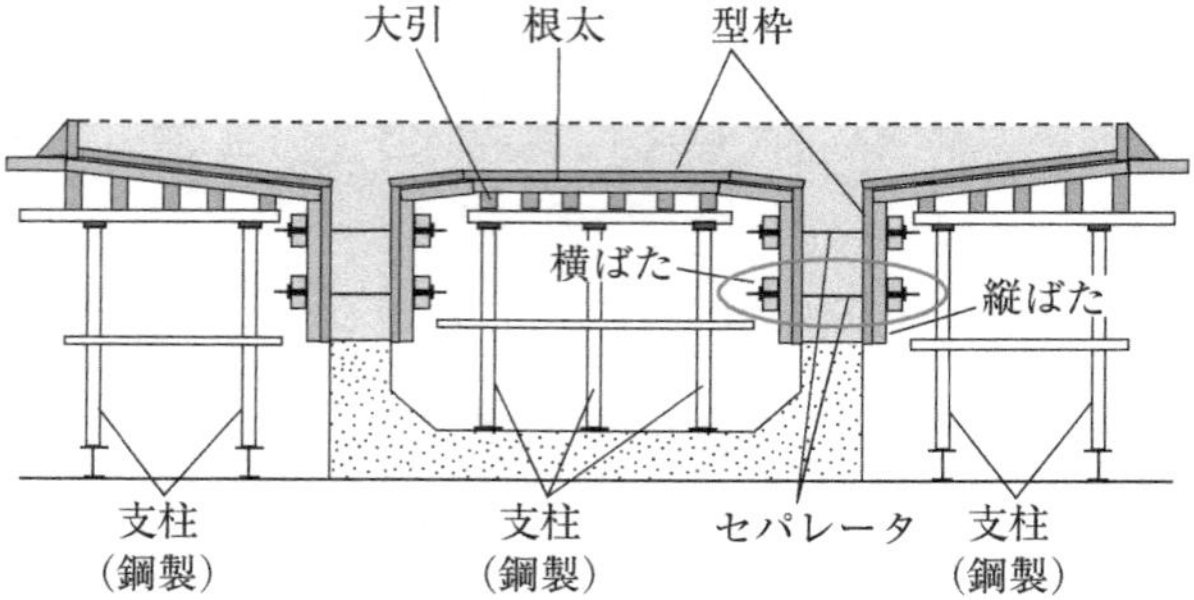


部はできあがっている部分。部を造るときの型枠の構造を示している

部の詳細は図5-5参照

**図５-４**　一般的な型枠と支保工の構造

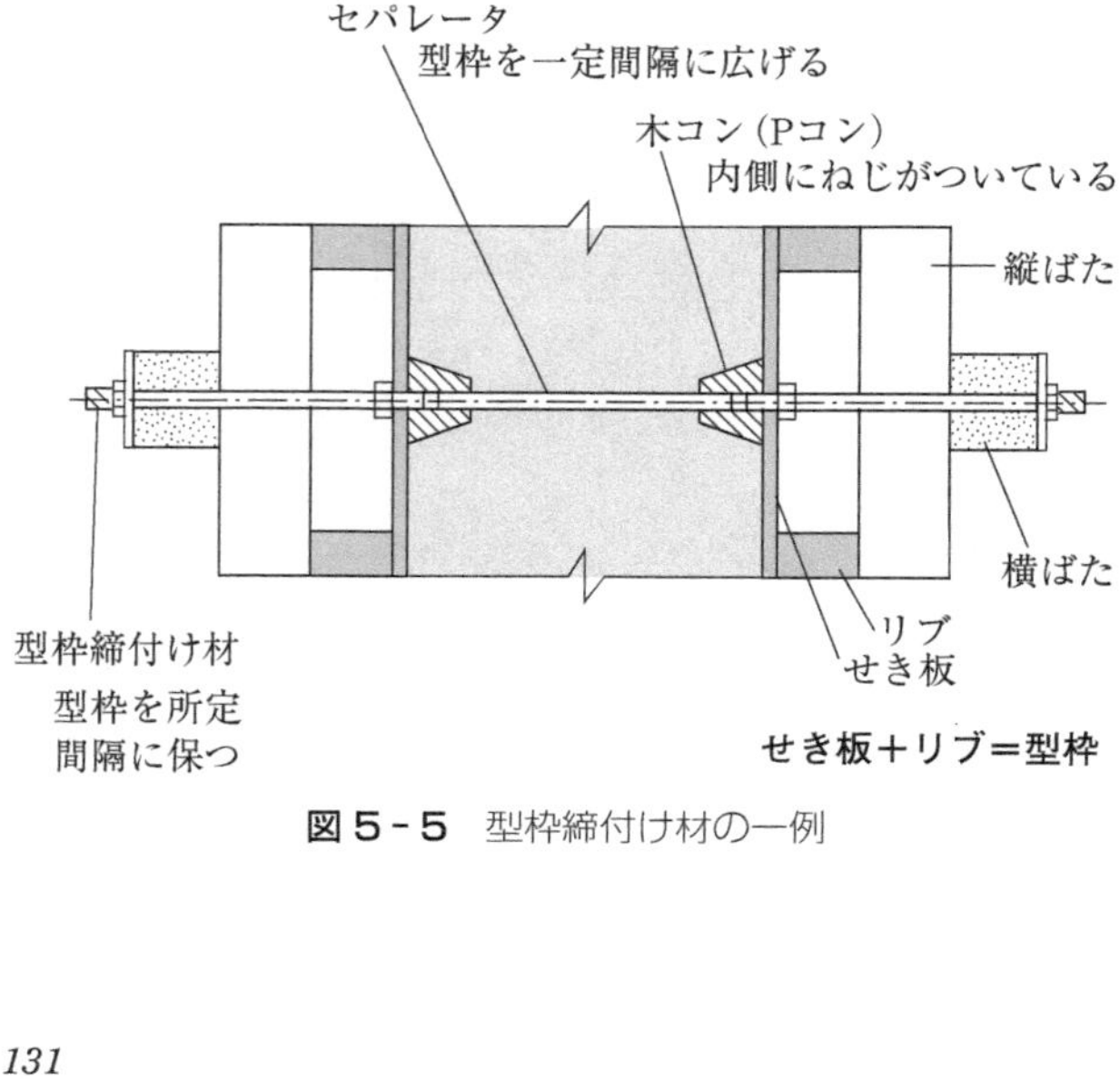


**図５-５**　型枠締付け材の一例

耐久性を向上させるためにも効果的な方法です。

型枠は、人の手で組立てができる大きさのパネル（横30～90㎝、縦60～180㎝程度）になっており、これを組み合わせて使います。型枠の材料としては、戦前および1960年代までは、バラ板と呼ばれる木板が使われていましたが1970年代初めに合板が使用されだし、今日に至っています。

合板製の型枠の材料として、ラワン等の南洋材が多く使用されていましたが、地球環境問題の配慮からほとんどを針葉樹材にしたもの、あるいは表面をラワン材、内部に針葉樹材を用いたものが造られています。加工性がよいことに加えて、積層になっているため、そりやねじれも少なく、水分による変形も少ないことから、最も多く使用されています。

そのほかに、金属製、合成樹脂製、紙製、コンクリート製等があります。金属製の型枠はメタルホームと呼ばれ、繰返し使用の回数が多く、曲がったり、たわんだりしにくく、面がなめらかなためコンクリート表面が円滑に仕上がるなどの利点があります。しかし、加工が難しく、型枠が規格化されており、規格外を使用する場合は別発注になります。

最近では、アルミニウム合金製の型枠や表面にステンレスを用いた型枠も使用されています。

これらのほか、特殊な型枠があります。打ち込まれたコンクリート中から余剰水や気泡が出てせき板の表面に残り、強さを弱めたり、耐久性が悪くなったりすることがあります。これを防ぐため、余剰水や気泡が表面に残らないで抜けるように工夫された型枠で、「透水型枠」または「テキスタイル型枠」と呼んでいます（図5－6）。

また、建物の表面をタイルなどで覆うことがありますが、この場合、タイルなどをあらかじめせき板に貼り付けておいてコンクリートを打ち込むことでタイルなどとコンクリートを一体にすることができる打込み型枠があります。この型枠を使うことで、完成した後にタイルなどが剥脱するおそれがなくなります。

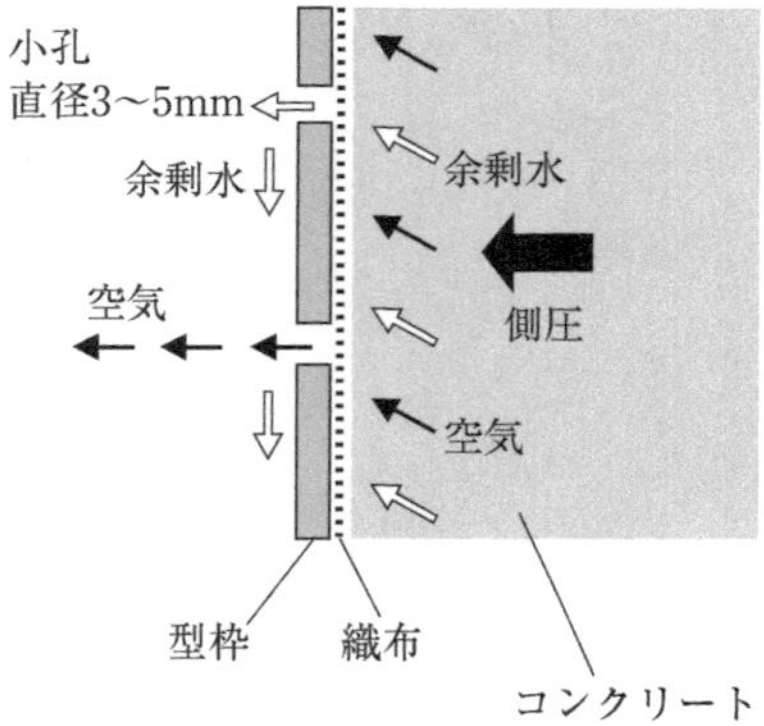


**図5－6**　透水型枠

支保工は、コンクリートその他の荷重がかかっても型枠に変形や沈下が出ないように確実に支える役割を担った仮設備です。図5－4に示しているように型枠の側面を補強する水平（横）や鉛直（縦）の「ばた材」、底面を補強する「根太《ねだ》」や「大引」、これらを支える支柱などが含まれます。一般的に用いられている支保工材料として木製と鋼製があります。最近では、繰返し使用に適し、組立て取外しが容易で、しかも比較的軽量で安全性に優れている組立て式の鋼製支保工が開発され広く使われています。

組み立てられた型枠にコンクリートが打ち込まれ荷重がかかった場合でも、型枠と型枠の間は所定の形と位置に保っておく必要があります。このため、型枠を一定間隔に広げるためのセパレータと、コンクリートの圧力によって型枠が所定の間隔以上に開かないように締め付けておくための型枠締付け材が用いられます（図5－5）。

最近の型枠工事では、セパレータと型枠締付け材の両方を取り付けることができるように、内側にねじが切ってある木コン（Pコン）を使って、せき板相互の間隔を保持するとともに型枠の締付けができるように工夫されているものが多く使われています。木コンは型枠を外すときに取り除かれ、その後にモルタルなどで穴埋めします。コンクリートがそのまま露出している面を外から見ると、規則正しい丸い窪みにお気づきになると思いますが、それが木コンを取り除いた跡です。

それでは、コンクリートの打込みに伴ってどのような荷重がかかるのでしょうか。荷重としては、容器に水を入れたときに壁にかかる水圧と同じように、フレッシュコンクリートによる側圧があります。しかし、コンクリートは水と違って時間とともに固まります。したがって、液圧のように、液体の密度とその深さに比例した値にはなりません。コンクリートの側圧は、いろいろ複雑な要因で変わりますが、軟らかさ、打ち込む速さおよび外気温などの影響が大きいのです。その他、コンクリートおよび鉄筋や型枠などの質量、あるいは、コンクリート打込みの作業をする作業員などの質量が鉛直方向に、また、風による荷重や作業時の振動などは横方向にかかるので、こんな荷重も考慮して型枠や支保工の構造を決めます。

ここまでは、一回一回組み立てられ、取り外される型枠を紹介しました。しかし、同じ形状が連続する水路・トンネルや背の高い煙突・橋脚などを、何回かに分けて造る場合、そのつど、型枠を組み立て・取り外していると、その作業に多くの時間を費やし、非効率になります。したがって、型枠をユニット化することで、これらを省力化した型枠工法が開発されました。

この型枠工法には、「大型枠工法」と「動く型枠工法」があります。

大型枠工法は、ユニット化された型枠をクレーンで移動させ、組立てや取外しを行います。クレーンで吊っても壊れないようにユニット化する必要があり、費用がかかるので、同じ型枠が繰返し使える場合に適しています。また、足場を別に設ける必要があります。

これらの必要がない型枠工法が「動く型枠工法」です。

動く型枠工法には、スライディングフォーム工法（スリップフォーム工法）とセルフクライミングフォーム工法があります。両工法とも型枠と足場が一体になって動きます。動く型枠工法は、大幅な効率化が可能ですが、設備の費用が最も高くつくので、繰返し何回使えるかが経済性を判断する上で重要なポイントになります。

スライディングフォーム工法は、煙突やサイロなどに多く使われています。打ち込んだコンクリートが自立できる強さになると、型枠を外さない（後退させない）まま、油圧あるいは電動のジャッキを使って、尺取り虫が進む要領で上昇させます（図5－7）。そして、型枠を一定高さ滑らせておいて、コンクリートを打ち込みます。昼夜を問わずこの工程を繰り返すことで、連続的に構造物を造ります。

セルフクライミングフォーム工法は、背の高い橋脚などに多く使われています。セルフクライミングフォーム工法の足場は、上足場と下足場の2段になっていて、上足場に型枠がついています。それぞれの足場は、すでに強さが出ているコンクリートに埋め込まれたアンカーで支えられています（図5－8）。足場が上昇する原理は、スライディングフォーム工法の場合と同じです。図5－8に示しているように、型枠を外してから、油圧あるいは電動のジャッキなどを使って、固定されている下足場を反力にして、解放されている上足場を押し上げて上昇させます。そして、所定高さ上昇させた後に、型枠をセット（所定の形状になるように戻す）してコンクリートを打ち込みます。3～4m程度の高さごとに所要の強さが出ると、上昇させる工程を繰り返します。

一般的に、型枠はコンクリートが硬化した後、取り外されますが、硬化後も取り外さない型枠があり、埋設型枠または永久型枠と呼ばれています。この型枠の材料として、金属製やコンクリート・モルタル製などがあり、施工の効率化および省力化が達成できるほか、構造物の耐久性を

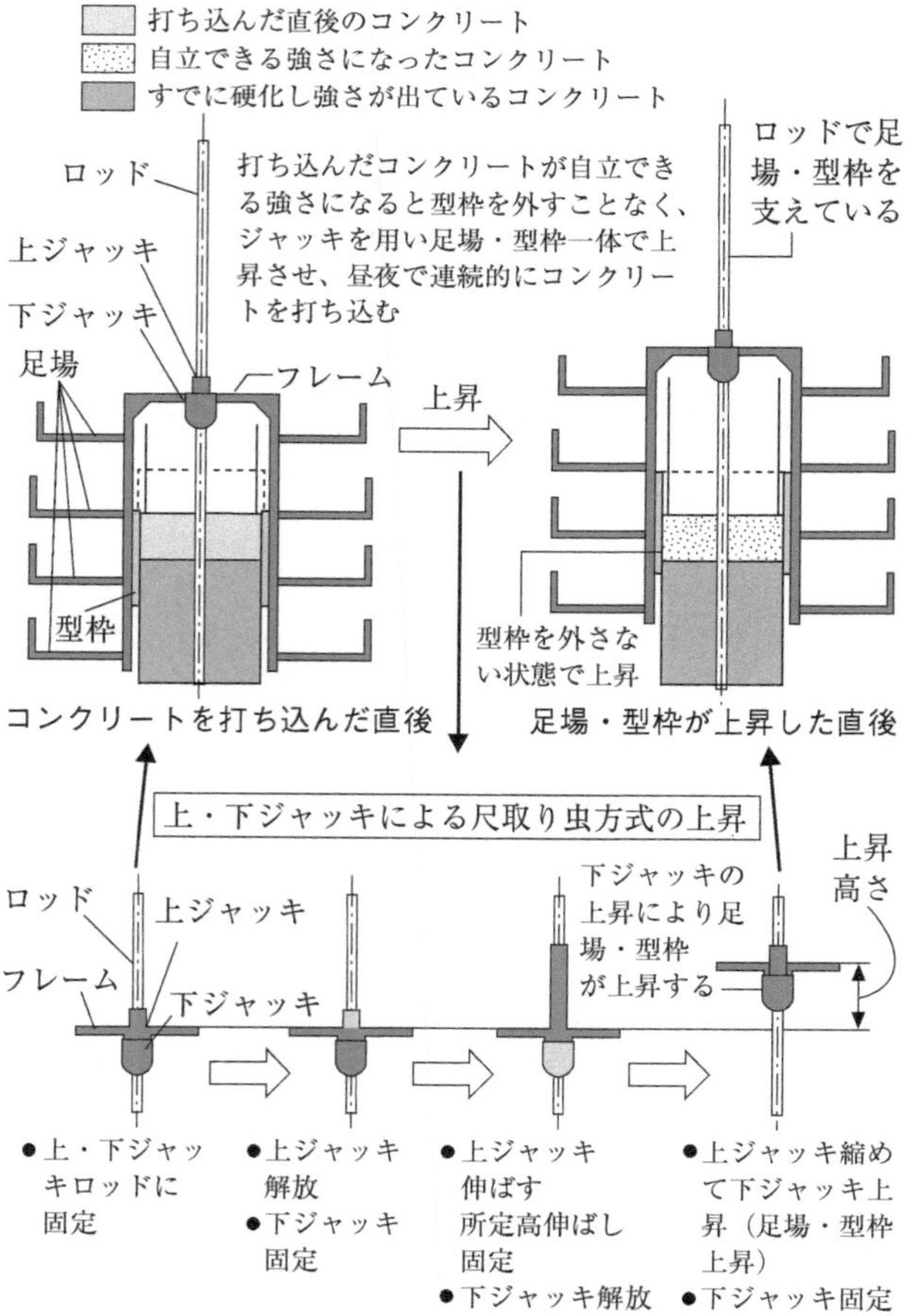

打ち込んだ直後のコンクリート
自立できる強さになったコンクリート
すでに硬化し強さが出ているコンクリート
ロッド
上ジャッキ
下ジャッキ
足場
フレーム
型枠
打ち込んだコンクリートが自立できる強さになると型枠を外すことなく、ジャッキを用い足場・型枠一体で上昇させ、昼夜で連続的にコンクリートを打ち込む
上昇
ロッドで足場・型枠を支えている
型枠を外さない状態で上昇
コンクリートを打ち込んだ直後
足場・型枠が上昇した直後
上・下ジャッキによる尺取り虫方式の上昇
ロッド
上ジャッキ
フレーム
下ジャッキ
下ジャッキの上昇により足場・型枠が上昇する
上昇高さ
●上・下ジャッキロッドに固定
●上ジャッキ解放
●下ジャッキ固定
●上ジャッキ伸ばす 所定高伸ばし固定
●下ジャッキ解放
●上ジャッキ縮めて下ジャッキ上昇（足場・型枠上昇）
●下ジャッキ固定

**図5-7**　スライディングフォーム工法の概要

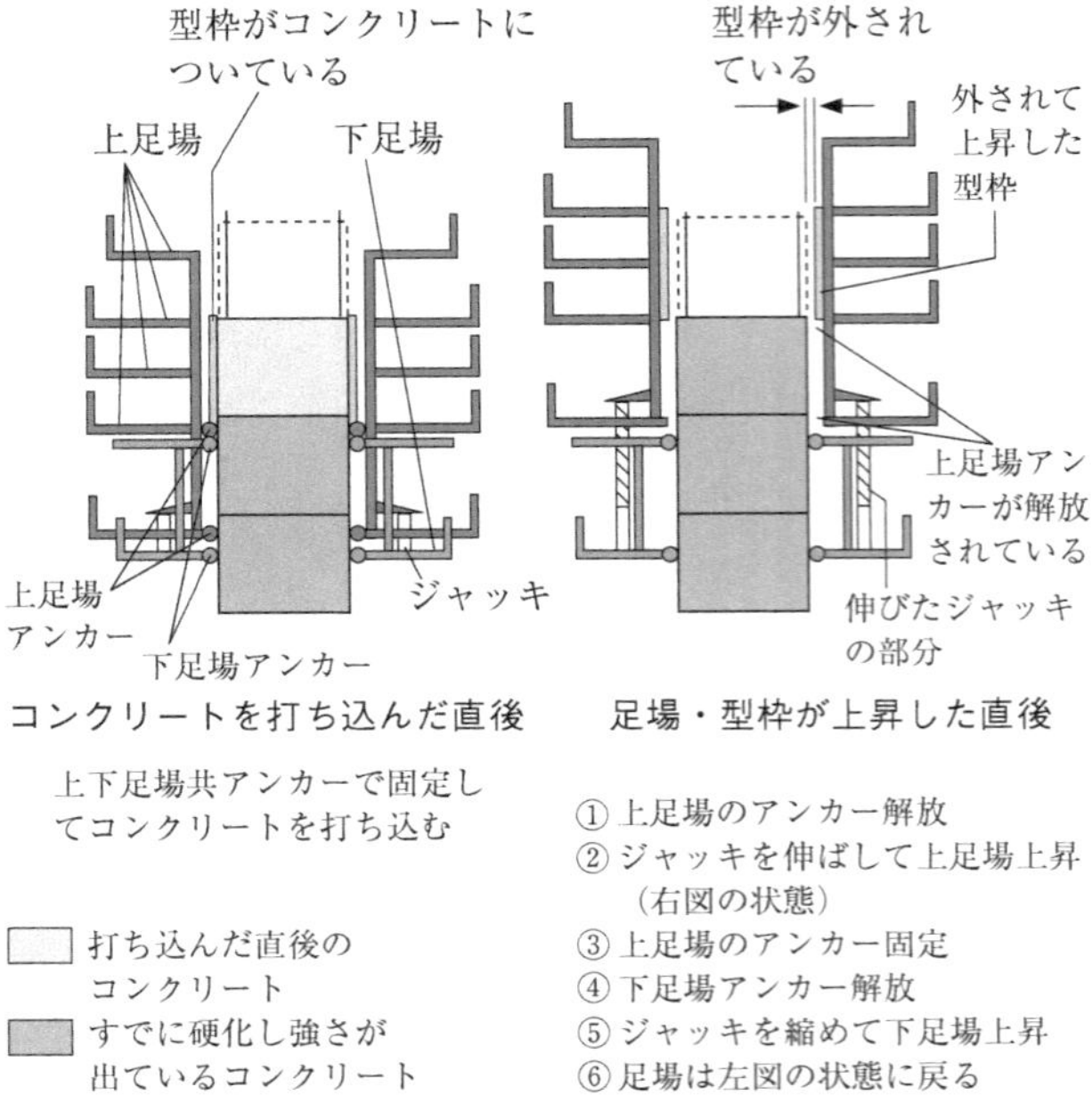


**図5-8** セルフクライミングフォーム工法の概要

高めることができます。

「手抜き工事」の多くはできあがると見えなくなる部分で行われます。そういう意味から形をつくる型枠工事では行われにくいと言えますが、一種の手抜きと考えられることはあります。

コンクリート表面を平滑で美しく仕上げるためには、せき板の表面が平滑で美しくなければなりません。そのためにはコンクリートで汚れたせき板の表面を丹念に清掃する必要がありますし、何回か使って弱った型枠は新しいものに取り替える必要がありますが、お金がかかります。ついついおろそかになり、仕上がったコンクリートの面に光沢がなく、ゴツゴツして、美観や耐久性を損なうことがあります。

## ㉘ コンクリートは打たれるもの

コンクリートの最終的な品質は、型枠の隅々までぎっしりと詰める作業で決まるといっても過言ではありません。この作業を、コンクリートを打ち込むといいます。「打ち込む」という言葉には、攻め込む、熱心に思い込む、熱中するという意味もあって、ひたむきな激しさ、情熱を感じます。コンクリートを打ち込む日は、現場にとって特別な日です。そんなコンクリートの打込み作業では、どんなことに留意すれば、よいコンクリートを作ることができるのでしょうか。

まず、「型枠の隅々までぎっしり詰まるコンクリートである」ことが大切です。そのためには、作業がうまくいくような軟らかさであることが必要です。しかし、ただ軟らかければいいというものではありません、軟らか過ぎると材料の分離が生じます。コンクリートは、セメントと細骨材（砂）、粗骨材（砂利）、水という密度（比重）が大きく異なる材料が混ざってできているので、扱いが悪ければ、材料の偏りが起こります。これを材料分離といいます。材料分離はよいコンクリートの大敵です。適度な軟らかさと材料分離に抵抗する性質を持ち合わせたコンクリートが必要です。このようなコンクリートを「ワーカビリティーがよいコンクリート」といいます。型枠の隅々まで詰まりやすいコンクリートのことです。

最も材料分離を起こしやすいのは運搬中です。生コンクリート工場からミキサー車で現場まで運ぶ運搬と区別して、現場内で型枠に打ち込むまでの運搬を小運搬と称します。打込み時に生じやすい材料分離はこの小運搬時で、コンクリートを高いところから落とした場合です。コンクリートが鉄筋やせき板に衝突して跳ね上がり、材料の分離が起こります。これを防ぐため、コンクリートの吐出口と打込み面までの高さは1・5m以下に抑えなければなりません。また、打ち込んだコンクリートは、型枠内で移動させてはいけません。コンクリートは目的の位置にきっちりおろして打ち込むことが大切です。

そして、一様な厚さで水平な層状に重ねて打ち込みます。各層の厚さは40～50cmくらいが標準です。これはコンクリートを十分に締め固めることができる厚さということで決められています。「締固め」は、練混ぜ、運搬、小運搬という一連の工程で混入した空気を除き、型枠の隅々までぎっしりと詰める作業のことで、しっかり締まっている（密実な）「よいコンクリート」を作る上で最も重要な工程です。

締固めは、突き棒で突いたり、木槌で型枠をたたいたりする方法もありますが、今日では、機械的な振動を与えて締め固める方法が主流です。その代表が内部振動機で、硬いコンクリートに

**写真５-３**　内部振動機

も有効な機械です（写真５－３）。振動によってコンクリート内部に一種の液状化のような現象が起こり、空気や水が上昇し骨材がうまく絡み合い、コンクリートの容積が小さくなります。

締固め能力が優れている内部振動機でも正しく使用しないといい結果は得られません。鉛直にゆっくり差し込み、10秒から20秒くらい振動させ、ゆっくりと引き抜く、後に穴が残るようであれば、材料分離が起こります。特にゆっくり引き抜くことが大切です（図５－９）。

締固めがうまくいかなかった場合、どんな弊害が出てくるかといえば、コンクリートの表面に、ジャンカまたは豆板といって、大阪名物「粟おこし」のように砂利（粗骨材）が顔を出したり、砂目といって、砂（細骨材）が顔を出したり、気泡が顔を出したり、空洞になったりします（写真５－４）。こうしたコンクリートは、耐久性を著しく損なうことになります。耐久性は「締固め第一」ということです。

コンクリートは、速やかに運搬し、ただちに打ち込み、十分に締め固めなければなりません。おいしいそばをおいしく食べるコツのようなものです。

コンクリートは、厚さ40～50㎝くらいの水平な層を重ねるこ

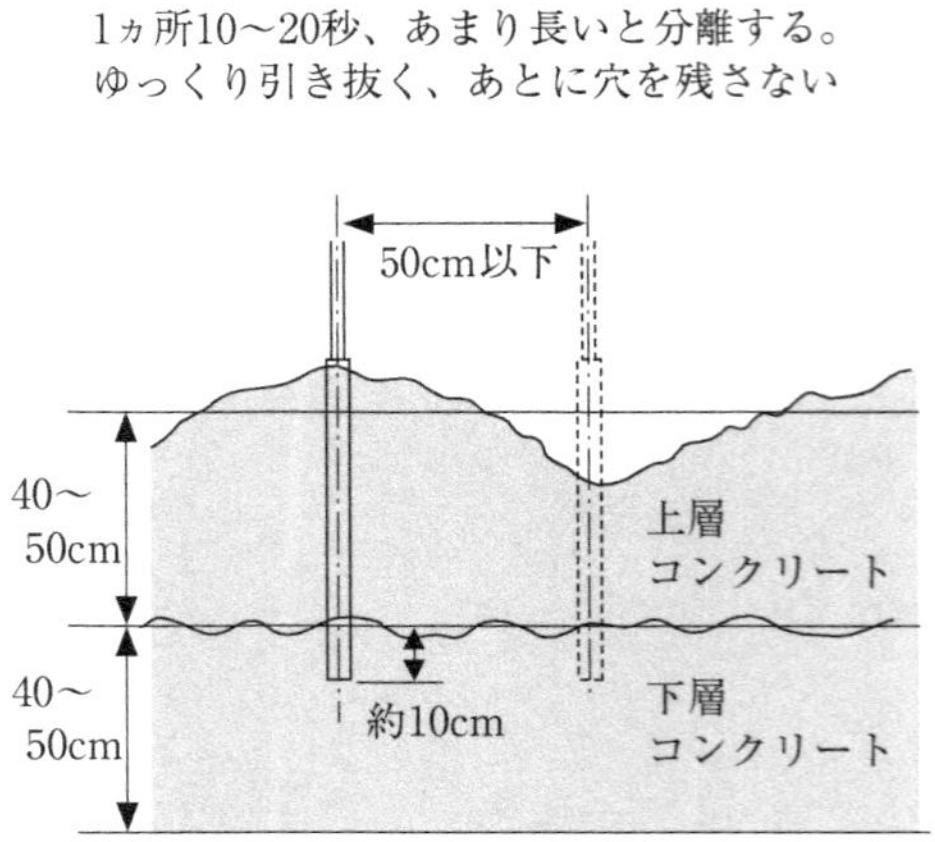


**図5-9**　内部振動機の正しい使い方

とで、所定の厚さを打ち上げるのだと説明しました。これはよいコンクリートを作るために大切なことですが、ここに大きな課題があります。先に打ち込んだコンクリートの凝結が進む前に、次のコンクリートを打ち込むように計画する必要があるのです。これがうまくいかなかった場合に問題が生じます。これがコールドジョイントです（写真5－5）。

　1999年、山陽新幹線福岡トンネルで、コンクリート塊の落下事故がありました。このとき、マスコミを通して「コールドジョイント」という土木用語が広く知れわたりました。コールドジョイントとは、継続してコンクリートを打ち込む場合において、先に打ち込んだコンクリートと後から打ち込んだコンクリートが完全に一体化しなかったときに、両者の間に発生した継ぎ目のことです。意図して打

**写真５-４**　ジャンカ（豆板）・気泡・空洞

ち継いでいるとは考えにくい部分に目地状のものが入っているコンクリートを見ることがあります。それがコールドジョイントです。

その原因は、まず、打重ねの時間間隔をあけ過ぎたことです。気温にもよりますが、先に打ち込んだコンクリートの凝結が進まないようにするには、２時間から２時間半以下の時間で打ち重ねる必要があります。それから、締固め方法にも関連しますが、図５-９に示すように、先に打ち込まれたコンクリートに内部振動機を10㎝程度貫入させて、先に打ち込んだコンクリートを十分に流動化させなければなりません。

コールドジョイントは、現場技術者の恥です。交通渋滞で生コンクリート車の到着が遅れるなど、いろいろ間接的な理由はありますが、そこまで配慮した計画が求められるのです。すなわち、

平らでない不連続断面ができ、色違い・
縁切れ・ひび割れが見られる

**写真5-5** コールドジョイント

コールドジョイントは管理されない打継目ということになります。

次に、管理された打継目について説明します。何回かに分けコンクリートを打ち継いで造る背の高い構造物や幅の広い構造物における鉄筋の継ぎ方については説明しました。では、このような場合に、コンクリートはどのように打ち込むのでしょうか。コールドジョイントとどう違うのでしょうか。

打ち終わってしばらくすると、コンクリートの表面に水が浮き出てきます。この水をブリーディング水といいますが、これは骨材およびセメントの沈降に伴って上昇してくる水です。ブリーディングに伴い、コンクリートの表面にレイタンスと呼ばれる不純物が溜まります。レイタンスは強さを持たず、打継目の付着による一体化を妨げるので、コンクリートを打ち継ぐ場合には、必ず除去します。

その方法としては、コンクリートの硬化前に処理する方法と、硬化後に処理する方法がありま す。硬化前の方法は、高圧の水を吹き付けてコンクリートの表面のレイタンスを除去するとともに、粗骨材を露出させます。硬化後の方法は、表面をワイヤブラシまたはジェットタガネで十分こすってレイタンスを除去するとともに、粗骨材を露出させます。これらを目荒らしといいます。このように処置し、十分に水を含ませて、コンクリートは打ち継いでいきます。これが管理された打継目です（写真５－６）。管理されない打継目であるコールドジョイントとは明らかに違います。

規則正しい間隔で水平（鉛直）に筋がつくのは管理された打継目である

**写真５－６**　管理された打継目

コンクリート打込みの最終段階は表面仕上げと養生です。表面仕上げは、「職人の道具」の項で説明します。第３章で説明しましたが、養生は打ち込んだ後のコンクリートが十分に硬化するように適当な温度と湿度を確保し、外力を与えないように保護することで、その良し悪しは、構造物の強さ、耐久性や水密性に著しく影響します。

この項の冒頭で「コンクリートの最終的な品質は、型枠の隅々までぎっしりと詰める作業で決まる」と書きました。コンクリート中の水や空隙の多少が強さや耐久性に大きな影響を与えるからです。昔に比べてずいぶん楽にはなりましたが、コンクリートを打つことはけっこう大変な作業です。しかし、多くの結果は、外から簡単に見ることができません。この項で説明した一つ一つが確実に行われないことが手抜きです。キーワードは、材料分離と締固め、それに養生ということになります。

## 29 ミキサー車の秘密

街中で、傾斜したビア樽のような、ドラムを回しながら走る車を見たことがあると思います。生コンクリートをミキシングさせながら走る車で、ミキサー車、回っているところをアジテータというので、アジテータ車、また、生コンクリートを運んでいる車ですから、生コンクリート車、短くいって生コン車とも呼ばれています（写真5－7）。では、なぜミキサー車のアジテータはいつも「ぐるぐる」回っているのでしょうか?

写真5-7　ミキサー車

それを説明するには、まず生コンクリートについて、説明する必要があります。生コンクリート（生コン）はレディーミクストコンクリートともいいます。製造設備、製造技術や品質管理がJIS（日本工業規格）に適合しているかどうかの審査を受け、合格したJIS表示認定工場で製造されます。また、その工場には、コンクリート主任技士またはコンクリート技士の資格を持っている技術者か、同等以上の知識や経験を持つ専門の技術者がいなければなりません。

コンクリートを製造する装置をコンクリートプラントといいます。よい品質の生コンを作るためには、厳選された材料を使うことはもちろんですが、配合や練混ぜにも十分な管理が必要になります。コンクリートプラントでは、材料の計量から練混ぜ、ミキサー車への投入まで自動的に行われており、最新のコンピューターシステムで管理している工場が多くなりました。

コンクリートの製造で水の量はきわめて重要です。それはコンクリートの強さのみならず、耐久性にも大きな影響を与えるからです。水は骨材にも含まれています。これを表面水量といいますが、骨材の表面水量と加える水の量とを足した量が、配合計算で決められた水の量になります。骨材の表面水量は貯蔵状態や気温・湿度によって変化します。特に、細骨材の表面水量の変動は大きく、これがコンクリートの強さなどがばらつく原因だといわれています。すなわち、変動する骨材の表面水量を正確に測定して水の量を調整することが重要です。水分センサーを用いて骨材の表面水量を連続的に測定して、製造工程に組み込ませたシステムで管理する方法も用いられていますが、十分に普及しているとはいえません。1日2回以上の測定結果を用い、熟練技術者の経験とノウハウで変動を見極め、水の量を補正しているのが現状です。

コンクリートを作ることを「コンクリートを練る」といういい方をします。練混ぜは、コンクリート製造の最終段階に行われる代表的で重要な工程です。練混ぜの目的は、水や各材料が均等に混ざってできたセメントペーストが、その他の材料の表面に覆い被さることができるようにするためです。そのためには十分に時間をかけて練り混ぜる必要があります。普通コンクリートで強制練りミキサーを用いた場合の練混ぜ時間の標準は1分で、練混ぜ性能試験によって練混ぜ時間を決定します。しっかり混ぜる必要はありますが、あまり長く練り混ぜすぎると骨材が砕けて粒度が変化したり、石の微細な粉が増えたり、粘りが大きくなったりするのでよくないコンクリートになります。

生コンクリートの種類には、普通の骨材を用いた普通コンクリートと、軽量の骨材を用いた軽量コンクリートがあります。呼び強度（圧縮強度）、スランプ（水の量・軟らかさ）、粗骨材の最大寸法の組み合わせで規格化されたものがありますが、あらかじめ試験練りを行って、強さやワーカビリティーなどを確認しておくようにします。

こうして十分に管理され、練り混ぜられた生コンが、工場から工事現場に運ばれ、打ち込まれるまでの間、その品質を損なうことのないようにする必要があります。その役割を担っているのがミキサー車です。

では、なぜミキサー車がアジテータをぐるぐる回しながら走っているのかというと、生コンは、セメントと細骨材、粗骨材、水と、密度（比重）が大きく異なる材料が混ざってできているため、運んでいる間に生じる車の振動などで材料の分離という偏りが起こってしまうからです。これを防ぐために、アジテータの中にはブレードと呼ばれるスクリューのような羽根がついていて、ぐるぐる回すとセメントと細骨材、粗骨材、水とがほどよく混ざるようになり、固まりにくく、材料の分離が起こりにくくなるのです。だから、ミキサー車はドラムをぐるぐる回しながら走っているのです。

現場に着くと、アジテータを反対に回転させ生コンを排出します。ミキサー車で運んでも、時間がかかりすぎると水分を失って硬くなります。運搬時間は短いほうがよく、遅くても練り混ぜられてから1時間半以内に打込みが終えられるように製造工場を選定することが望まれます。

**写真５－８**　ブーム式コンクリートポンプ車

工事現場に運ばれた生コンは型枠の中に打ち込まれますが、かつては、このときの運搬が最も大変な作業でした。それを楽にしてくれたのがコンクリートポンプです。最初のうちは定置式のものが使われていましたが、トラックに搭載したコンクリートポンプ車（写真５－８）が開発され、その機動性から広く使われるようになりました。

たとえば、現場に着いたミキサー車が直接入れない作業場所や、ビルの現場のような高いところ、地下鉄の現場のような低いところなどでは、直接生コンを届けることができません。そのような場所でも、コンクリートポンプ車は、ポンプの力で生コンに圧力をかけて押し出し、輸送管を使って所定の型枠に打ち込みます。コンクリートポンプによる生コンの打込みは、配合や管理を適切に行えば、材料分離が少なく、多量の生コンを連続して施工できる省力的で便利な方法です。

生コンを所定の型枠まで運ぶ通路が輸送管です。これには、２種類あります。

そのひとつが、コンクリートポンプ車に輸送管が併設されているタイプです。すなわち、クレーン車のように長く伸びる折りたたみ式の腕（輸送管）を持ったブーム車による圧送で、ブーム式と呼んでいます（写真５－８）。ブームが長くなると傾いたり倒れたりする心配があり、運べる距離や高さに制限がありますが、ほかの設備を設けることなく直接生コンを打ち込むことができるので、とても便利で多く使われています。

もうひとつは、いろいろな方向に運べるように、多様な形状をした管をつなぎ生コンが通る通路をつくり、コンクリートポンプで圧送する配管式と呼ばれているタイプです（写真５－９）。輸送管をつなぎ合わせて使いますが、生コンの閉塞を少なくするため、内側に段差がつかないよう工夫されています。配管式ではブーム式に比べ機動性は落ちますが、運べる距離や高さの範囲が広く、距離は水平で６００～７００ｍ、高さは垂直で90～１００ｍ程度可能です。

それでは、コンクリートに圧力をかけて送り出すコンクリートポンプの形式にはどんなものがあるでしょうか。これも大きく2種類に分類されます。ピストン式とスクイズ式です。

**写真５-９**　配管式による打込み風景

ピストン式は、水鉄砲の原理です。ホッパという貯留装置内にある生コンを、ピストンが後退するときにシリンダの中に吸い込み、前進するときに生コンに圧力をかけ押し出し圧送するコンクリートポンプ車です。

スクイズ式は、チューブ入りの歯磨きを押し出す原理と同じです。円筒ドラムの周囲にセットしたチューブ（ポンピングチューブ）をゴムローラで絞りながらしごいていくことで、生コンに圧力をかけ押し出し圧送する方式のコンクリートポンプ車です。

スクイズ式に比べピストン式のほうが押し出す力が強く、長い距離や高い圧送に適しており、幅広く使われています。

さて、時間が長くかかったり、暑い日であったりすると、コンクリートが硬くなりやすく、ポンプ車で押し出しにくくなったり、また閉塞しやすくなったりすることがあります。そこで、生コンに水を加えてしまうことが考えられます。生コンの水増しは、コンクリートの強度を落とすので、社会問題化しました。ただ、頻繁に行われているとは思えません。

## 30 職人の道具

コンクリートは生コン工場で練り混ぜ、製造されたものをミキサー車で運搬、ポンプ車で小運搬して、型枠に打ち込みます。これら一連の工程については、前項までで説明しましたが、今と昔では使う機械や道具が大きく変わってきています。確かに便利で効率的になりましたが、便利さや効率化が必ずしも品質の向上につながるとは限りません。

１９８３年、コンクリートの早期劣化が社会問題化し、「コンクリート・クライシス」が時事用語になりました。それ以来、コンクリート構造物の信頼性が問われる事態が次々と明らかになり、コンクリートを取り扱う技術者の倫理が問われるに至りました。きわめつきは、１９９９年山陽新幹線福岡トンネルにおけるコンクリート塊の落下事故です。この項では、小運搬から型枠への打込みまでのコンクリート工事に用いる機械や道具を紹介するとともに、機械や道具がこれらの事態にどう関わっているのか考えてみたいと思います。

１９４９年に日本で最初の生コン工場が誕生しました。当初は運搬の面でいろいろ問題があったようですが、３年後に傾胴式のトラックアジテータ車が開発され、生コンは飛躍的に発展することになりました。そして今日のミキサー車へ変遷します。この過程では確実に品質の向上につながっています。また、型枠や支保工などの進歩は著しく、使いやすい上、安全性・安定性に優れており、コンクリートの品質向上に大きく寄与しています。

現場到着後の小運搬については、1960年ごろ、コンクリートポンプが普及して、機械や道具が大きく変わりました。「昔は、握っただけでスランプを言い当てる技術者の指揮下、硬いコンクリートをバケットで打ち込み、突き棒でしっかりつつき、木槌で型枠をたたいて、ゆっくりじっくり施工した」。しかし、最近は「昔に比べ軟らかめのコンクリートをコンクリートポンプで短い時間で多量に打ち込み、締固めが間に合わないし、じっくり確認もできない」という声を聞くことがあります。

コンクリートポンプ車以外の小運搬の手段としては、バケット、シュート、ベルトコンベア、コンクリート運搬車、コンクリートプレーサなどがあります。

バケットは、筒状の容器にコンクリートを入れてクレーン等で吊って移動させ、所定の場所に来ると、底の排出口からコンクリートを排出して打ち込む方式（開底式バケット）で、材料の分離を少なくする上で、最も適した小運搬手段です。

シュートは、高いところからコンクリートを落とすときに用いるもので、斜めシュートと縦シュートがあります。斜めシュートは全長にわたってほぼ一様な傾きを持っている樋《とい》です。斜めシ

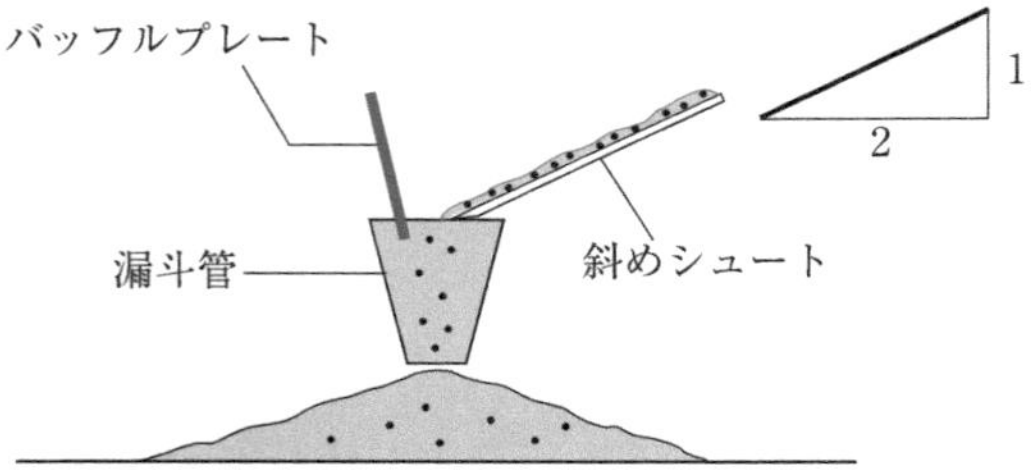


樋の傾きはコンクリートが材料分離しないように垂直１に対して水平２程度以下とし、バッフルプレートで水平方向の流れを止め、漏斗管で受け止め静かに落下させて打ち込む

**図５－10**　斜めシュートの使い方

ュートによる打込みは、簡単のように思われがちですが、材料分離を起こしやすく、ポンプ打ちより難しいのです。図５－10に斜めシュートの使い方を示していますが、斜めシュートは使わないほうが無難です。シュートを用いる場合は、縦シュートにします。縦シュートには、フレキシブルシュート、スネークシュートなどがあります。スネークシュートは、図５－11に示しているように、蛇が蛙を呑み込んだような状態でコンクリートを落下させます。生コンの投入口には、コンクリートの送り込み装置がついており、ホース内は気密構造で、大気圧で扁平になっていますが、送り込み装置のコンクリートが一定の塊になるとその重みで、フレキシブルホース部が押し広げられコンクリートが落下します。このような作用を繰り返して間欠的にコンクリートが落下していくので、材料の分離が少なくなります。

ベルトコンベアは、よくご存じのゴムベルトの上にコ

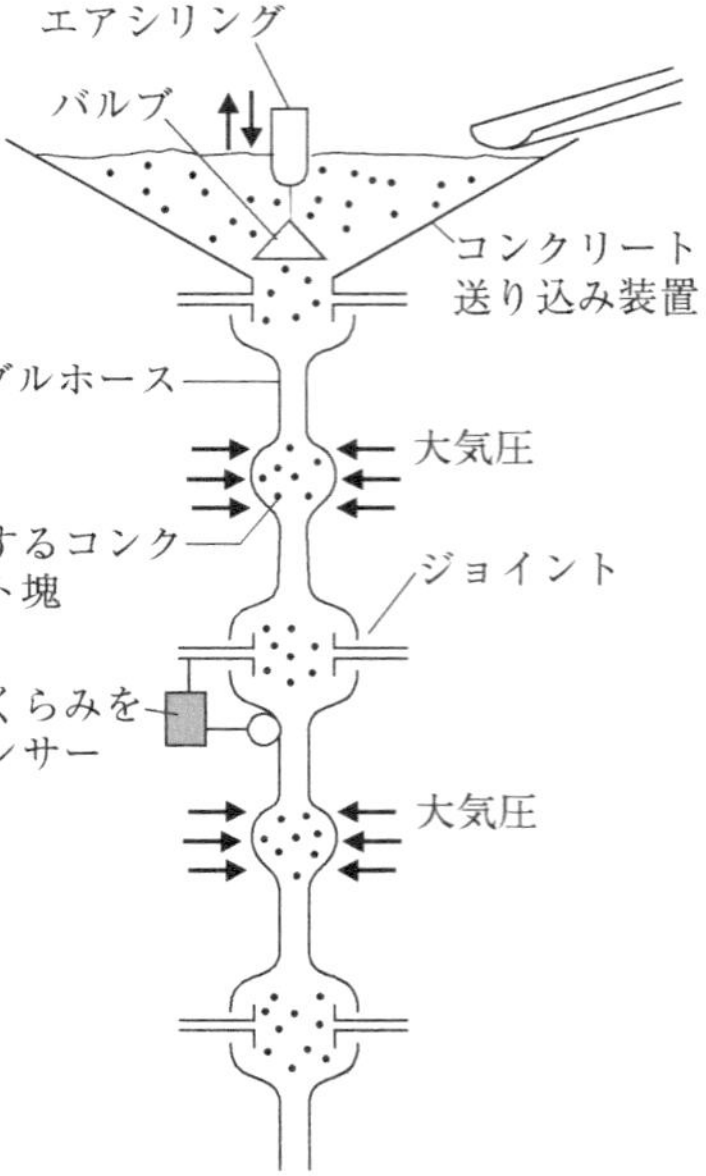
フレキシブルホース
流下するコンク
リート塊
ホースのふくらみを
検知するセンサー
一定以上の重さになったコンクリート
塊を間欠的に落下させるので材料分離
が少なくなります


**図5-11** スネークシュート（出典：建築業協会、『コンクリートのひびわれ防止対策』、鹿島出版会）

ンクリートを載せて運ぶものです。

コンクリート運搬車とは、一輪車、二輪車やトロッコなどで運ぶ方法です。昔はよく見られた光景ですが、運ぶときの振動や積み卸し時の材料分離があります。

コンクリートプレーサは、輸送管内のコンクリートを圧縮空気で圧送するものです。

これらに比べ、前項で説明したコンクリー

| 種類 | 内部振動機の性能 | コンクリートポンプの性能 |
|---|---|---|
| | 打ってもよい量（$m^3$/h・台） | 打てる量（$m^3$/h・台） |
| 小型 | 4～8 | 60～90 |
| 中型 | 10～15 | |
| 大型 | 25～30 | |

**表5-1**　打てる量と打ってよい量

トポンプ車による打込みはコンクリート技術の大きな変化のひとつです。建設業は運搬業であるといった人がいました。時代の要請にみごとに応えた安価で便利な方法です。しかし、これにもいくつか問題があります。最大の問題は、特長でもある大量のコンクリートが打ち込めるがゆえに、打込みすぎる可能性がある、ということです。コンクリート構造物の耐久性を決める要因で最も重要なのは締固めですが、大量のコンクリートを一気に打ち込むと、その締固めが間に合わないという事態に陥りやすいのです。

まず、コンクリートポンプ車1台で1時間あたりに供給できるコンクリート量である「打てる量」と内部振動機1台で1時間あたり締固めできるコンクリート量である「打ってもよい量」とは明らかに違うことをしっかり認識する必要があります。参考までに、表5-1にピストン式コンクリートポンプの打込み可能量と、締固め機械（内部振動機）の種類による標準的な締固め可能量を示します。

すなわち、最もよく使われる中型の内部振動機を使って、コンクリートポンプの能力いっぱいで計画する場合は、「打てる量」と「打ってもよい量」をバランスさせるためには内部振動機が6台必要です。このあたりに手抜きにつながる危険性が潜んでいるのです。

それでは締固めの道具について見てみましょう。「耐久性は締固め第一」といわれるように、肝心要の作業に用いられる道具（機械）ですが、どの機械もさまざまな方法でコンクリートに振動を与えることによって密実に締め固めます。その代表が前述した内部振動機です。そのほかに、型枠につける型枠振動機もあり、内部振動機の補助用か、全体の密実性よりも表面を美しく仕上げるために用いられています。また、工場製品の製作に用いられる型枠全体を振動させるテーブル振動機や、硬い舗装用コンクリートに用いられる振動ローラや振動コンパクタがあります。これらのほか、昔はよく使われていました突き棒で突いたり、木槌で型枠をたたいたりする方法があります。気泡を減らす効果があり、今でも建築工事で型枠表面の縞を消したり、気泡を減らすために用いられることがあります。

最もよく使われている内部振動機は、写真5－3で紹介しました、棒状の振動体とホース・ケーブルがひとつになったもので、コンクリートの中に挿入して締め固めます。内部振動機にはモータを内蔵しているものと分離型のものがありますが、最近は、軽量で作業性がよいモータ内蔵型が多く用いられています。

最終工程はコンクリート表面の仕上げです。構造物を所定の寸法にするためや外観を美しくするためだけでなく、表面の密度を高く（密実に）することで耐久性や水密性を大きくする重要な工程です。コンクリートの上面は自重がかからない上に、水がしみ出て溜まりやすく密実になりにくいので、劣化を受けやすくなります。したがって、特に、床コンクリート上面のように広い面積を持った構造物の表面仕上げは大切な作業になります。

表面仕上げの作業は、コンクリート打込み後まだ固まらないうちに行う必要があり、一般的に3段階に分けられます。第一段階は、スコップや鋤簾《じょれん》を用いて荒均《なら》しをします。第二段階は、木ゴテを使って、凸凹を修正します。第三段階は、金ゴテでしっかり押さえて密実な表面に仕上げます。「仕上げの中の仕上げ」といえる工程で、最も重要です。指で軽く押してもへこまないくらい固まったときに入念に仕上げをします。面積が広い場合は、トロウェルという機械を使うことがあります（写真5-10）。なおいっそう入念な仕上げをする場合は、四角い盤が振動する表面仕上げ用のバイブレータが有効です。表面仕上げが終われば、湿らせたマットで表面を覆い、乾かないように適度に散水し、湿潤養生をします。

**写真５-10**　表面仕上げ用トロウェル

昔、よく行われていたバケットや一輪車、二輪車でコンクリートを供給し、突き棒や木槌で締め固める方法は、けっして効率的ではなかったのですが、トータルバランスに優れ、よいコンクリートが得られやすかったといえるのかもしれません。しかし、時代の要請です。確かに、昔に比べ、形状が複雑になり、鉄筋の量も多く、しかも配筋方法が煩雑化しており、よいコンクリートが作りにくくなっているのも事実です。これに加え、コンクリート供給と締固めのバランス、締固め能力が優れている内部振動機の正しい使い方など、効率化したがゆえの課題も多くなっています。よいコンクリートを作るためには、コンクリートの品質（材料）と便利になった機械（道具）等の性能・特質をよく理解し、バランスのとれたコンクリート打込みの計画が求められます。

## ㉛ ビルの現場不思議発見

ビルは建築物の俗称、ビルディングの省略形です。一般的には、鉄筋コンクリート構造や鉄骨構造などの形式で造られている、中層（4～5階程度）以上の建築物に対して使われています。人口の集中による都市化の進展はビルの高層化を促し、高層化は材料および技術の進歩をもたらしました。そして、超高層から中層に至るまで、これらの技術は広く使われるようになりました。

超高層ビルは、英語で「スカイスクレーパ（Skyscraper）」、「空を削るもの」と表されます。日本語では摩天楼とも呼んでいます。天に達する高さへの憧れは、単に権力や経済力の象徴だけではなく、昔から続く人類の夢でもありました。かつては、アントニオ・ガウディがサグラダファミリア聖堂で天を目指し、その夢は１００年過ぎた今も続いています。そして現代、超高層ビルという形で受け継がれているのです。

日本では、朝鮮戦争を契機に高度成長が始まり、１９５５年ごろから高層ビルが数多く建てられるようになりましたが、１９１９年に制定された高さ31ｍの制限によって、せいぜい８～９階建てに限られていました。しかし、１９６３年、この制限が撤廃され、超高層時代の幕開けとなりました。特に、階数や高さの基準はありませんが、日本では高さが31ｍを超えるビルを高層、１００ｍを超えると超高層と呼んでいるのが一般的です。世界でいちばん高いビルは、台湾の台北国際金融大楼で５０８ｍあります。次いで、マレーシアのペテロナスツインタワーで４５２ｍです。日本ではまだ３００ｍを超えるビルはありませんが、２０１４年完成を目途に、大阪市阿倍野区で３１０ｍの阿倍野橋ターミナルビルの建替え計画が進められています。

日本における高層建築は、地震に対していかに強い構造物を造るかという歴史でした。当初は、地震のエネルギーを建物全体として剛（力がかかったときの寸法変化が小さい状態）に受け止める「剛構造」の考え方でしたが、強い地震の記録が可能になり、コンピューターの登場によって、地震波の影響について検討する応答解析（建物にかかる地震の大きさを知る解析）が可能になりました。その結果、地震国日本において1000年以上も建ち続ける五重塔の構造（1本の心柱を中心に多層の屋根を木組みする構造）に学んだ「柔構造」の耐震理論が確立されました（写真5－11）。そして、1968年、日本最初の超高層ビルとして、霞が関ビル（36階、147m）が完成しました。現在建てられている超高層もほとんどが「柔構造」です。

**写真5－11**　「柔構造」の手本、興福寺五重塔

それからさらに、前述した「免震構造」が開発され、中低層ビルに威力を発揮しています。また、「制振構造」は超高層ビルに使われ、ビルの揺れを大幅に抑えることに成功しています。

ビルの構造形式ですが、まずは、鉄筋コンクリート造（RC造）があります。RC造によるビルは、コンクリートや鉄筋といった手軽な材料で造られるため経済的です。また、構造物の自重が重く、風揺れが少なく、居住性が快適なことから、住宅の用途に適しているという特長があります。しかし、自重が重く、しかも剛性（力がかかったときの寸法変化の大小の程度）が高い（変化が小さい）ことから、高層になると地震に弱くなります。また、鉄筋が複雑化し品質を確保できる施工が難しくなります。それに、高層になると下層の柱や梁を太くする必要があります。このため、日本では7階以上は不可能とされてきました。

　しかし、近年、ＲＣ造による超高層ビルが建設されるようになりました。

高層化には、しなやかな動きをとる「柔構造」が必要です。ＲＣ造においても、鉄筋配置の方法を開発することで「柔構造」を可能にしました。また合理的な施工システムの開発や鉄筋のプレハブ化に成功し、工期の短縮や省力化を成し遂げるとともに、高品質のＲＣ造を実現し、高層ＲＣブームになりました。そして、コンクリートや鉄筋の強さを大きくする技術が進み、いっそうの高層化が可能になり、ＲＣ造による超高層マンションが急増しています。柱や梁は細く、柱間隔が広くなり、居住空間にゆとりも生まれました。

　しかし、超高層ビルでは、自重が軽くなる鉄骨造（Ｓ造）が主流です。精度のよい大型で高張力の鋼材が鉄骨として使われています。超高層ビルには、高速のエレベーターも必要です。また、ビルの外と内を仕切る壁を「カーテンウォール」といいますが、これは、台風にもびくともしない高性能のものでなくてはなりません。ガラス、アルミ、タイルなどが使われていますが、最近では炭素繊維補強コンクリート（ＣＦＲＣ）などの新素材も使用されています。

鉄骨の周囲に鉄筋を配置し、周囲にコンクリートを打ち込んで一体化させたものが鉄骨鉄筋コンクリートです。これで造られるビルを鉄骨鉄筋造（ＳＲＣ造）といいます。

ＳＲＣ造は、ＲＣ造とＳ造の中間に位置する構造です。関東大震災において被害がなかったことから普及した日本独自の形式で、大きな耐力、高い剛性、優れたねばり（じん性）がありま す。中高層ビルに多く使われていますが、建物ばかりではなく、橋の橋脚や斜材を支える塔（「橋の現場不思議発見」をご覧ください）などにも使われています。

最近では、柱にＲＣ造を、梁には柱間隔が広げることができるＳ造を使うなど、それぞれの特長を活かした複合構造が多く提案されています。また、異種材料の組み合わせや短い繊維でコンクリートを補強する方法や、各種のプレキャスト（ＰＣａ）部材の利用など、次々に新しい工法が開発され使われています。

まず、異種材料の組み合わせでは、鋼管や鋼板の中にコンクリートを充塡して、コンクリートの強さを高めるとともに、鋼管や鋼板が腰折れする現象である座屈を防ぎ、鋼・コンクリートが一体となって外力に抵抗するハイブリッド構造が実用化されています。

コンクリートの中に鋼繊維・ガラス繊維・炭素繊維などの短繊維（長さの短い繊維）を分散混合することで、引っ張りに弱い性質を改善するとともにねばり強さ（じん性）を大きくします。

このコンクリートを繊維補強コンクリート（ＦＲＣ）といいますが、吹き付け被覆材やビルのカーテンウォール・柱・梁などにＰＣａ部材として使われています。

ＰＣａ部材は、工場で作り現場で組み立てる材料を指します。この発展は、工期の短縮やコストの縮減を可能にしました。ＰＣａ部材は建物ばかりではなく、橋やトンネルにも使われています。建物としては、マンションの壁や床に、また高層ビルやショッピングセンターや工場の柱や梁にも使われています。

それでは、あのように天を指す超高層ビルはどのように造られるのでしょうか。

まず、基礎が必要です。建物が高くなれば、固い地盤で確実に支える必要があり、一般的に基礎も深く、大規模なものになります。地下部は、多くは地下街や駐車場として利用されます。

地上部は一般的に各階ごとに造っていきます。あらかじめ工場で所定の形に製作された鉄骨をクレーンで吊り上げ、つなぎ合わせて骨組みを造ります。クレーンは、建設工事の効率を左右する最も重要な設備になりますが、一般的にはタワークレーンを使います。

タワークレーンは、内部建てと外部建ての２つの方式があります。

内部建ては、建物の内部に床を貫通して設ける方式です（写真５－12）。外部建ては、建物の外部に設ける方式で、梁の間隔が短くクレーンマスト（クレーンの脚）を内部に設けることができない場合に用います。

内部建て方式も外部建て方式も、クレーン本体（運転室）の中心部は、ドーナツのように穴が開いていて、クレーンマスト（マスト）が貫通できるようになっています。

**写真5－12**　高層ビルを造るタワークレーン（内部建て方式）

内部建て方式では、クレーン本体は、マストに固定され、建築中の構造物の梁に設けられたクレーンベースで支えます。しかし、建物の伸びに合わせて上昇するときは、クレーン本体を梁で直接支え、マストを解放し、マストを迫《せ》り上げ（自らの足下を迫り上げて）、マストを上昇させて、上の階にクレーンベースを移します（図5－12）。その後、クレーン本体がマストを迫り上がること（本体の上昇）によって、タワークレーンを上昇させます。

通常、数階分で、支える梁を替えます。この作業を繰り返し、いちばん上に達すると、工事が終わるまでいろいろな資材を揚げ大活躍します。その役目を終えると、自らを吊ることができる小さなクレーンを組み立て、建物外部に吊り降ろされ、その後、より小さなクレーンを組み立て、吊り降ろされます。この作業を繰り返し、最後は、人力で解体し台車に載せエレベーターで降ろします。

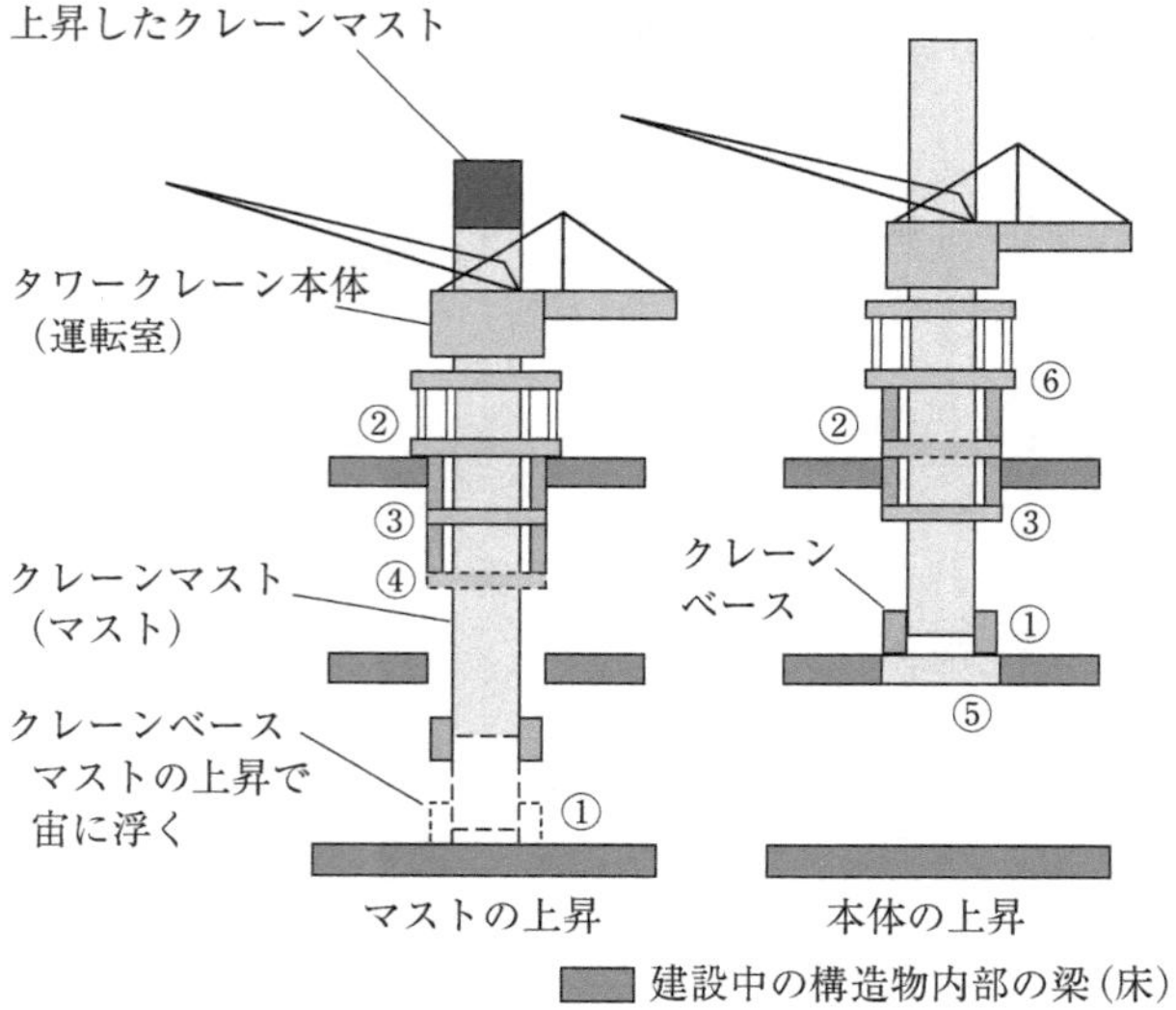


マストの上昇

①で支えられていたクレーンを②で支え替え③を④まで下げて④をマストに固定し③に戻すことで、■だけマストが上昇する。これを繰り返し所要高さに上げる

本体の上昇

⑤のように梁（床）をつなぎ①で支え、③をマストに固定し②を⑥まで上げると本体が上昇する。これを繰り返し所要高さ上げる

**図5-12**　内部建て方式タワークレーンの上昇方法

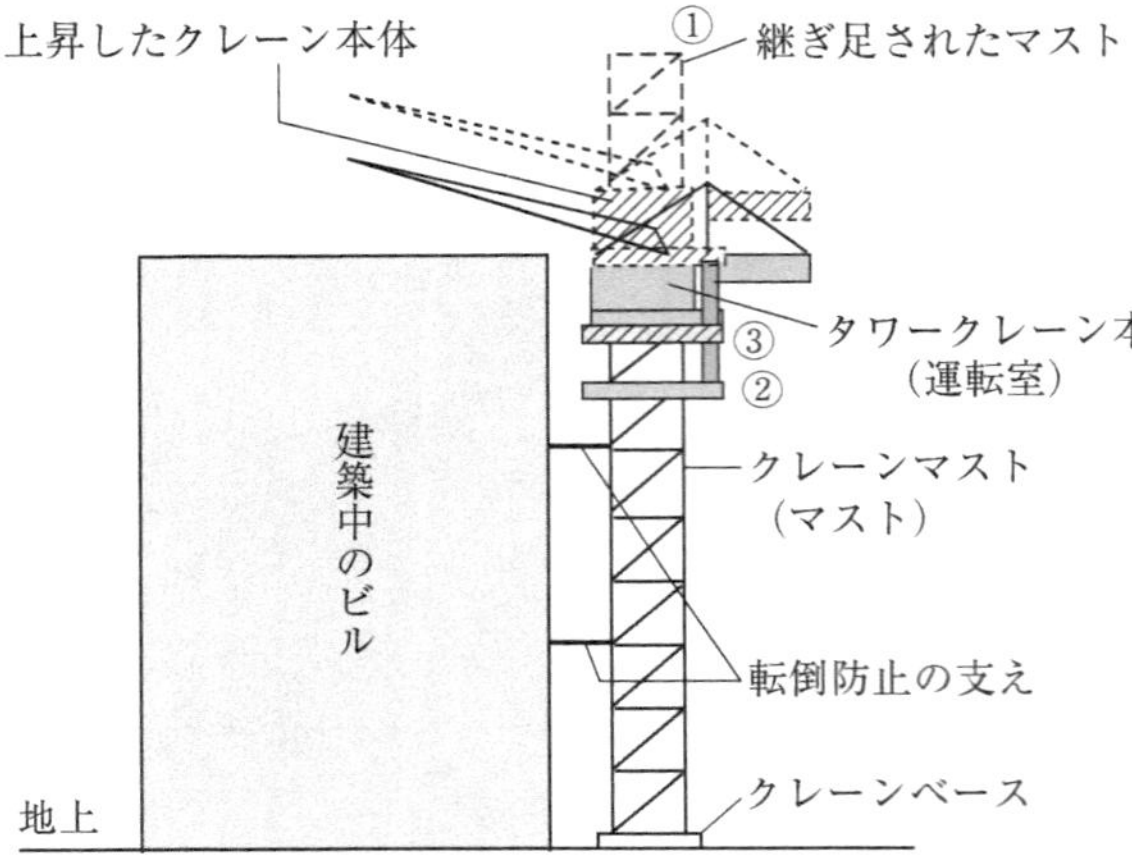


タワークレーン上昇手順
①のマストを頭部につなぐ
②をマストに固定し本体を上昇させる
その後、本体を固定し②を③まで引き上げる
これを繰り返し所要高さに上げる

**図5-13** 外部建て方式タワークレーンの上昇方法

外部建て方式では、上昇は、本体頭部に突き出ているマストに新しいマストを継ぎ足し、その後、クレーン本体がマストを迫り上がることで行います。下降はその逆で、クレーン本体がマストを降下し、頭部に余ったマストを取り除くことで下がります。これらの作業はすべて、他のクレーンを使うことなく、自らでできるようになっています（図5-13）。

外部建て方式の場合、建てる建物よりタワークレーンが高くなり（マストが長くなる）、タワークレーンが不安定になるので、建物から支えをとり転倒を防止します。

ところで、技術の進歩は著しいものがあります。特にＰＣａ化やプレハブ化の進展によって、大幅な工期短縮が可能になりました。施工条件にもよりますがワンフロアの広さにほとんど関係なく、超高層マンションワンフロアを５～６日程度で造れるようになりました。３日程度で造ることも可能だといわれています。

また、20世紀から21世紀にかけての急激な時代の変化に伴って需要ニーズが高度化し、早く、安くはもちろんですが、安全でかつ快適ということが求められるようになってきました。１９９９年に国土交通省が実施したマンションのトラブル調査では、「音に関する問題」がトップで、水漏れ、雨漏りが上位にランクされています。

歩いている足音や椅子の移動などによる「コッコッ」という床衝撃音は、畳に代わって、フローリングの部屋が増えているのが大きな原因のひとつです。子供の飛び跳ねなどによる「ドスンドスン」という床衝撃音は、梁の間隔や床の厚さが影響します。かつて、建設コストの低減のため、床厚さをできるだけ薄くすることが行われ、クレームが続発し、最近では厚くなっています。しかし、基本的には建物の構造そのものの問題です。

２００４年４月に品確法（住宅の品質確保の促進等に関する法律）が施行され、床衝撃音に関する等級が設定されました。最近では、防音性のあるフローリングの使用や、床を二重構造にするとともに、床の構造を軽量でかつ高剛性（物がのったときのたわみが小さい状態）化するなどの改善が行われています。

それから、漏水問題ですが、コンクリートは水を完全に止めることはできません。アスファルトやシートの貼り付けやウレタン・FRP等の塗布などの方法で防水する必要があります。最近ではコンクリート内部に浸透して水を遮断する防水材が開発され使われています。漏水の多くは防水工事の不手際から起こります。

どんなに技術が進歩しても、現場にとって、なくてはならない存在が「とび職」です。都市のランドマーク、時代の寵児でもある超高層にあっても、最新技術が盛り込まれたマンションの建設でも、人間の手がなければ何も進みません。これからも、人の手がいらなくなることはないでしょう。ビルもまた手造りなのです。

## 32 橋の現場不思議発見

河や谷を越えて、向こうへ行きたいという願いから生まれた橋、四季それぞれに趣を変える橋、やがて人々の出会いの場に、そして「マディソン郡の橋」のような小説や映画や絵画の題材になり、ひとつの文化財にもなっていきました。

橋は、より遠くへ架けるためにその形式や素材が研究され、人々の生活を豊かにするために発

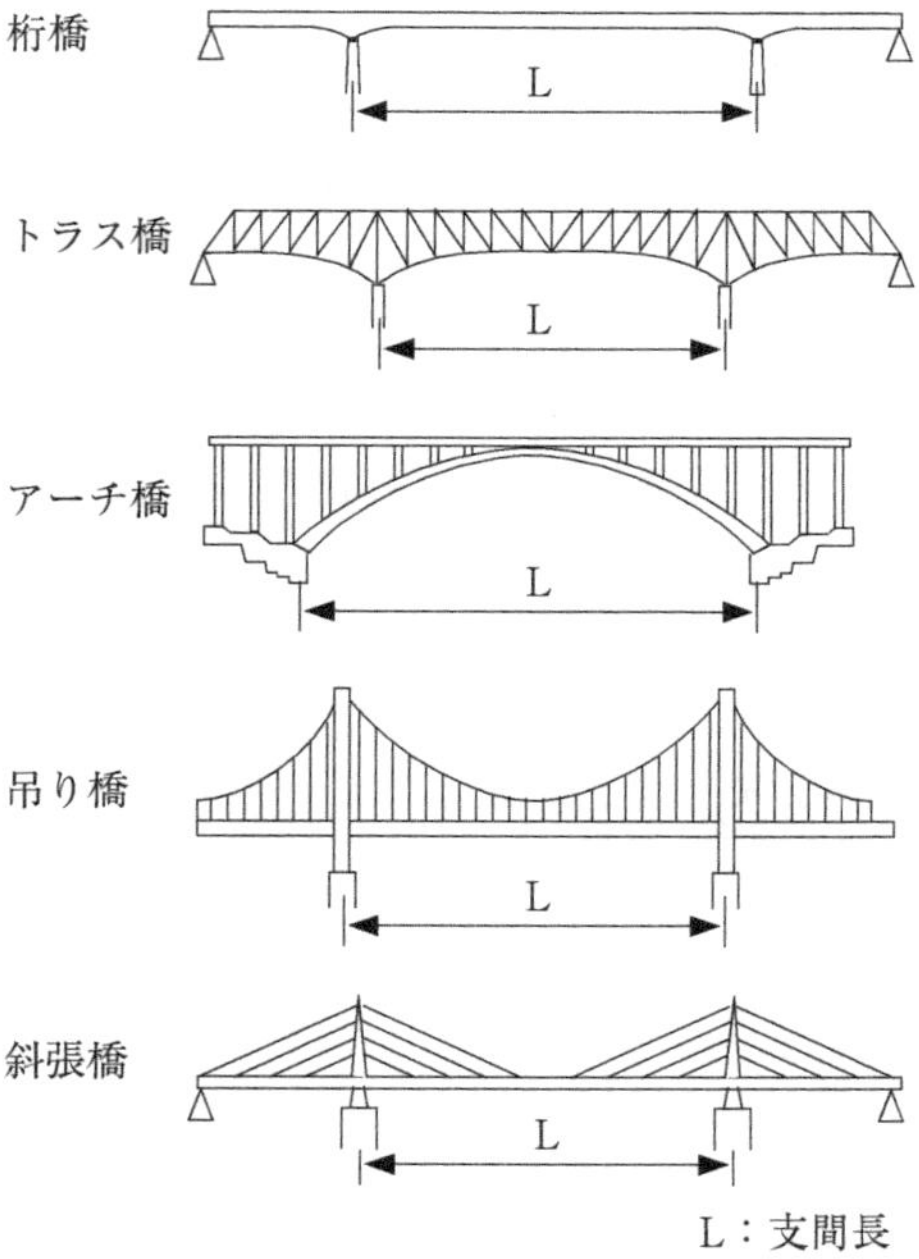


**図5-14**　橋の形式と支間

展してきました。そして、本格的なモータリゼーションの到来は、河に架かる橋のイメージから街中を縫って走る高架橋へと、橋の概念を大きく変えることになりました。さらに、最近では、高度成長期にもてはやされた機能性や経済性重視の反省がなされています。

　それでは、橋の形を説明しましょう（図5-14）。橋の原形は桁橋です。最も古くからある形式で、川を渡るために丸太を架けたのが始まりです。比較的短い橋に使われてきましたが、素材や構造の進歩で支間長（橋脚と橋脚の間の距離）が伸びてきました。トラス橋は、三角形を組み合わせて安定した形に造り上げたものです。技術的な面で桁橋の支間長が伸ばせなかった時代に発展してきました。古代ローマ時代からあったアーチ橋は、弧を描いた美しい形状や圧縮力で支える合理性があり、石橋などでも見られます。吊り橋は、最も長い支間長に適用されています。両岸で固定され、塔で支えられたケーブルで、橋全体の重さを支えます。ついで長い支間長に適用されているのが斜張橋です。塔から斜めに張られたケーブル（斜材ケーブル）で桁を吊ります。力学的に合理的な形式です。最近では、斜張橋より塔の高さが低く、桁橋との中間に位置するエクストラドーズド橋も多くなってきました。

さて、コンクリート橋には、鉄筋コンクリート橋（ＲＣ橋）とプレストレストコンクリート橋（ＰＣ橋）、これらの中間的な構造として、プレストレスト鉄筋コンクリート橋（ＰＲＣ橋）があります。ＲＣ橋は、支間長を長くすることができません。おおむね25ｍまでです。したがって、多くの橋はＰＣ橋ですが、最近では経済的な利点があるＰＲＣ橋が増えています。

ＰＣ橋およびＰＲＣ橋の造り方は、近年、支間の長大化や構造形式の多様化に対応し、経済性や省力化の追求がなされ、種々の架設工法が開発されています。大別すると、プレキャスト工法と場所打ち工法に分けられます。

各工法をまとめた説明図を、図５－15に示しています。あわせてご覧ください。

- **プレキャスト工法**
  工場またはヤードで製作して運搬・現地架設する工法
  ➡工期の短縮はできるが製作設備が必要である
  - **プレキャスト桁架設工法**
    支間全長の桁を一括で架設する工法
    ➡工期の短縮は大きいが長く大きい桁は運搬・架設ができない
    - **クレーン架設工法**
      クレーンで架設する工法
      ➡最も一般的な方法だが架設できる重さに制限がある
    - **エレクションガーダ架設工法**
      特殊な架設用の設備を用いて架設する工法
      ➡工期の短縮は大きいが長く大きい桁は運搬・架設ができない（ブロックに分ける）
  - **プレキャストセグメント工法**
    支間全長の桁を分割（ブロック）で架設する工法
    ➡工期の短縮は小さいが長く大きい桁もブロックに分けて架設できる

- **場所打ち工法**
  架設地点で製作する工法
  ➡工期はかかるが架設地点の条件に適合させることができる
  - **固定式支保工架設工法**
    架設地点に支保工を設け一括又は分割で架設する工法
    ➡最も一般的な方法で特別な施工機材がいらない
  - **移動式支保工架設工法**
    型枠や支保工を解体することなく次の径間に移動し順次架設する工法
    ➡その都度、型枠や支保工を組立て・解体することがなく効率的である
  - **張出し架設工法**
    橋脚を起点に両側へ移動作業車を用いて「やじろべえ」方式でブロックを継ぎ足して架設する工法
    ➡架設地点の地形その他条件に左右されず安全で経済的に架設できる
  - **押出し架設工法**
    架設する橋の後方でブロックを造り継ぎ前面に押し出して架設する工法
    ➡プレキャスと場所打ちの併用工法で工期が短縮できる

**図５-15**　PC橋の架設工法

プレキャスト工法は、架設地点以外の工場または製作ヤードで桁を製作、運搬設備を使用し架設地点に搬入、架設機械により架設する方法です。桁製作と桁架設の分業化が図れ、架設工期の大幅な短縮ができます。

場所打ち工法は、架設地点に直接架設できる設備を設け、型枠・鉄筋・PC鋼材を配置、その後コンクリートを打ち込み、プレストレスを導入して橋を造る方法です。

いずれの工法も、ある支間の桁を一度に架設する方法とある支間の桁を適当なブロックに分割し、順次連結することで架設する方法があります。プレキャスト工法における前者をプレキャスト桁架設工法、後者をプレキャストセグメント工法といいます。

プレキャスト桁架設工法は、施工実績が多い方法です。クレーン架設工法とエレクションガーダ架設工法に分類されます。前者は、トラッククレーンやクローラクレーンを用いる工法で、桁の重さなどを考慮して、1台（単吊り）または2台（相吊り）のクレーンで架設します。後者は、桁架設用に設備されている鋼製の「エレクションガーダ（架設桁）」を用いて架設します（図5－16）。エレクションガーダは、プレキャスト桁架設工法のほかにも、次に説明しますプレキャストセグメント工法など、さまざまな工法に使われています。

プレキャストセグメント工法は、セグメント（分割されたブロック）をあらかじめ製作しておき、架設地点まで運搬して、順次連結して桁を造ります。多くの場合、架設機械として、エレク

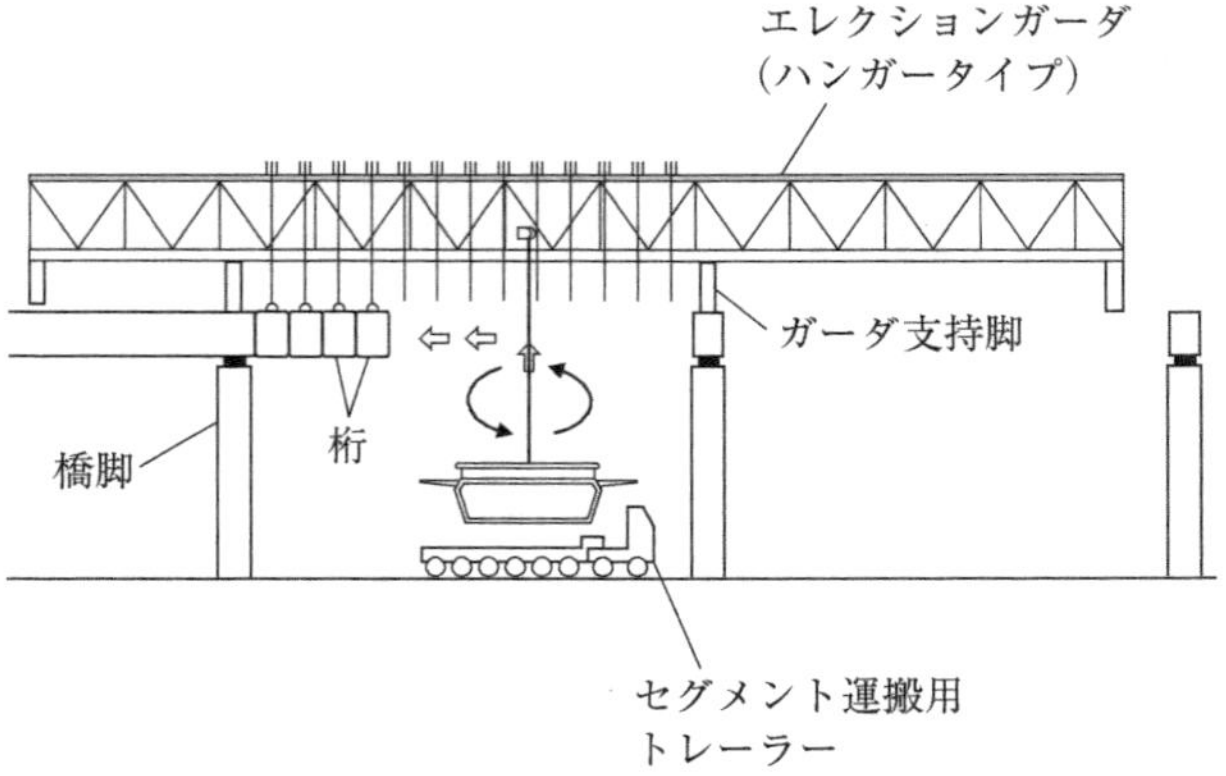


**図５-16**　プレキャストセグメント工法による架設工法。トレーラーで運んできた桁をクレーンで吊り上げ、適切な方向に回転させて、次々と連結させていく

ションガーダを用います。エレクションガーダは、セグメントを次々に継いで架設する役割と連結されたセグメントが自重に耐えられるようになるまで支える役割を担っています。すなわち、図５-16に示すように、運びやすい向きで運搬されてきたセグメントを、エレクションガーダ（ハンガータイプ）併設のクレーンで吊り上げ、連結させる向きに回転させ、すでに吊り下げられているセグメントの前面に接着剤を塗布した後にＰＣ鋼材で引き寄せ、次々に連結して桁を完成させます。

場所打ち工法について見ていきます。最も一般的な方法が、固定式支保工架設工法です。架設地点に、繰返し使用に適し、組立て取外しが容易で、しかも比較的軽量で安全性に優れている組立式の鋼製支保工（固定支保工）を設け、

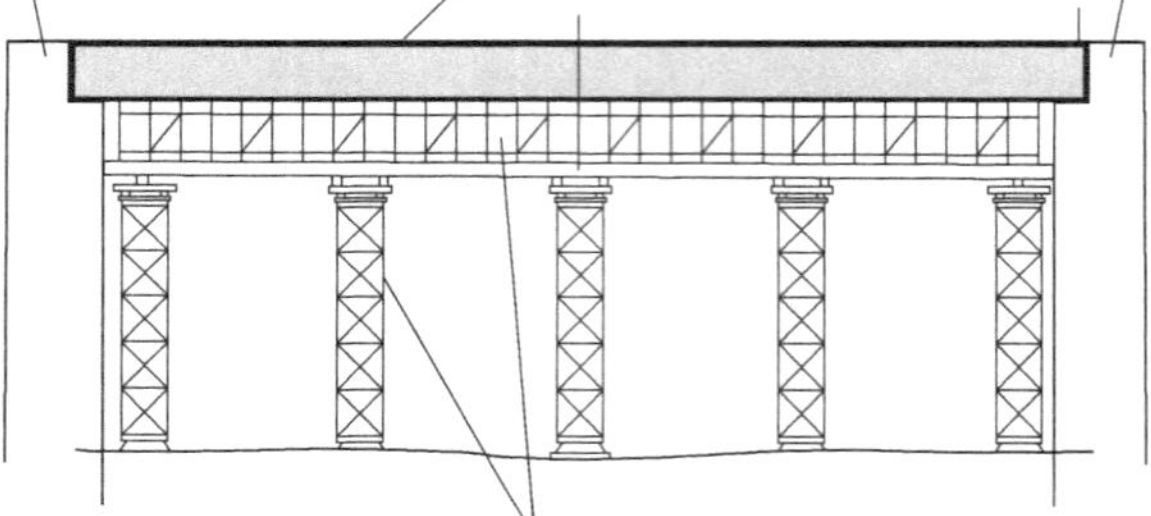


**図5-17**　固定式支保工架設工法

その上で一括または分割で橋を造る方法です（図5-17）。

固定式と対比される架設工法として、移動式支保工架設工法があります。同一断面の桁が多くある場合など、型枠および支保工を解体することなく、次の径間に移動して架設する工法です。型枠や足場を、架設桁から吊り下げるタイプとその桁の上面を用いるタイプがありますが、最近では、吊り下げるハンガータイプが多く使われています。

張出し架設工法は、1本の橋脚を起点に左右バランスをとりながら支間中央に向かって、2〜6m程度のブロックを継ぎ足しながら張出し架設する方法です（図5-18）。橋脚に大きな力（曲げモーメント）がかからないように「やじろべえ」の原理に基づいています。深い谷や急峻な地形でも道路や鉄道が通っていても、桁下の条件に左右されず安全かつ

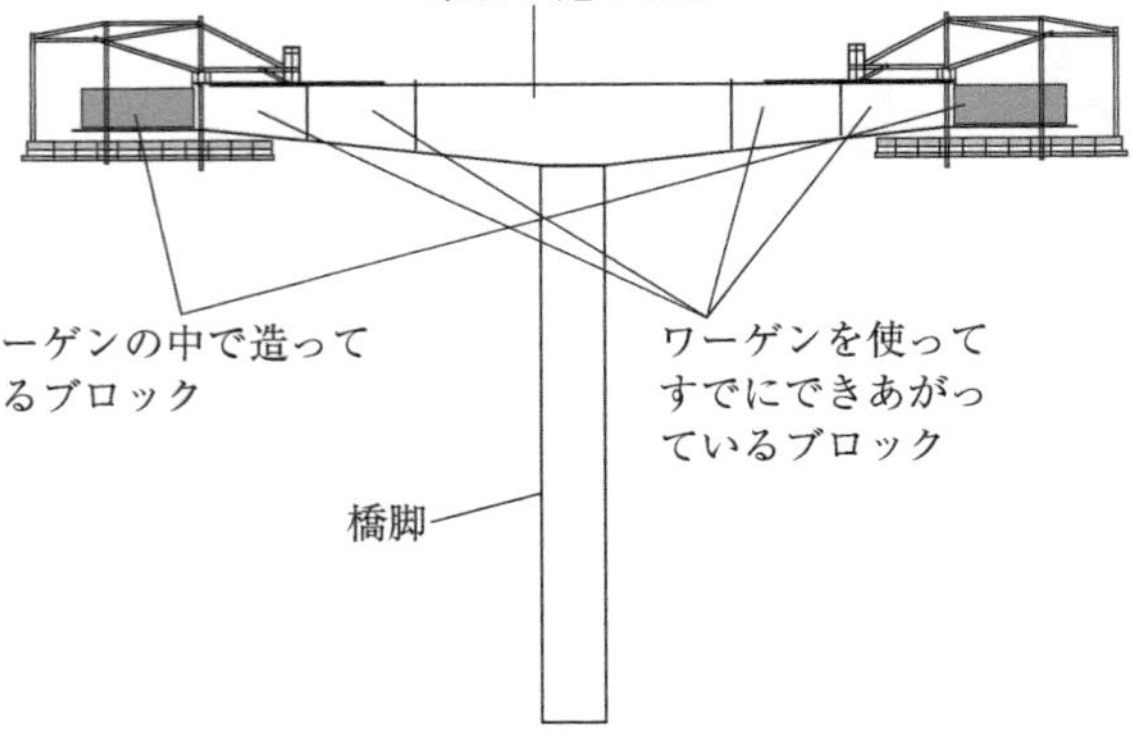


**図５－18**　張出し架設工法

経済的に架設できる点が最大の特長です。高い橋脚および長大橋を場所打ち架設するのに適した方法で、あらゆる形式の橋に用いられています。橋脚をはさんで架設中の桁の両先端に、造る橋の規模に応じた「ワーゲン」と呼ばれる移動式の作業車（移動作業車）を設け、この中で一連の作業を行い、コンクリートを打ち込み、ＰＣ鋼材を緊張し、ワーゲンを前進させて次の張出しブロックを施工する手順で架設します。

プレキャストセグメント工法と張出し架設工法を組み合わせたようなのが、押出し架設工法です（図５－19）。桁を架設する地点の後方に製作ヤードを設け、８～20ｍ程度のブロックに分けて継ぎ足しながら製作し、順次押し出して桁を架設する方法です。架設時に桁に大きな力（曲げモーメント）がかからないよう、桁先端に鋼製の手延べ桁

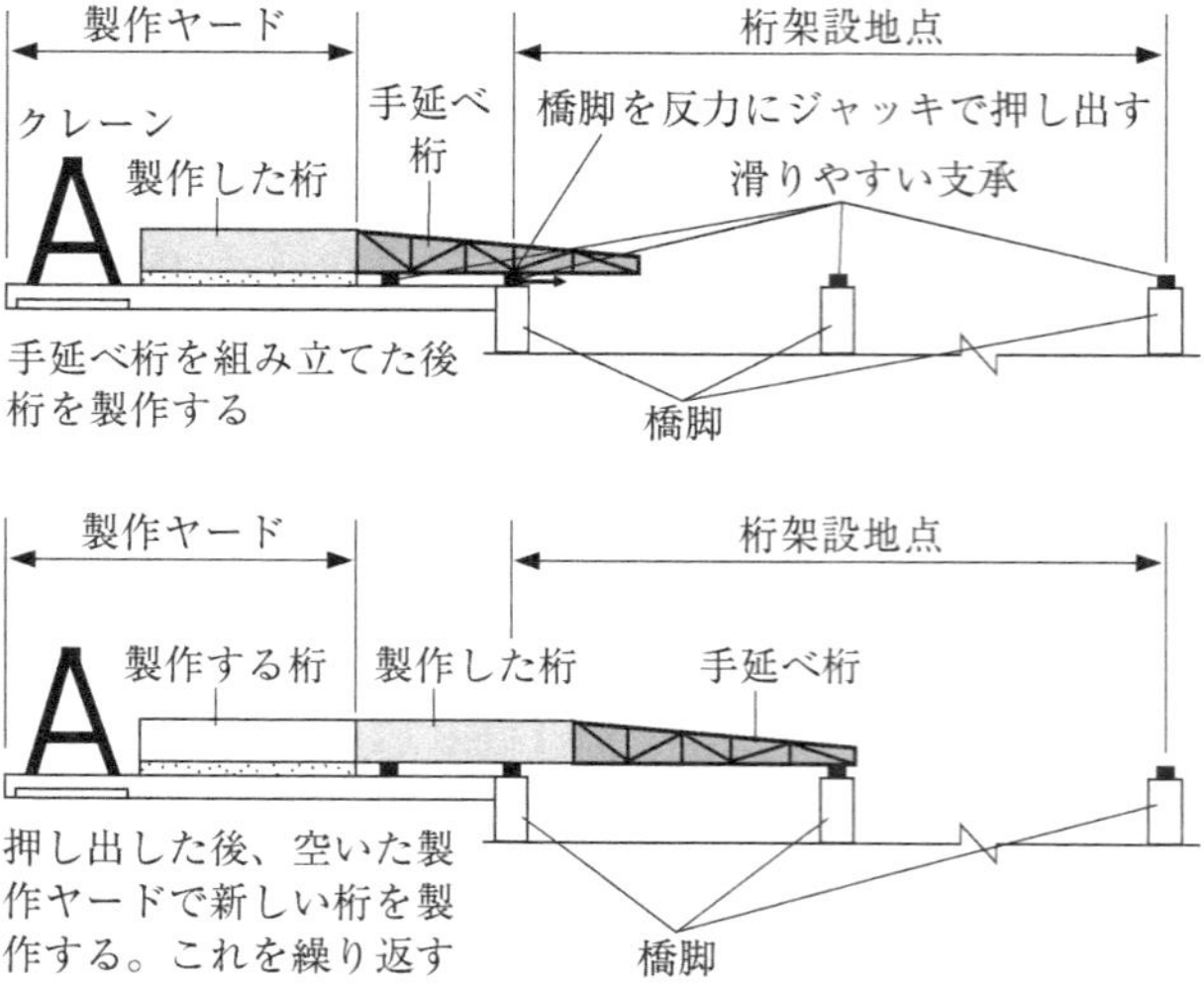


**図5-19**　押出し架設工法

を取付けジャッキなどで押し出します。

どの形式の橋も、前述の工法またはこれらの組み合わせや応用で架設されます。PCやPRCで造られる斜張橋、トラス橋、そしてアーチ橋でも多くは張出し架設工法を用いて架設します。

アーチ橋では、アーチリブと呼ばれているアーチ状の部材がメインの桁になりますが、この桁の架設は、仮設の斜吊り材を併用しながら、先端にワーゲンを設けて張出し架設します（図5-20）。斜張橋の場合は、斜材ケーブルを架設しながら桁を伸ばしていきます。これらの方法で架設する場合、吊り上げている斜材ケーブルの張力を少し変えただけで、桁が大きく上がったり下がったりするほどデリケートです。そこ

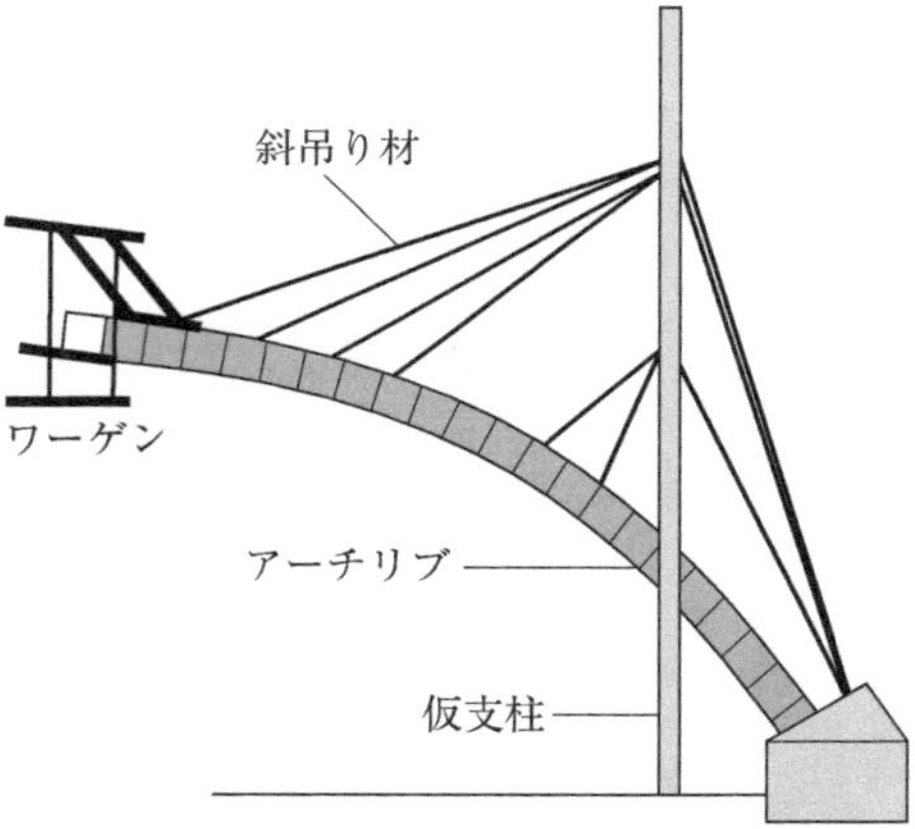


**図5－20**　張出し架設工法によるアーチ橋の架設。先端のワーゲンで作業しながら、アーチリブを伸ばしていく

で、架設中のデータを収集・分析しながら工事を進める情報化施工が重要になります。

前述の工法と少々異なるアーチ橋の架設工法をご紹介しましょう。ロアリング架設工法です。まず、橋が架かる両岸で、セルフクライミングフォーム工法（「コンクリートの形を決める型枠」参照）などを用いてアーチリブの形状に合わせ半分に分けて造ります（図5－21手順1）。これができると、引き寄せるケーブルとロアリング（lowering：下方へ、あるいは降下の意味）させるケーブルを調整して段階的に倒すように回転させ、決められたアーチリブの形状にします（図5－21手順2）。その後、隙間の部分を造って、アーチリブを閉合させ、自動車などが走る部分を造って橋を完成させます（図5－21手順3）。この工程は、張出し架設工

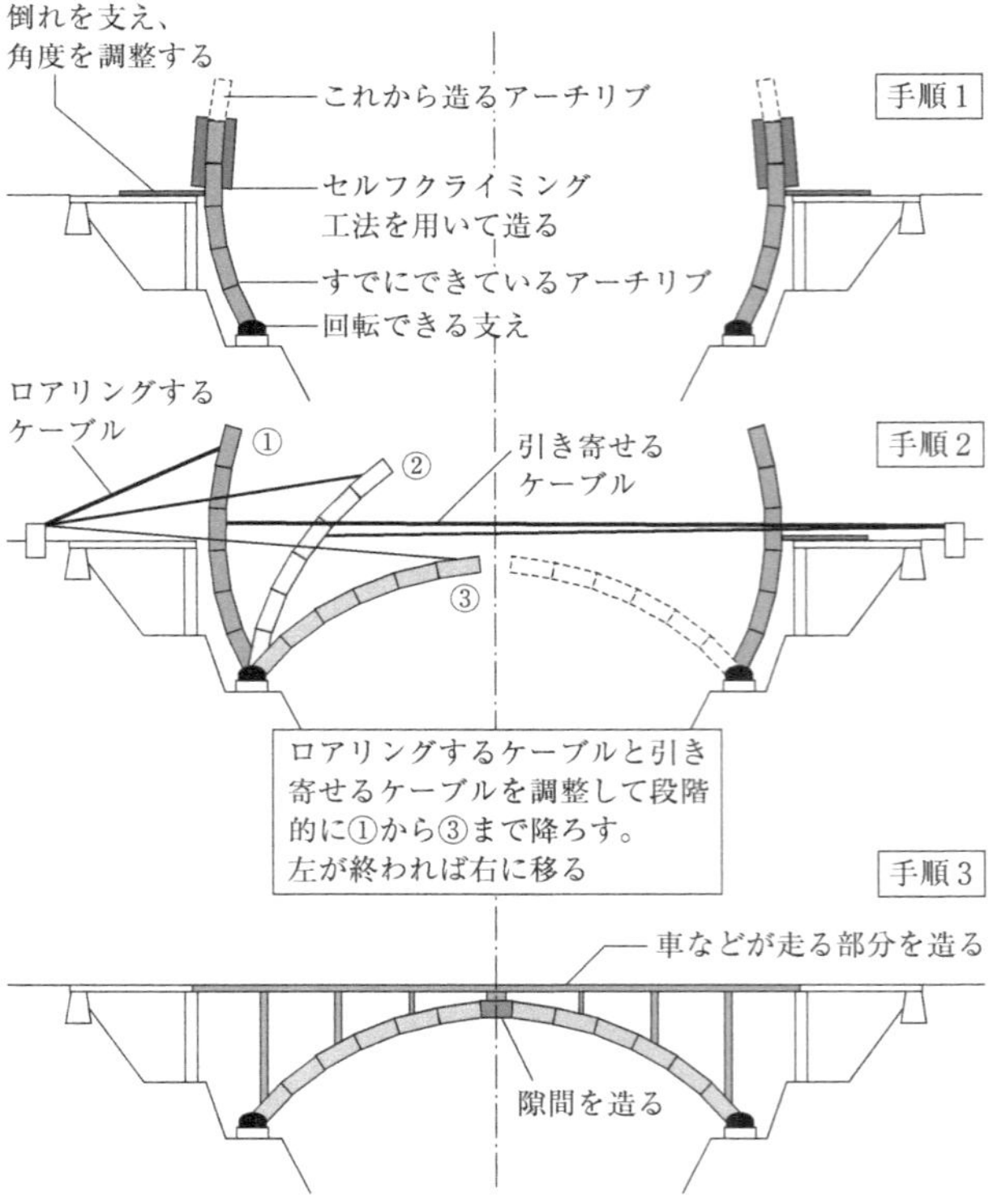


図5-21　ロアリング工法によるアーチ橋の架設

法で架設されるアーチ橋の場合でも同じです。

　近年、種々の架設工法が開発され、機械化も進みました。そして大規模な橋が次々に架けられています。しかし、架設のための技術や機械がどんなに進歩しても、そこに人間の手がなければ何も進みません。橋もまた、手造りなのです。

## 33 解体の不思議発見

　構造物を「壊す」ことを「解体」といいます。戦後60年、高度成長期を迎えて半世紀、次々建設された建造物は、その老朽化、最近における急激な社会情勢や生活様式の変化、都市構造の再編化などにより、建替えを迫られるものがますます増加すると考えられます。

　解体工法には種々ありますが、選定にあたっては経済性や安全性はもちろんのことですが、公害を未然に防止するという考え方を優先させねばなりません。解体に伴う公害として、騒音・振動および粉じんがあります。

　粉じんの中でも特に注意が必要なのは、人体に悪影響を及ぼすアスベスト（石綿）です。アスベストの繊維は、目に見えないほど細く、火や熱、酸にも強いのが特徴です。加工されて鉄骨の耐火被覆材や床タイル、外壁材などに幅広く使用されてきました。１９７５年に有害が確認さ

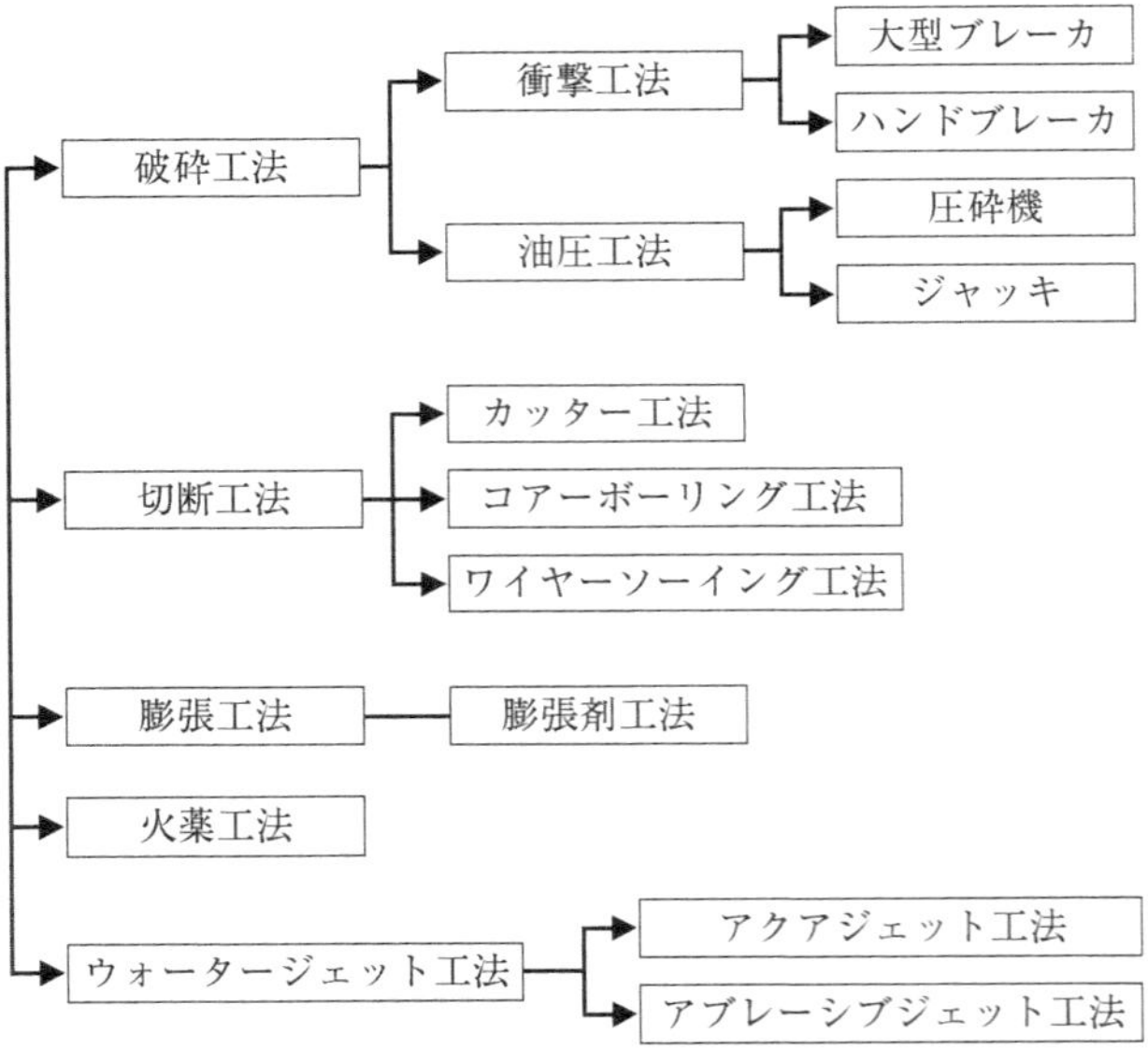


**図 5 - 22** 解体工法の種類

れ、以降、飛散しやすいものは使われなくなりましたが、これ以前に建てられたビルなどには多数使われています。

アスベストによる病気は、忘れたころにやってきます。それを吸ってから20〜50年後に現れるのです。アスベストは発がん性が高く、肺がんになる可能性が大きくなります。また、アスベスト特有の病気として悪性中皮腫（胸膜や腹膜のがん）、それからアスベスト肺と呼ばれるじん肺があります。

解体工法を破壊の原理や方法で分類しますと、図5－22に示しているようになります。それぞれの工法には一長一短があり、ビルなどの解体では、こ

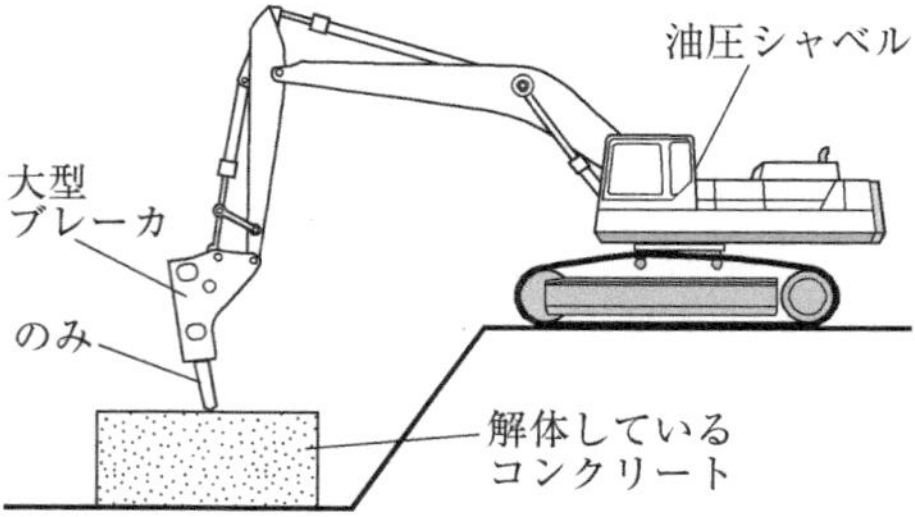


**図５-23**　大型ブレーカによる解体

れらの工法を組み合わせて用います。通常の市街地におけるビル解体の多くは、大型のブレーカやコンクリート圧砕機等を用います。超ロングブーム（long boom：長い腕）を用いて地上から、または最上階に重機を揚げ、建物を上から順次破砕しながら地上階まで降りる方法で行います。その際、騒音や粉じんの飛散を抑制するため、ビルの周囲に足場を設けシートで囲い、水を散布しながら解体します。

　解体に最も広く用いられているのが、破砕工法です。この工法は、コンクリートに衝撃力（衝撃工法）や押圧力（油圧工法）を与えて破砕させるものです。

　衝撃工法で用いるのがブレーカです。ブレーカは、油圧や空気圧などを駆動力とし、のみの先端に急激な衝撃力を繰返し与えることによって破砕するものです。油圧シャベルに取り付ける大型ブレーカと人力によるハンドブレーカがあり、騒音・振動および粉じんが多く発生します（図５－23）。

　油圧工法で用いるのが圧砕機《あつさいき》です。圧砕機は、油圧シャベルに

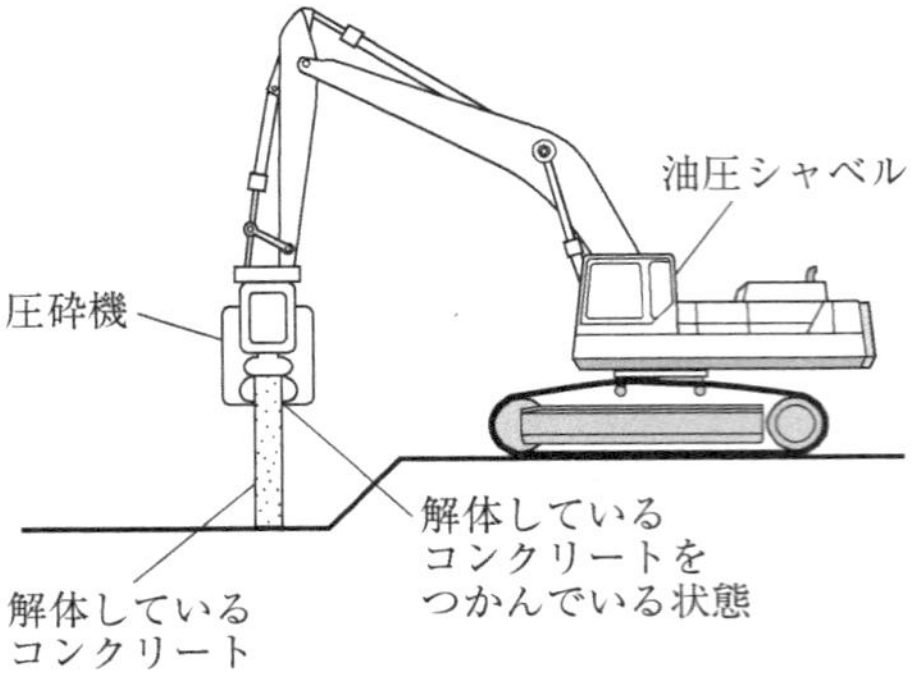


**図５-24**　圧砕機による解体

油圧を駆動力とする押圧力を与え圧砕する機械を取り付け、コンクリートを直接つかみ破砕するものです（図５-24）。粉じんは多く発生しますが、騒音・振動は小さくなります。しかし、開口幅（最大開口幅１・５ｍ）より厚い部材の破砕はできません。

油圧工法には、ジャッキによる解体もあります。あらかじめコンクリートに孔《あな》を開けておき（削孔）、挿入したくさびに油圧ジャッキで押圧力を与え、押し広げることで破砕します（図５-25）。鉄筋が入っていないコンクリートには適しますが、鉄筋コンクリートには不向きです。

切断工法には、カッター工法やコアーボーリング工法、ワイヤーソーイング工法があります。カッター工法は、先端にダイヤモンドが付いた円盤状の切刃であるダイヤモンドブレードに水をかけながら高速回転させ、鉄筋コンクリートを切断するものです。コアーボーリング工法は、周囲にダイヤモンドが付いた切刃である円筒状コアビットを用

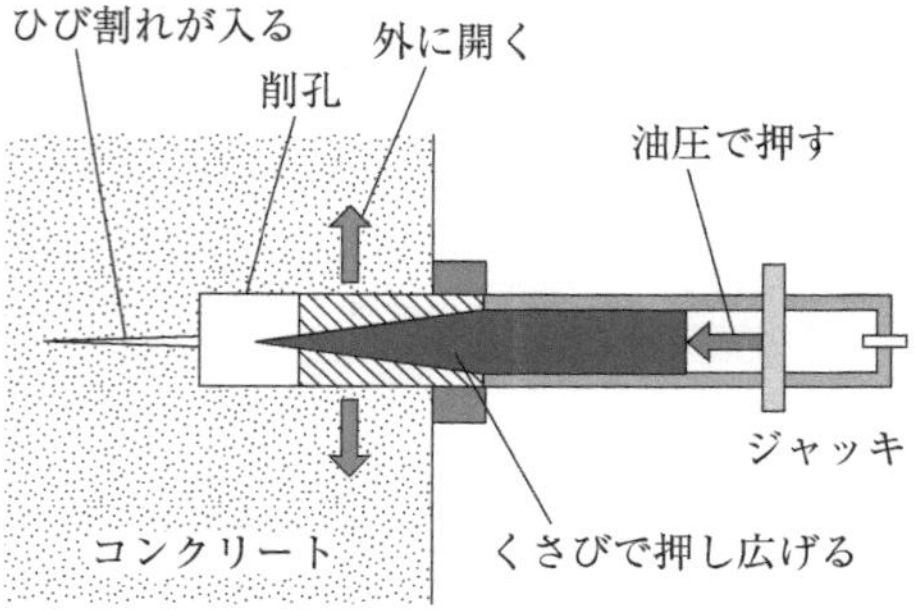


**図５-25**　ジャッキによる破砕

いて同様の方法で連続削孔して構造物を切断します。また、ワイヤーソーイング工法は、切断する鉄筋コンクリート部材に、切断用のダイヤモンドビーズを取り付けたワイヤーソーをエンドレスに巻きつけて、水をかけながら高速回転させて鉄筋コンクリートを切断するものです。ワイヤーをかけることができれば、どのような大きさのものでも切断が可能で、騒音・振動および粉じんの発生が少ない工法です（図５-26）。

膨張工法（膨張剤工法）は、削孔した孔に膨張剤を充塡することで生じる膨張圧を利用して孔を押し広げることで、コンクリートを破壊する方法です。

変化に富んだ美しい地形は地球の彫刻ですが、水の作用によってもたらされたものもずいぶんあります。激しい水は硬い岩をも削ります。ウォータージェット工法は、超高圧ポンプで高圧水をノズルから噴流させ、コンクリートのみならず鉄筋や鋼板をも切断してしまう工法です。この水は清水ある

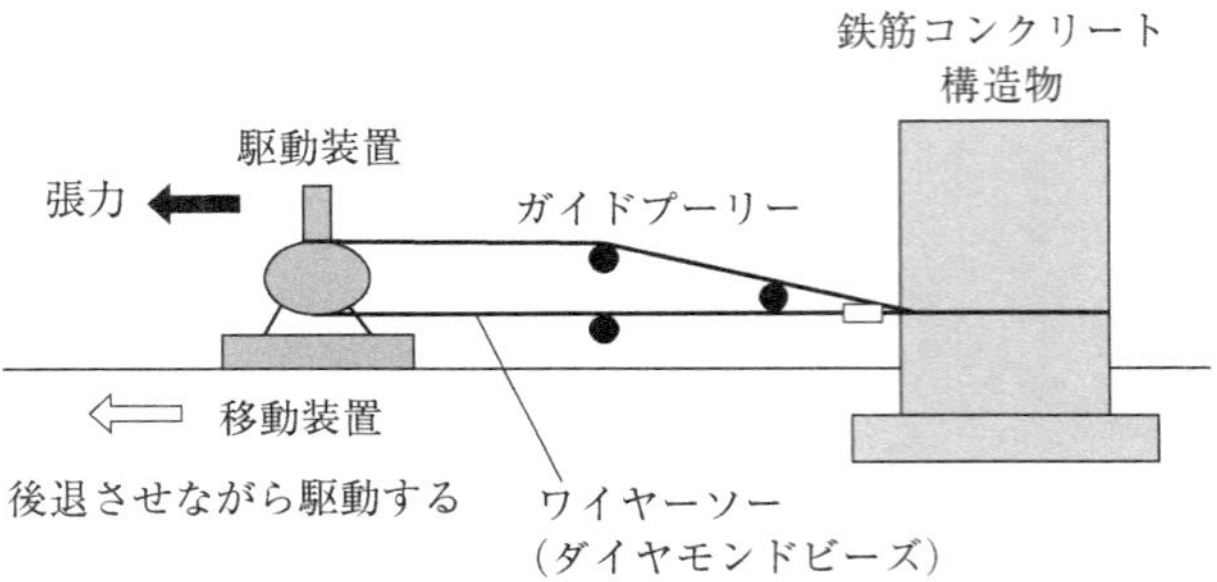


**図5-26** ワイヤーソーイング工法の概念

いは研磨材を混合したものです。清水を噴流するのをアクアジェット工法、研磨材を混合するのをアブレーシブジェット工法と区別して呼んでいます。研磨材としては、珪砂、ガーネット、鋳鉄のグリッドなどが使われます。この噴流は切削力が大きく鉄筋コンクリートも切断できます。

ウォータージェット工法は、水中での切断も可能です。水中では著しく噴流速度は減少しますが、キャビテーションといわれる局部的な圧力の低下で気化する現象が発生して高衝撃を生じやすくなります。細かい説明は専門的になるので避けますが、これにより、気中での噴流より切削能力が大きくなります。

この工法は、作業目的に応じて任意に使い分けができ、適用分野が広いことが特徴です。また、ロボットによる作業が可能であるため遠隔操作が求められる原子力発電所の解体などにも適用でき、安全性は高く、振動や粉じんは生じません。騒音は発生しますが、防音カバー等の対策をすることで騒音を抑えることができます。

高層ビルの解体工法として、巨大なビルが一瞬に、畳み込まれ、崩れ落ちるように解体される映像を見たことはありませんか。このように爆薬によって一挙に解体する方法を火薬工法（爆薬解体）といいます。爆薬による衝撃波と発生するガス圧で破壊され、その落下物がどんどん積み重なってさらに破壊されていきます。爆破させるのですから、騒音も振動も大きく、粉じんも半端ではありません。しかし、通常の解体に比べ、その時間は圧倒的に短く済むというメリットがあります。

とはいえ、ひとつ間違えれば、周辺に大きな影響を与えることになります。したがって細心で綿密な計画が求められ、事前にその崩壊挙動を検討することができるシミュレーション技術が必要です。ただ、そのような数値解析手法はいまだ確立されておらず、一部の業者が持つ高度なノウハウに依存しているのが現状です。アメリカなどで行われていますが、わが国ではほとんど使われていません。わが国のビルは、耐震上の理由から鉄筋も多くしかも壁が多いので、事前の処理に時間がかかります。

補修や解体を必要としている構造物が年々増加しています。これらの工法のほかに、低圧・高電流を鉄筋に通したり、マイクロ波を用いて発熱させてコンクリートを破壊させる方法など、より安全・経済的で低公害の解体方法の研究・開発が進められています。

# 第6章

# いろいろな構造物

# ㉞ 浮かぶコンクリート

コンクリートはセメント、砂利、砂を水で混ぜてできあがるものです。このようにしてできたコンクリートの比重は約2・3（1㎥あたり2・3t）です。コンクリートは重いものと思われていますが、このコンクリートを使って船を造ることができます。コンクリートより比重の大きい鉄を使って船を造っているのですから、考えてみれば当たり前のことです。コンクリートの船もその重量に見合う分以上の喫水があれば、浮くことは可能です。

コンクリート船の歴史は古く、1848年にフランスで全長2・5m程度の手漕ぎ用のボートが造られたことに始まります。コンクリート製といっても、金網を芯材としてセメントと砂を水で練り混ぜてできるモルタルを塗り固めたもののようでした。

その後、欧米各国で本格的なコンクリート船が建造され、1918年には当時の世界最大のコンクリート船「faith」（4500重量t）が米国で建造され、大西洋を横断したと伝えられています。

わが国におけるコンクリート船の歴史は、1910年に小林泰蔵という人が大阪築港を建設する際に浚渫《しゅんせつ》した土を運ぶ運搬船であったとされており、その後もいくつかのコンクリート船が建

**写真６-１**　現在の「第一武智丸」と「第二武智丸」（提供：直原孝幸氏）

造されています。第二次世界大戦の末期には鋼材が不足したことから、本格的な船舶をコンクリートで造る研究がなされ、実用的な輸送船として１９４４年に武智正次郎の手によって「第一武智丸」が建造されました。

この船は、長さ64ｍ、幅10ｍ、排水量２３００ｔの本格的な船舶です。その後もコンクリート製の船舶が数隻建造されたようですが、終戦とともにコンクリート船の建造は中止されました。この「第一武智丸」は今でも見ることができます。写真６-１の手前に見えるのが「第一武智丸」で沖側が「第二武智丸」で、広島県呉市の安浦漁港の防波堤として再利用され、戦争を知る貴重な資料として保存されています。

また、コンクリート製のヨットで太平洋を横断された方もいます。より強い高強度コンクリートやより軽い軽量コンクリートを用いることにより、将来には本格的なコンクリート船舶の実現も夢ではないと思います。

土木学会関西支部では毎年、兵庫県の円山川でコンクリートカヌーの競技会を開催しています。また、土木学会の平成18年度全国大会第61回年次学術講演会は、滋賀県にある立命館大学のびわこ・くさつキャンパスで開催されましたが、この併設セッションとしてコンクリートカヌー競技セッションが行われました。これは、カヌーの出来映えとともに、琵琶湖で行われた競争の結果をもって優劣を決めるものでした。

浮かぶコンクリートは、現在でも意外と身近なところにもあります。岸壁から浮き桟橋におりて船に乗ることがありますが、このような浮き桟橋をコンクリートで建造したものがあります。一見コンクリートの固まりのように見えますが、浮くためにはできるだけ部材を薄くして全体の体積を大きくすることが必要となるため、中は隔壁によっていくつもの空間が作られ、浮力を確保した構造となっています。小規模なコンクリート製浮き桟橋を製作する場合、発泡スチロールを埋設して中の空間を確保することがあります。もっと大規模な浮き桟橋を連結して海上に浮かべることによって、海上空港を建設することも可能です。

海外では、浮き桟橋と同じような構造を連続させることにより、水に浮かぶ橋が多く造られています。代表的なものとして、米国シアトル近郊のワシントン湖に建設された橋梁があります。ノルウェーでは、橋長が1246mの橋梁を10基の浮き基礎で支えた橋があります。浮き基礎の大きさは長さ42m、幅20・5m、高さ約8mの規模で、この浮き基礎は海中に設置されたアンカーと接続され、干満による上下の移動、風や水の流れによる水平移動にも対応できる構造となっています。

海面に浮く橋梁もあれば、海底を走る道路トンネルもあります。このようなトンネルは沈埋トンネルと呼ばれ、鋼製のものが多いのですが、コンクリート製のものもあります。海底を平らに浚渫して、あらかじめ製作された箱状の構造物を沈めて、これらをつなぎ合わせてトンネルを構築するものです。大規模なものでは幅が40mもあるような沈埋トンネルも構築されています。

浮き桟橋では、巨大なコンクリート構造物が浮力を受けて浮いていますが、浮力に打ち勝っている構造物もあります。たとえば、都市部の地下を走る道路トンネルは、左右の側壁と上下の床版から成り立った箱形断面をしていますが、このような地下構造物は地面の下にある地下水によって浮力を受け、構造的に決まる必要な部材厚さでは重さが不十分で浮き上がろうとする場合があります。この場合には、浮力に打ち勝つため構造的に決まる厚さ以上の部材厚さを持った構造が必要となります。コンクリートは重いことが欠点となる場合が多いですが、このような例では重さが利点となっています。

護岸や突堤などがコンクリートでできていることはよく知られていますが、コンクリート製の海洋構造物でめずらしいものを紹介します。写真6－2は、海の中に建てたビルのように見えますが、これは波の力を小さくするために設置された円筒形をした消波堤です。消波堤では、スリ

**写真6-2**　コンクリート製の消波堤

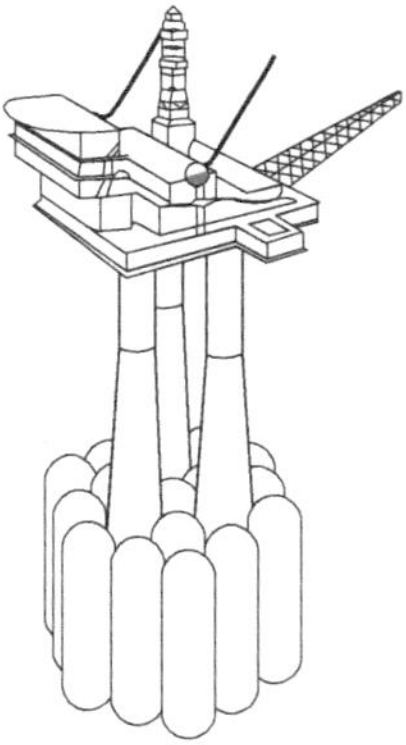

**図6-1**　石油掘削用のコンクリート製プラットフォーム（出典：港湾PC構造物研究会HP）

ットを利用したもの、屋根を幾重にも重ねたような構造のものもあります。

海底油田で石油を掘削するときには、海面上で掘削作業をするためのプラットフォームと呼ばれる基地が必要ですが、激しい波浪に耐えるために安定した構造が必要となります。北海油田では、氷による圧力など過酷な環境の中でも事故が起きないように、水深70ｍの海底にしっかりと足をつけた世界初の重力式のコンクリート製のプラットフォームが１９７１年に建設されました（図６－１）。

ところで、コンクリート構造物が塩分に弱いことはよく知られています。これはコンクリート内部に配置された鉄筋やＰＣ鋼材が塩分に侵され腐食し、腐食による膨張によってコンクリートを内部から破壊することがあるからです。このような海洋構造物においては、十分に鉄筋のかぶりを確保することや水密性の高いコンクリートを使うことによって、構造物の耐久性が確保されています。

## 35 その起源は樽

丘の上に写真６－３のように、コンクリートでできた円筒形をした構造物を見かけられたことがあるでしょう。これは、各家庭に送る水道水を貯蔵するためのタンクで配水池と呼ばれる施設

**写真６-３**　丘の上の配水池

**写真６-４**　デザインを施した配水池

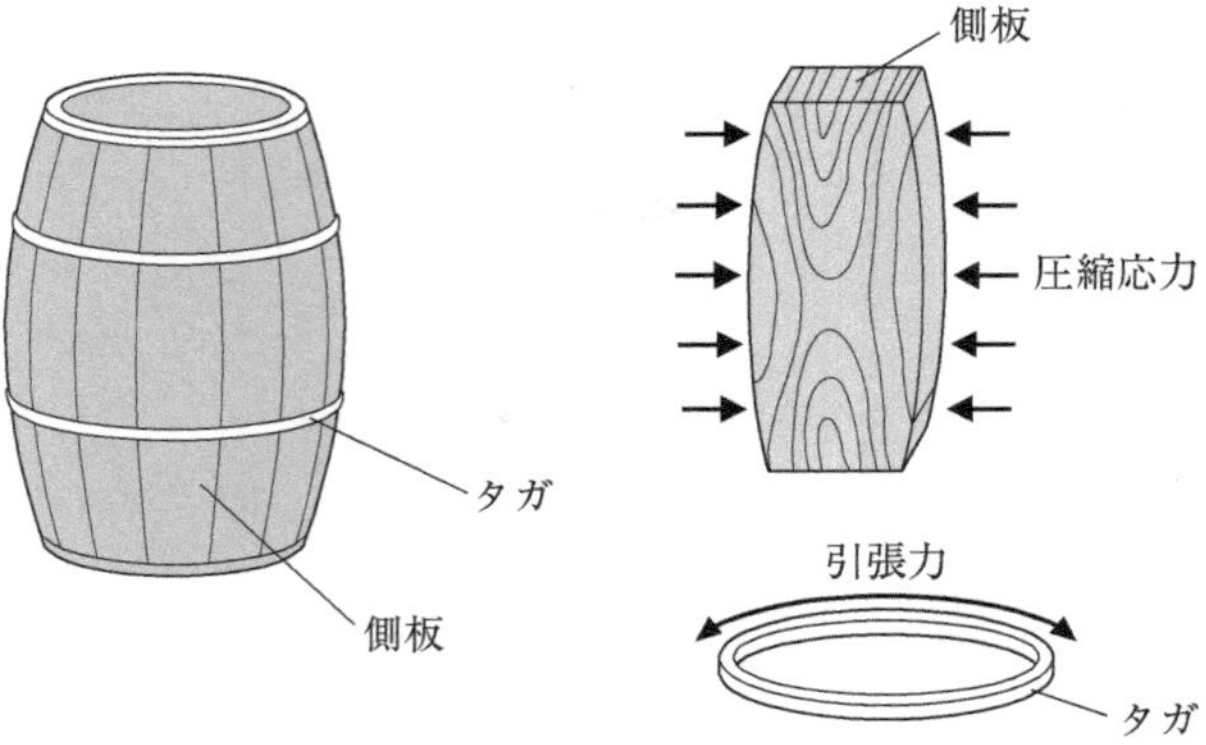


**図6-2**　PCタンクの原理。タガの引張力を使って、側板に圧縮応力をかける

です。私たちが使う水道水は、川から水を取り込む取水場を経て、浄水場に送られます。浄水場では、不純物や細菌を取り除くために、ろ過・消毒を行って飲める水にして、さらにポンプを使って、丘の上にあるこれらの配水池に送ります。この配水池では、水道水の安定供給を確保するため、一定量の水を常に貯蔵しています。配水池からは、高さを利用した自然流下方式で配水管を通って、きれいな水道水が私たちの家庭に運ばれてきます。

配水池の形は、円筒形のものや多角形のもののほか、配水をより効率的にするためより高い位置に貯水する塔のような形をした高架式のものもあります。丘の上に位置することが多いため、この施設を展望台として利用したり、外壁にデザインを施して地域のランドマークとして使われているものもあります。写真6-4は、京都府木津川市にある配水池です。ヨーロッパのお城のような形をしていますが、中は配水池になっており、地元特産の竹の子をイメージしたデザインが採用されています。

このようなタンクは、図6－2に示す木製の樽と同じような構造となっています。樽に水を貯めると水圧によって、樽の側板が円周方向に引っ張られる力が発生します。樽のタガが緩むと側板の隙間から水が漏れるため、タガを使って側板の周りをしっかりと締め付ける必要があります。タガを締め付けることにより、図のようにタガ自身には引張力が作用しますが、その反作用として側板には圧縮力が作用して、側板同士が密着して水が漏れない樽ができあがるわけです。

水道用のタンクも同様で、水を貯留した場合にはタンクの側壁が円周方向に引っ張られる力が発生します。コンクリートは圧縮力には強いが引張力には弱いため、タガの役割を果たすのが、第4章「ピアノ線を使ったコンクリート」で紹介したPC鋼材です。PC構造の水道用貯留槽は通称「PCタンク」と呼ばれています。

樽の側板にあたる円筒形をした側壁部は、一般的には30㎝程度の厚さのコンクリート壁となっており、その壁の中に円周方向と鉛直方向にPC鋼材が格子状に配置されています。このようにPC鋼材を使って円周方向および鉛直方向にあらかじめ圧縮力を与えることにより、水圧に抵抗する構造物となっています。PC構造は鉄筋コンクリート構造と比較してコンクリートの部材を薄くすることができるため、タンクを支える基礎構造の規模を小さくすることができます。多く

**写真6-5**　卵形消化槽

のコンクリート製のタンクはPC構造となっています。

PCタンクの歴史は古く、1923年に米国にて誕生しました。わが国では1957年に最初のPCタンクが建造された後、現在までに全国で8000基ほどのPCタンクが建設されています。このPCタンクの大半は貯水量が3000㎥程度ですが、中には1万㎥を超える大容量のタンクもあります。

このように樽の原理を応用して、水や石炭、石油などを貯留する構造物は、一般にPC容器構造物と呼ばれています。

写真6-5は下水処理施設に建設されたもので、中に汚泥を貯留する容器構造物です。卵形をしていることから卵形消化槽と名付けられています。各家庭や工場などから集められた下水はいったん沈殿池に貯蔵され、上澄みの水と汚泥に分離され、上澄み水は消毒された後河川に放流されます。残った汚泥は濃縮・消化・脱水という過程を経て、

最後には焼却され、その副産物は肥料やセメント原料あるいは産業廃棄物として埋め立てなどに利用されています。卵形消化槽は、汚泥処理の過程で消化という処理を行う容器です。

このような卵形消化槽は、わが国においてすでに200基以上建設されています。ビルのように鉛直の壁や水平の床をコンクリートで造ることは比較的容易ですが、このような卵形をした構造物を施工するのは簡単ではありません。方法としては、卵形の側面形状に合わせた型枠を、順次上方に移動させながら、コンクリートを打設します。

PC容器構造物は、原子力発電所の中にも使われています。万が一の事故の場合、非常に高圧な蒸気が発生するため、この蒸気を外部に漏れないように保護したものを原子炉格納容器といいます。内部の高圧に耐え、放射能の漏洩《ろうえい》を防止する構造として、PC構造の格納容器が使われています。

## 36 工場生まれのコンクリート部材

日曜大工で庭に花壇を作ろうとした場合、最も簡単にできそうな方法といえば、ホームセンターからコンクリートブロックを買ってきて、これを積み上げて作ることです。

工場で作られるコンクリート製品で最も身近にあるものといえば、このコンクリートブロックでしょうか。そのほかによく見かける工場生まれのコンクリート部材は、歩道に敷かれたコンクリート板、車道との境界にある縁石、U字形をした排水溝、地中に埋設された下水道用の管、電柱、線路のコンクリート製枕木などです。

すでに説明しましたが、工場で作られるコンクリート部材は「プレキャスト製品」「プレキャスト部材」と呼ばれています。コンクリートを型枠とよばれる枠に打ち込むことを英語ではcast（キャスト）といい、プレは前もってという意味ですから、前もってコンクリートが打ち込まれた部材という意味になります。一方、現場に型枠を組み立て、鉄筋を配置してコンクリートを打ち込む方法は現場打ち、あるいは場所打ちといい、英語ではcast in site（キャストインサイト）といいます。

言い換えれば、ホームセンターで買ってきたコンクリートブロックを積み上げて花壇を作る方法を「プレキャスト工法」、型枠を立て込みコンクリートを打ち込んで花壇を作る方法を「場所打ち工法」ということができます。

建築現場でいつのまにか外壁が完成していることに驚くことがありますが、これもカーテンウォールと呼ばれる工場製作の外壁です。このカーテンウォールには工場でタイルを貼って製作されたものもあり、瞬く間にタイル貼りの外壁が出現するのには驚かされます。プレキャスト工法では、柱や梁を工場で製作し、これらを現地で組み立てます。梁と柱の接続部は鉄筋を用いてつなぎ合わせ、鉄筋の周りにコンクリートを打ち込み、梁と柱を一体化して建築物の骨組みを造り上げます。まるでプラモデルを組み立てるような要領で建築物ができてしまうのです。第5章「橋の現場不思議発見」では、橋梁の施工にプレキャスト部材を用いる方法を紹介しました。

あまり目にしない地中の構造物にも、工場製のプレキャスト部材が多く使われています。下水道の配水管に用いられているコンクリート製の管。地中を掘削するときに側面の土を押さえておく矢板と呼ばれるもの。矢板は、一般には波形をした鋼板が使われますが、これをコンクリートで製作し、プレストレスを与えたPC矢板と呼ばれるものがあります。また、構造物を支えるコンクリート製の杭も工場で製作し、圧力をかけて地中に埋設するものがあります。

このようなプレキャスト部材を使うメリットは、同じものを数多く製作することにより高品質なものを安く作ることができることでしょう。また、工場で同じものを大量に作るため、製作に携わる人の熟練度が増すとともに、品質管理の行き届いた製品が作れます。現場でコンクリートを打設する際に発生する騒音や振動を低減することができることも、環境保全の観点からメリットのひとつといえます。コンクリートを打設するときに使われる型枠は、組み立てやすさやコストの面から木製の合板が用いられることが多く、数回使ったあとは産業廃棄物として処理されるのが普通です。工場で大量に同じものを製作するためには頑丈な鋼製の型枠を使い、何回でも使うことができるため、コスト削減とともに木材の大量消費に比べて環境にやさしい工法といえます。

さらに、場所打ち工法と比べてプレキャスト工法は、構造物を短期間で建設することができ、これも大きなメリットです。

プレキャスト工法にもデメリットがあります。それは工場で製作した部材を現地まで運搬しなければならないことです。小さいものなら、数多くのものを効率的に運搬することが可能ですが、建築土木の部材はほとんどが大きいものばかりで、大型トレーラーなどを使用して運搬されることが多く、運搬に要する費用はもとより、運搬時の燃料消費の面からは環境にやさしいとばかりはいえないこともあります。プレキャスト部材を工場から現場に運搬する場合は、一般道を通行するわけですから、プレキャスト部材の大きさ、重さには制限があります。長さは25ｍ程度、幅は３ｍ程度、重さは30ｔ程度が最大となります。

# 第7章

# コンクリートの診断

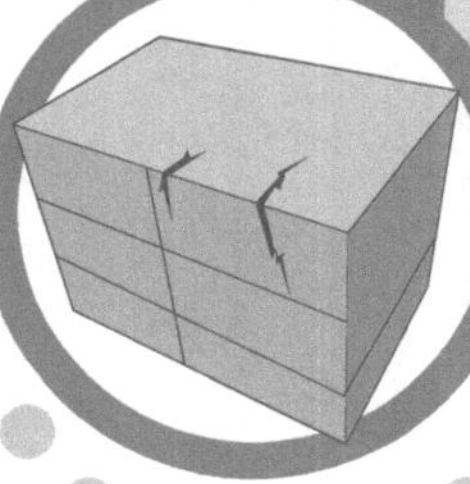

# 37 病気あれこれ

コンクリート構造物には、マンションに代表される建物、橋やボックスカルバートなどの道路、鉄道構造物などがあります。この章では、これらの表面に現れている「普通ではない」と思われる状況にはどんなものがあるのか、を解説します。具体的にはひび割れや剝離、錆汁などについて、症状の重さや現れる場所ごとに、心配しなければならないものかどうかを説明します。

私たちの周りにあるコンクリート構造物にひび割れや剝離、錆汁などの変色が見られた場合、言い換えれば皆さんがなんとなく普通ではないのではないかと気づかれた場合には、残念ながら健全な状態ではない可能性が高いといえます。では、まず最も皆さんが目にすることの多い「ひび割れ」についてお話ししましょう。

コンクリートは圧縮力には強いのですが、引張力には弱いので、構造物が大きな引張力を受けると、その力に対して直角方向にひび割れが生じます。実際には、皆さんの周りにあるコンクリート構造物は、単純に引張力が作用するようには設計されていませんし、仮に引張力が作用するとしても、内部に配置された鉄筋やあらかじめ導入されたプレストレスによって、ひび割れが発生しないように設計されて建設されます。

賢明な皆さんの中には、ひび割れが存在するということは、それに直角な方向にコンクリート構造物設計者が予想していなかった引張力が作用している、あるいは過去に作用したことがあるためではないか、とお気づきのことと思います。すなわちひび割れに関しては、その方向、発生位置、パターン、幅、長さなどを調査することによってその発生原因やひび割れが構造物に与える影響の大きさを診断することができます。

ここで、「設計者が予想していなかった」という表現を用いましたが、これは非常に重要なことです。構造物は丈夫で長持ちしてほしいと願って建設されますが、社会的な経済活動を支える構造物としては無制限に大きなものを造るわけにはいきませんので、当然ある程度の割り切りが必要になります。たとえば巨大な隕石が落下してくるとか、１０００年に1度というような規模の地震が発生するとか、10日間も大雨が降り続けるとか、あらゆる天災や事故に対しても安全かつ丈夫な構造物は、過大かつ高価になりすぎて建設できないわけです。

設計者は、社会的に許される範囲を決めて構造物を設計します。したがって、その設計条件を超えた力が作用すれば、当然コンクリート構造物にひび割れが発生したり、極端な場合には壊れることになります。また、もし構造物側が設計者の意図どおりにしっかり建設されていなかったらどうでしょうか。設計条件以内の荷重であっても、構造物の許容範囲を超えた力が作用すれば、ひび割れはその作用力に直交する方向に発生します。要するに、ひび割れ原因が外力として作用する力である場合には、その力が構造物の持っている耐える力よりも大きくなると、ひび割れが発生するといえます。

では、ひび割れの発生原因は構造物の完成後に作用する力だけでしょうか。残念ながらそうではありません。コンクリートは、型枠の中に打ち込まれてから凝固していく段階で、体積変化を生じます。水和熱というセメントと水の化学反応による温度変化と、硬化に伴う乾燥収縮が原因です。このとき、わずかな力でも作用すれば、コンクリートの強度がいまだ十分でない段階ですから、ひび割れが生じることもあります。

施工途中は子育てでいえば、乳幼児の育児期間中に相当しますから、建設現場でもそれは大切にコンクリートを扱います。ですから、めったなことではひび割れは生じません。しかし、不注意な取り扱いをすれば、当然の結果としてひび割れは生じます。このようなひび割れを含めて建設段階で生じる不具合を、「初期欠陥」と呼びます。技術者としてはこの発生を防ぐことに最大のエネルギーを注いでいますし、このような努力がコンクリート技術の向上にもつながっていったともいえます。

このほかに、コンクリートのひび割れの原因として、雨水の影響や、周辺の環境からの有害物質の侵入などがあります。

ひび割れのほかに、普通ではない状態として、ジャンカ、錆汁の発生、コンクリートの浮き・

剝落などもあります。これらのうち、ジャンカとは、粗骨材が多く集まってできた豆板状の状態を指します。建設段階で不適合な材料を使用したり、十分な締固めが行われなかったりしたことが原因で発生するものです。ジャンカが表面部だけであって、環境条件が厳しくなければ構造物の耐久性に影響を及ぼすことは少ないので、放置しておいても問題になることはありません。

錆汁の発生は、構造物内部になんらかの水みちができており、その経路にある鉄筋が腐食していることを示しています。この水みちの規模や環境条件によってはさらに構造物に深刻な打撃を与える可能性がありますので、その位置や大きさにもよりますが、専門家の診断を受けたほうがよいといえます。

浮き・剝落は、コンクリート構造物の内部に膨張現象が起こり、表面部分が浮き上がったり、あるいは剝がれ落ちてしまった状態を表す言葉です。特に剝がれ落ちは、構造物の下にいる人や通行する車などに被害を与えますので、このような状態にならないように点検して、未然に防ぐ処置が必要となります。この現象もその原因や位置、大きさ、環境条件などが構造物の耐久性に大きく影響してきますので、やはり専門家の診断を受けたほうがよいといえます。

施工段階で発生した欠陥は、その位置や大きさを把握した上で、使用環境を考慮して対策の要否を技術的に判定すべきです。景観上の配慮から欠損部の表面だけを修復するような行為は、欠陥を隠していると疑われることになりますので、施工者としてはあってはならないことだといえます。

また、建設後に、車の衝突や地震など一時的な過大な外力が作用することで構造物にひび割れ、剥離が生じることもあります。その場合には、変状の発生位置や大きさ、構造物の変形などを調査して、構造物の安全性を評価しなければなりません。

このように、構造物には、いろいろな変状が発見されることがあります。コンクリート構造物が短時間で崩壊することはまれですが、それら変状が環境や作用力の影響を受けて、時間と共に悪化していく可能性はあります。場合によっては、構造物にとって重大な結果につながることもありますから、変状を発見したら、専門技術者の診断を仰ぐ必要があります。

したがって、変状の有無を点検して確認することが維持管理の基本となります。ひび割れやその他の変状には必ず発生原因があります。それを確かめることや変状の進行を確認していくことが、構造物を長く安全に使用していく上での基本姿勢なのです。

## 38 塩害を確かめるには

建設後数年以内という短期間で発生するひび割れの原因のひとつに、塩害が挙げられます。ここでは、その塩害の症状やその原因とともに、発見後の対応の仕方について解説します。

１９８４年４月にＮＨＫ特集「コンクリート・クライシス」が放映され、その１年後、さらに２回にわたってコンクリート構造物のひび割れ・変状の問題点を指摘した番組の放映がなされて、視聴者に大きな関心を呼び起こしました。その衝撃的な内容は、海砂の問題、塩害の問題、アルカリ骨材反応の問題を取り上げたものでした。

塩害とは読んで字のごとく、塩がコンクリート構造物の劣化発生の原因となることです。具体的には、コンクリート中の塩化物イオンが鉄筋を腐食させることが原因となって、劣化を引き起こします。この原因や劣化の進行過程は第３章で説明しました。

塩害が発生したコンクリート構造物は、社会資本整備が急がれた高度成長期に建設されたものが多いようです。当時は、コンクリートは耐久性が高いと信じられていたこと、建設することがなにより優先されていたことなどから、塩害という劣化現象が起こることは配慮されていませんでした。大量にコンクリートが製造されたことで、コンクリートの大切な構成材料である砂や砂利は枯渇していき、良質な川砂が枯渇した地方では代用品として海砂が用いられたのです。塩害の発生はこのような事情に端を発しています。

海砂それ自体は、川砂に比べて建設材料として性能がそれほど劣っているわけではありません。砂粒の大きさが川砂に比べて細かいなど、むしろ優れている点もあります。問題は、砂粒に付いている塩分です。海砂を使用し始めた時代には、除塩を完全に行うという当たり前のことができていないことがあったのです。

除塩が不十分な海砂を使用したコンクリート構造物は将来どうなるのでしょう。どれくらいの量の塩化物イオンがコンクリート中に含まれているのかによって、構造物の耐久性に与える影響の度合いが異なります。また、鉄筋腐食の防護層となるコンクリート自体の密実さや、その厚さなどによって影響度合いも異なってきますので、一概に、今後どの程度の期間の使用に耐えられるとはいえません。

現在では、コンクリート構造物は、建設段階で塩化物イオンが極力混入しないように配慮されています。皆さんが気になるのは、今、目の前にあるコンクリート構造物に海砂が使用されているかどうか、ということだと思います。それを確かめる方法は、コンクリートの「配合表」をお読みになるのがいちばんです。そこには「細骨材」と書かれた砂の産地や、山砂あるいは川砂といった種別に関する情報が示されています。この配合表が入手できない場合は、構造物からサンプルを採取して貝殻が見えないか探してみるか、サンプル自体の化学分析をして塩化物イオン量を推定することで、海砂を使用したコンクリートであるか、否かを判定できます。

さて、塩害とはコンクリート中の塩化物イオンが鉄筋を腐食させる現象と説明しました。これまでは、コンクリート構造物の建設段階で海砂が混入するケースについてお話ししてきましたが、塩化物イオンが構造物の外から侵入してくる場合もあります。

海岸線で風の強い日など、波打ち際やその周辺で立っていると眼鏡が白くなったり、唇をなめるとしょっぱかったりすることがあります。極寒の海岸線では風に乗って波の花が飛んでくることさえあります。このように、海岸線近くに建設された構造物には、海からの塩分が飛来して、表面に付着します。

こうした海からの塩分粒子（飛来塩分）がコンクリート構造物の表面に付着し、時間と共に内部に浸透してきて鉄筋表面に達すると、鉄筋の腐食が促進され、発錆現象によるひび割れを生じさせます（図7－1潜伏期）。放置しておくと、ひび割れからさらに塩化物イオンや水分が構造物内部に侵入しやすくなり、腐食が進行します（同進展期）。すると、鉄筋の腐食による膨張圧もどんどん大きくなり、かぶりコンクリートが浮き、さらには剝離してしまいます（同加速期）。こうなると塩化物イオンや水分は遠慮なく構造物内に侵入できることになりますから、ますます劣化現象が促進され（同劣化期）、抜本的な対策をとらない限り構造物を長期間使用することはできなくなります（写真7－1）。

また、現在の日本では、寒冷地にある道路構造物に対しても、塩害を懸念しなければならなくなっています。冬になると橋や坂道の道路脇に置かれる凍結防止剤が原因です。凍結防止剤には塩化ナトリウムが使用されており、これがコンクリート構造物に付着することで、塩害を起こす可能性があるのです。

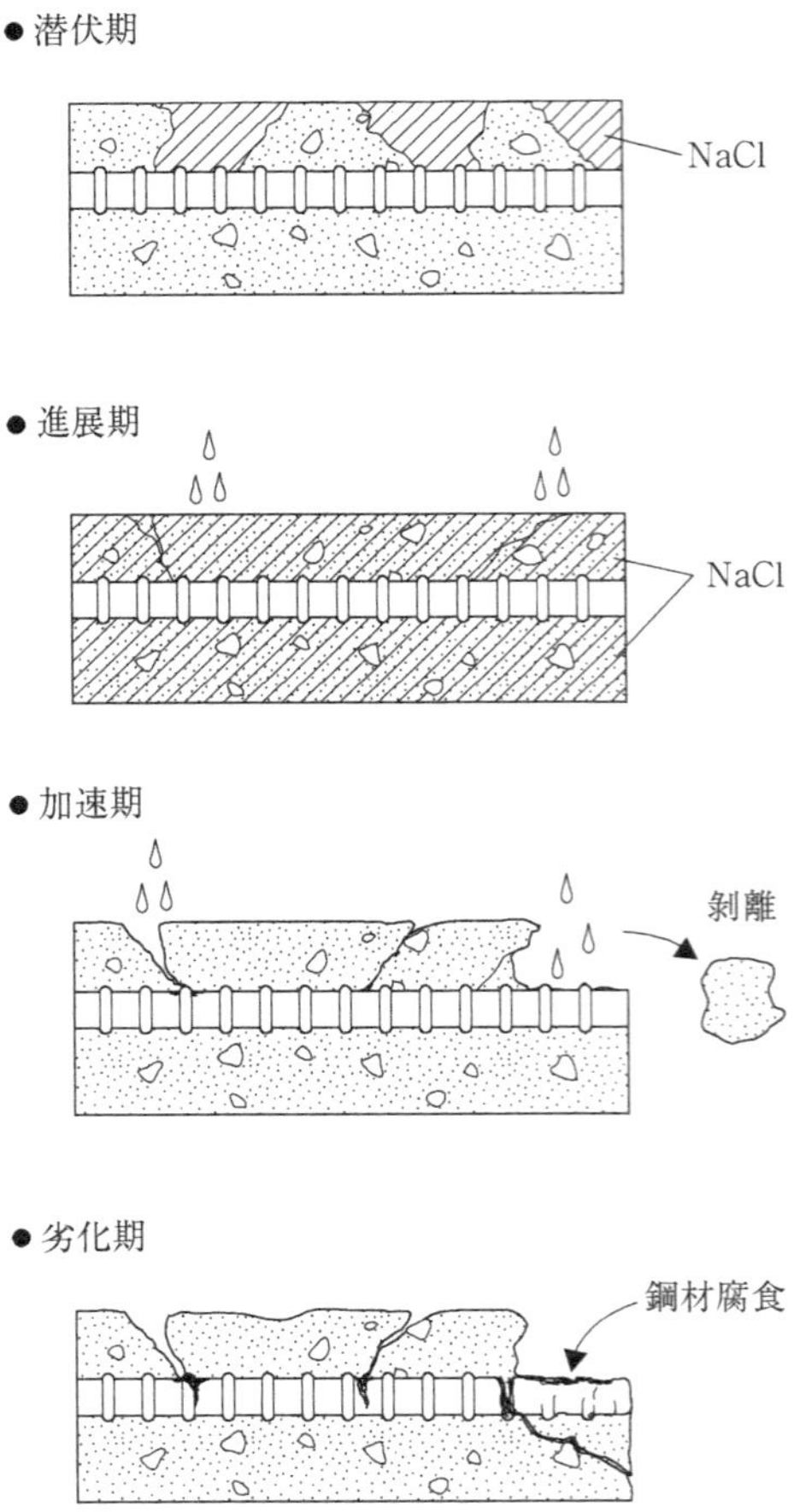


**図7-1**　塩害の進行

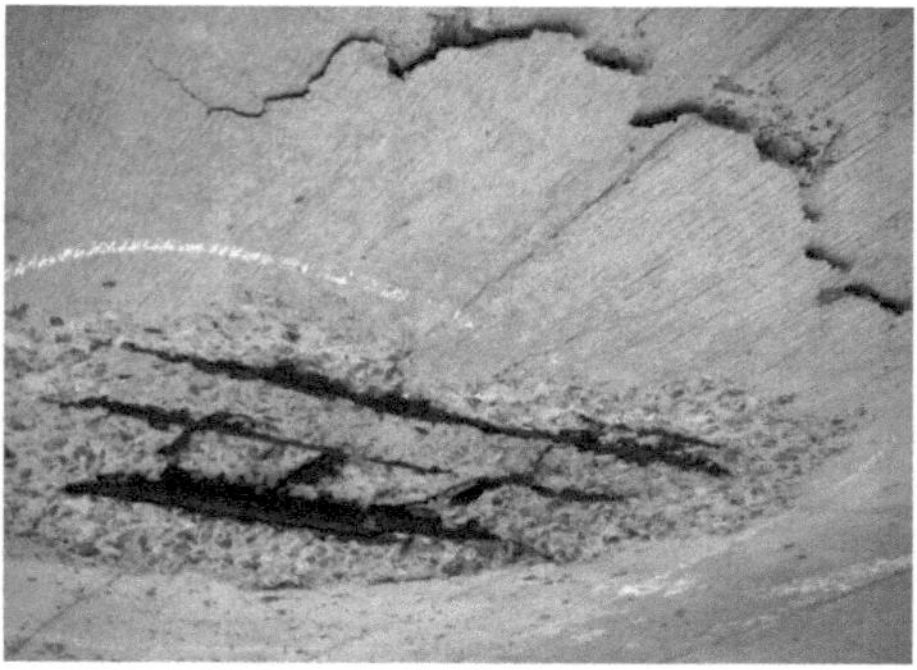

**写真７－１**　鉄筋コンクリート床版での劣化状況の例

このような凍結防止剤の使用は、春先の粉塵公害を防止する対策として、１９９１年にスパイクタイヤの使用が全面的に禁止されてからかなり増加してきています。凍結防止剤のNaClは飛来塩分に比べると高濃度であることから、その使用が橋や駐車場などの道路関連構造物を早期に劣化させる事例は、アメリカやヨーロッパ諸国でも数多く報告されています。この問題は今後、わが国でも社会問題になる可能性を秘めているともいえましょう。

それでは塩害の発生したコンクリート構造物に対しては、打つ手がないのでしょうか。残念ながら、重症な状態の構造物には完璧に有効な手段は今のところありません。ですが、軽症ならば、すべての塩化物イオンを除去した完全無欠な健康体に戻すということは難しいかもしれませんが、社会基盤を担う構造物として当初期待された期間、期待された性能を果たすように管理していくことはできます。

対策については、第8章で説明します。塩害は発生してから対策すると非常にコストがかさむこと、対策の効果を持続させることが難しいことなどから、劣化が顕在化する前に処置することが基本とされています。

## 39 アルカリ骨材反応

建設後、比較的短期間でひび割れが発生する変状のひとつに「アルカリ骨材反応」があります。これは雨のかかる位置や日射の影響を受ける箇所に生じやすく、ひび割れ幅も大きなものが多く、不安感を与えやすいものです。その症状や原因を簡単に示し、対応の基本についても説明します。

アルカリ骨材反応によるひび割れには、特徴があります。構造物に作用する外力の影響を受けたとは思われない方向に発生するという傾向を持っていること、そのひび割れ幅は通常の原因で発生するひび割れより大きいことです。アルカリ骨材反応は、最近では「コンクリートのがん」とまで呼ばれるほど恐れられるようになっています（写真7－2）。

アルカリ骨材反応は、鉱物学的に不安定なある種の鉱物を含む骨材がコンクリート中に含まれ

**写真7-2**　橋脚に発生したひび割れの例。外力の作用とは関係ない方向にひび割れやゲル状の物質が発生しており、アルカリ骨材反応とみられる

ており、十分な水分の補給があり、コンクリート中のアルカリ度が高い場合に発生します。不安定な鉱物を含む骨材が、コンクリートの高いアルカリ性と反応して、骨材の周辺にアルカリシリカゲルを形成するのです。アルカリシリカゲルは吸水・膨潤する性質があるため、コンクリートに異常な膨張現象やそれにともなうひび割れが発生することになります。

アルカリ骨材反応は、（1）コンクリートに反応性の骨材が使用されていること、（2）コンクリートにアルカリ成分が過剰にあること、（3）水分がコンクリートに供給されること、の3条件が揃うと反応が進みます。

この現象は、アメリカで1940年代に発見されました。その後、1960年代にわが国でも研究されるようになり、東北地方に反応性の骨材が発見されました。しかし、アルカリ骨材反応それ自体はほとんど事例のない現象であると考えられてきました。

ところが、前項でも説明しましたが、コンクリートを製造するときに使用する健全な骨材が枯渇化してきて、それまで使用実績のない砂や砂利がコンクリート材料として使用されるようになりはじめました。加えて、コンクリート構造物が大型化してきたこと、セメント量の多い配合が用いられるようになってきたことから、わが国でもアルカリ骨材反応が見られるようになってきました。

1982年に、阪神高速道路公団が橋脚にアルカリ骨材反応が発生していることを発表しました。1984年には建設省から「土木工事に関わるコンクリート用骨材の取り扱いについて」という通達が出ました。1986年にはJIS（日本工業規格）で「レディーミクストコンクリート」のアルカリ骨材反応対策が盛り込まれました。このような対応は残念ながら、1975年を建設ピークとする大量建設時代が終了した後となっています。

2001年版の土木学会『コンクリート標準示方書【維持管理編】』では、「アルカリ骨材反応が著しく進行すると構造物内部の鉄筋が破断する場合がある」と記述されました。その後、いくつかの事例調査が行われ、アルカリ骨材反応が顕在化した場合には、鉄筋破断が、まれではあるにしても生じることが確認されました。鉄筋破断は、コンクリート構造物の安全性を脅かすものです。鉄筋破断がどうして発生するのか、そのメカニズムは完全には解明されていませんが、コンクリートが膨張することだけでなく、鉄筋を曲げ加工すること、鉄筋表面についている節の形状など、鉄筋側にも要因があると考えられています（図7－2）。

このように鉄筋が破断すると、構造物の安全性は脅かされるのでしょうか。たとえば高架橋で

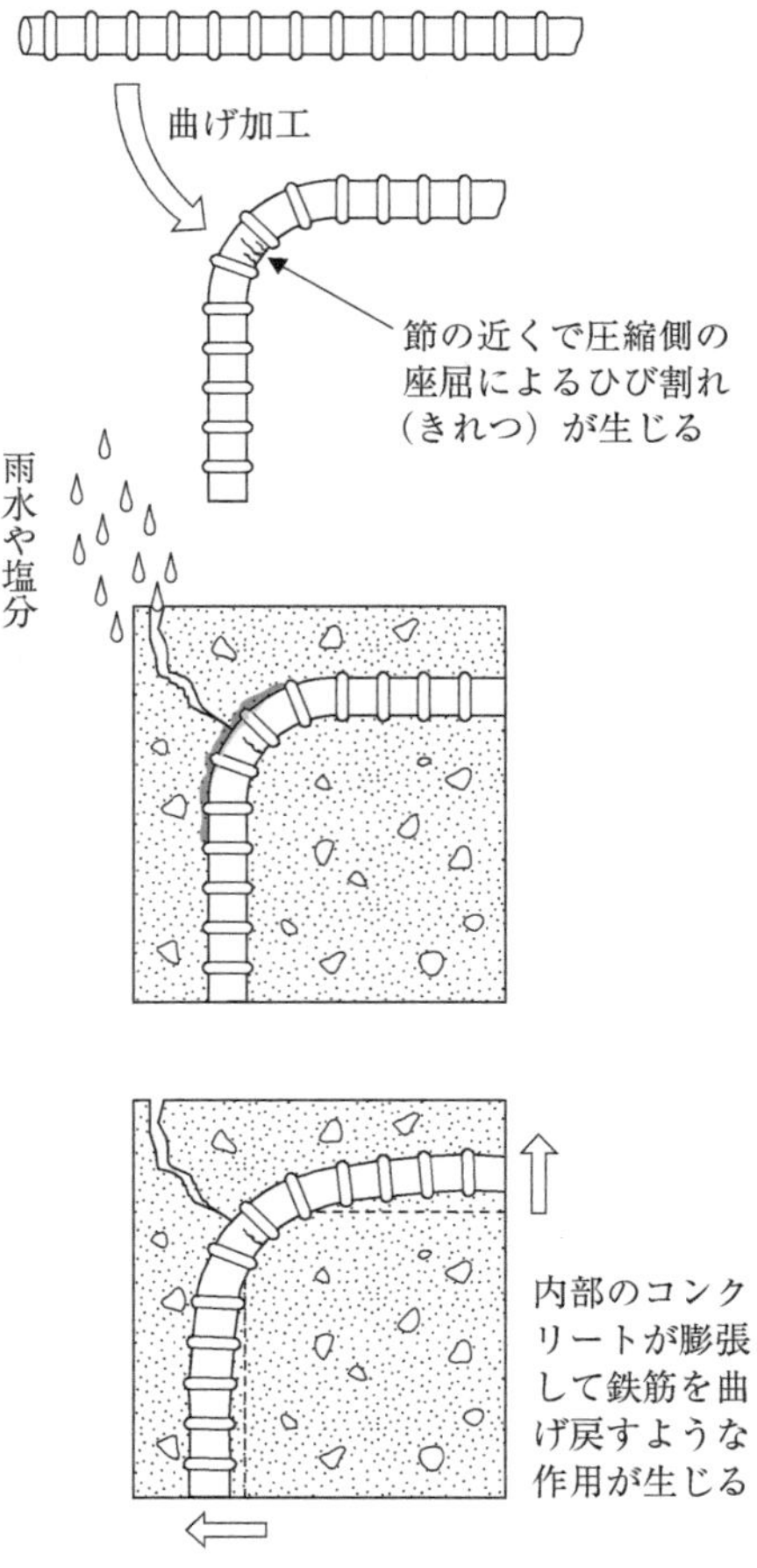
曲げ加工
節の近くで圧縮側の
座屈によるひび割れ
（きれつ）が生じる
雨水や塩分
内部のコンク
リートが膨張
して鉄筋を曲
げ戻すような
作用が生じる

**図7－2**　アルカリ骨材反応による鉄筋破断のメカニズム

アルカリ骨材反応が起こり鉄筋破断が生じたとしたら、車や列車が通行できなくなるほどの被害を与えるのでしょうか。答えは「安全性を保証できるように早急に実態を調査して適切な対策をとる」ということが正解となります。鉄筋が切れているのに安全なはずがないと考えられるかもしれませんが、人間でも「骨が折れたら歩けませんか」と聞かれたら「痛みに耐えられるかは別として、折れた場所や折れ方による」と答えるのと同じで、構造物でも鉄筋破断の位置や本数によって安全性に与える影響度が違ってきます。

現時点では、国土交通省を中心に、道路橋での鉄筋破断や、その疑いがある構造物をどのように調査し、管理していくのか研究が進められています。

アルカリ骨材反応への対処法は、アルカリ骨材反応を起こす可能性のある骨材は使用しないということです。これは、誰が考えてもわかる話ですし、議論する余地のないような原則ですが、やっかいなことにアルカリ骨材反応を起こす可能性のある骨材は全国に分布しているといわれています。したがって、無害な骨材ばかりを使用できない、というのが現状です。すなわち、危険性を持つ骨材が混入する可能性もあります。その対策としては、建設時に厳格な選別や、コンクリート中のアルカリ分の制限をするようにしています。

アルカリ骨材反応については、専門家の中でも完全に解明されているわけではありません。たとえば、発見されたひび割れの原因がアルカリ骨材反応であるのかを、目で見ただけで完全に判断することは、アルカリ骨材反応を専門に取り扱っている技術者にも難しいとされています。そんな馬鹿な、とお感じになるかもしれませんが、現時点ではこれが現実です。

わからないことがあるからといって、アルカリ骨材反応を不治の病のように恐れおののくことはありません。現在のがんは、確かに死亡率の高い病ではありますが、早期発見、早期治療である程度克服していけることもわかっています。アルカリ骨材反応も確かに大きなひび割れが発生しますし、中には鉄筋破断を生じる場合もありますが、すべてのアルカリ骨材反応を起こした構造物が末期的な症状まで進行することはないので、上手に付き合っていく方法はあると考えられます。

## 40 よいひび割れ悪いひび割れ

ひび割れは、コンクリート構造物にとってひとつの健康のバロメーターと考えられます。ひび割れはその幅や、その発生位置や長さによって悪性（今後進展する可能性があるもの）であったり、良性（構造物の致命的な欠陥とはならないもの）であったりします。コンクリート構造物を長期間にわたって利用していくためには、ひび割れを観察することで、健康診断が行えます。ここではひび割れの見分け方や、維持管理にどのように点検結果を活かしていくのかを説明します。

コンクリートは圧縮力には強いのですが、引張力には弱い材料であることはすでにお話ししたとおりです。コンクリートは、固まっていく過程で温度変化や乾燥収縮によって体積変化を生じますし、完成した構造物にはいろいろな力が作用しますから、幅0・05㎜未満の微細なひび割れは、構造物を設計する段階で発生が織り込まれています。このようなものまでなくすように細かく対応しようとすると、通常の建設コストでは無理となります。無尽蔵にお金があるわけではありませんし、景観上の問題を別にすれば、ある程度は仕方のないこと、構造安全性に影響をおよぼすことはないので、気にせず見逃してもよいひび割れと割り切ってよいといえます。

この細かいひび割れが構造物を使っていく中で成長しなければ問題はありません。しかし、環境によっては幅や長さが進行する場合がありますので、それを定期的に確認しておく必要があります。社会基盤を支える土木構造物は数が多く、いろいろなところに建設されてさまざまな使われ方をしているために、その健全度を点検することは容易ではありません。ですが、適切に維持管理していけば、構造物をそれほど大きなコストをかけずに長持ちさせることができます。

維持管理については、点検方法や結果の評価、対策の選び方、記録など多岐の項目にわたっており、それぞれの構造物に適した効果的なシステムを作り上げることは容易ではありません。鉄道や道路などでは橋梁やトンネルなどを維持管理するシステムが整備されつつありますが、現時点で全構造物を網羅するところには至っていません。

では、どうやって見逃してよいひび割れと見逃してはいけないひび割れとを見分けるといいのでしょうか。第一歩は、ひび割れの発生原因を突き止めることです。前述しましたが、ひび割れには建設段階で発生する初期欠陥と呼ばれるものがあります。この大部分は、ひび割れが大きく進展することはありません。しかし、初期欠陥に水分や有害物質が侵入して変状が進行する場合もありますので、構造物を取り巻く環境に気をつける必要もあります。

車両が衝突したり、地震で揺れたりしてひび割れが発生することもあります。これらもひび割れの発生原因が取り除かれ、ひび割れから有害物質が侵入するようなことがなければ、症状が進展することはありません。

最もやっかいなのが、構造物を使用していく過程で時間的にひび割れが進行していく劣化と呼ばれる現象で、説明してきた塩害やアルカリ骨材反応がこれにあたります。このほかに橋での劣化現象として、中性化、凍害、床版や梁の疲労劣化などが挙げられます。

ひび割れの発生原因が特定され、塩害、アルカリ骨材反応、中性化、凍害、疲労によるひび割れが発生していると診断された場合には、要注意ということになります。また、構造上大きな力が作用するところに、外力の影響によると思われるひび割れが発生している場合も要注意です。これらの場合には構造物の安全性が問題となりますので、直ちにその原因を特定して適切な対策をとる必要があります。

場合によっては、交通規制や迂回路など社会的な影響を考慮して、対策の実施まで時間がかかることもあります。このようなときには、ひび割れや構造物に計測器を取り付け、モニタリングを行いながら、安全性を担保することも行われます。

最も難しいのは、ひび割れの発生原因がよくわからない場合です。専門家にとってまるっきり見当がつかないというようなことはまずないのですが、いくつかの原因が組み合わさっていると考えられる場合がこれにあたります。原因がわからなければ、当然、今後の進展、特に環境要因の影響度などがわかりにくくなりますので、劣化の進行が予測しにくくなります。このような場合には、劣化進行の予測ができるまでは、ていねいに追跡調査を続けることになります。

おおよそ以上のような考え方で、点検の方法や頻度を変えて維持管理をしていきます。大切なことは、構造物が設計上、期待された期間あるいは社会が必要とする期間、期待された性能を発揮し続けるようにしなければならないということです。点検は、構造物の性能が期待されたもの以上であることを確認するだけでなく、使用が終了する時期に当たっても一定の性能を持っていることを予測できなければなりません。当然、構造物の使用期間中には想定されていないような条件にさらされることもあるでしょうし、当初の予測に合致しない劣化速度になることもあると考えられます。このような場合には点検でそのズレを発見し、その原因を究明したり、予測をやり直すためのデータの入手も必要になってきます。したがって、維持管理のシステムができて、点検も一定の間隔で行われているからといって、そのやり方を踏襲し続けるということだけでは維持管理を正しく行っているとは言えません。

　コンクリート構造物は非常に数が多いことから、コストを考えると目視点検を主体とすることになります。皆さんは目視点検だけで構造物の状態を正しく把握できるのかと疑問に感じられることと思います。確かに外観の変状だけで、コンクリート構造物の状態を正しく診断することは、点検作業の経験豊富で、設計、施工、維持管理のすべての知識を持っている技術者でなければ難しいといえます。残念ながらこのような技術者は、たぶん日本全体でも１００人に満たないと思われます。現実問題として少数の高級技術者に構造物すべての点検をゆだねることはできません。

　このような技術者に、管理する構造物群ごとに点検方法をマニュアルとして整備してもらい、それを基本に教育訓練を受けた技術者に点検してもらうのが現実的な対応といえましょう。すなわち、ひび割れを変状の指標と考えられるようになれば、ひび割れの幅や長さ、発生位置からひび割れの発生原因を推測できる可能性が高くなりますし、劣化の速度をはかる指標ともなることも考えられます。

　ひび割れは構造物の耐久性に影響することが多いため、ひび割れを塞ぐことが維持管理の第一歩とされてきた傾向が過去にあります。しかし、こうした対処は、ひび割れが構造物に与える影響を確認してから実施してもいい場合もあるのではないでしょうか。マニュアル化した点検要領を使用すると、点検員の理解の仕方や、点検員の個人差や思い違いなど、いくつかの誤差が点検結果には含まれていると考えるべきでしょう。したがって点検は簡易に行うものと、接近しててていねいに点検するものとに分けておき、仮に見落としがあったとしても何年かに一度の詳細な点検でそれを修正できるようにしておくことも重要です。

## 41 8つの診断方法

大学を卒業してすぐに勤め始めた会社で、入社2年目の定期健康診断のあと、会社の健康管理センターから突然呼び出しがかかりました。胸のレントゲン写真に怪しい影が写っているというのです。もしかしてがんでは？　気の小さい筆者は、ドキドキしながら担当医のところに行きました。

「おそらく結核です。あなたの年齢から、肺がんの可能性は低いと思いますが、精密検査を受けてください。胸の断層写真や結核菌の検査を行った上で確定診断をし、治療方法を決めましょう」。腕に自信のありそうなお医者さんから「がんじゃなさそう」といわれて、妙にホッとしたのを覚えています。検査の結果、怪しい影の正体は肺結核によるもので、さほど病状は進んでいない段階であることがわかり、結局、抗生物質による化学療法を行うことになりました。進行した肺結核であれば外科手術により肺を切除しなければならないケースもあるとのことで、レントゲン写真のおかげで早めに見つかって軽い治療で済んで本当に良かったと思っています。

以上は、あくまでも人間の体の場合の話ですが、実はコンクリートでもまったく同じなのです。コンクリート構造物を長生きさせるためには、人間の体と同じように、まず、定期的に健康診断をし、場合によっては精密検査を行って早め早めに手を打つことが大切です。ここでは、コンクリート構造物の診断で使われる検査の方法についてご紹介することとします。

(1) コンクリートの顔色を見る

人間であれば、顔色を見れば、素人でも健康状態の良し悪しぐらいはわかります。コンクリートでも、これと同じように、表面の様子を目で確かめることで、構造物の状態を把握することができます。これは、表面の色やひび割れの発生状況と、コンクリート内部の健康状態とは密接な関係があるからです。特に、ひび割れの発生箇所や分布の状況はコンクリートの病気の原因との関係が深く、たとえば、アルカリ骨材反応が起きている可能性や、疲労の進行状況などは見た目だけでもある程度診断できます。また、ひび割れから表面に出てくる茶色い錆汁は、内部の鉄筋の腐食進行を判断するサインにもなります。このようにコンクリートも、まずは顔色を見るのが診断の基本となっています。

(2) 表面をたたいて音で診る

顔色を見る方法は簡単で良い方法ですが、表面に症状が現れなければ何もわからないことになり、内部に潜む病状を早期に把握するには不十分です。そこで、コンクリート表面をハンマーで軽くたたいて音を聴き、コンクリート内部に空洞や浮き、剥離などがないか調べる方法が使われます。この方法では、健全なコンクリートをたたくとコンコンと響く清らかな音がするのに対して、中に空洞などがあるとポコポコと鈍い音になることに基づいて良否の判別を行います。たとえば、鉄道トンネルでは、天井部分からコンクリート塊が落下する事故を未然に防止するため、定期的に表面をハンマーでたたいて危なそうな箇所を調べて対策に役立てています。最近では、たたいた音の波形をマイクロフォンで計測し、欠陥の箇所を自動的に判定する装置についても研究開発が行われています。「スイカたたき」ならぬ「コンクリートたたき」もコンクリートの診断に重宝されているということです。

(3) 反発度とコンクリート強度

硬い床にボールを落とすと、同じボールを柔らかい絨毯の上に落とした場合よりも高く跳ね返ります。この跳ね返り強さが反発度であり、床の表面の硬さが大きくなるほど反発度は大きくなる傾向を示します。よって、反発度をはかることで、対象物の表面硬さが推定できることになります。この方法は、反発度法と呼ばれ、構造物の検査においてコンクリート強度を非破壊で調べる方法として用いられています。構造物の安全性を確認する上でコンクリート強度は重要な指標となることから、反発度法の役割は大きいといえます。反発度法では、反発度を求める装置としてリバウンドハンマー（テストハンマー）が使われますが、この装置の商標名であるシュミットハンマーという名前が広く一般に普及しており、シュミットハンマー法とも呼ばれています。

（４）コンクリートからも採血？

病院では、われわれの体から注射器で血液を採ったり、内視鏡を使って組織を切り取ったりして、体の状態を詳しく調べます。コンクリートでは、検査のために、注射器の代わりにドリルを使ってコアと呼ばれる円柱状の試験片を抜き取ったり、ドリルで孔を開けるときの粉を集めたりすることがあります。円柱の試験片があれば、破壊試験をして強度を直接調べることができます。また、試験片や粉を化学分析してコンクリート中の塩分量や中性化の状況を知ることができます。さらに、試験片を詳しく分析すれば、コンクリートの配合や材料の成分などを推定することができます。ただし、この方法では、少なからず構造物に傷を与えてしまうことから、試験片をたくさんとるのは難しく、検査の規模や回数が限られることになります。

（5）ひび割れ深さを超音波ではかる

コンクリートのひび割れが構造物に与える影響の程度は、ひび割れの幅や深さによって左右されます。したがって、ひび割れの幅や深さをきちんとはかる意義は大きいといえます。このうち、ひび割れの幅については、コンクリート表面で見えているため、狭くても精密なものさしを使えばなんとかはかることができますが、その深さをはかるのは至難の業です。

そこで、ひび割れの深さを推定するのに超音波法が使われます。この方法の原理は次のようです。すなわち、コンクリート表面から深さ方向に超音波を入射すると、超音波はコンクリート中に広がって伝わり、行く先にひび割れがある場合、ひび割れ先端で超音波が折れ曲がって伝わる回折という現象が起きます。回折した超音波は再び表面方向に進んでいくことになります。このように、表面で超音波を入射後、ひび割れ先端で回折して表面に戻ってくるまでの時間をはかることによって、超音波がどれだけどの深さから迂回をしたかということを幾何学的に計算してひび割れ深さを推定するのです（図7-3）。

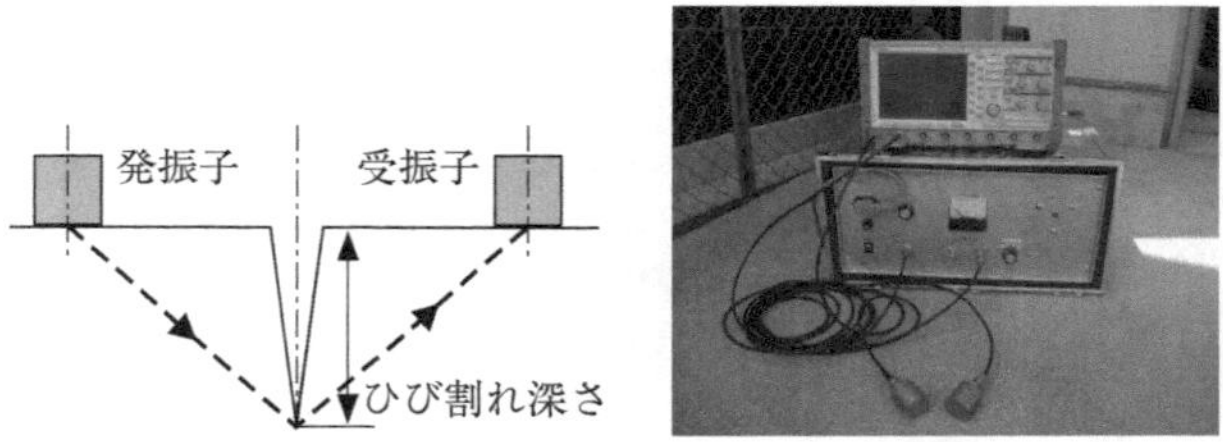


ひび割れ先端での超音波の回折　　超音波測定装置

**図7-3**　超音波によるひび割れ深さ推定の原理

### (6) レーダーで鉄筋を追跡

鉄筋のかぶりは鉄筋腐食の発生と関わりが深いため、かぶりの深さを調べることはコンクリート構造物の健康診断ではとても重要です。かぶりの深さやコンクリート中の鉄筋位置は、電磁波レーダーで把握できます。

コンクリートの鉄筋探査用レーダーでは、マイクロ波と呼ばれる電磁波の一種が使われます。マイクロ波は、媒質中を光の速度と媒質の比誘電率とから決まる一定の速度で伝わり、比誘電率が大きく異なる境界面に出くわすと反射する性質を持っています。コンクリートと鉄筋とでは、比誘電率の差（比誘電率は、コンクリートでは約10であるのに対して鉄筋では無限大）が大きいため、コンクリート中を伝わるマイクロ波が鉄筋に遭遇すると明確な反射波（エコー）が生じます。この反射波がとらえられれば、マイクロ波の行き来に要した時間をもとに反射面までの距離を推定することが可能となります。コンクリート中の鉄筋位置は、このような原理でレーダーによって把握できるのです。

（7）コンクリートの体温をはかる

体温は、人の健康状態を表す基本的なバロメーターです。コンクリートでも、同じように表面温度をはかることによって内部の状況を知ることができます。表面温度は赤外線カメラで計測し、その分布状況を熱画像（サーモグラフィ）としてとらえることができます。たとえば、コンクリート表面付近に剝離部分があると、日が当たって表面温度が上昇する際、剝離のない部分との間で温度の上がり方に違いが生じ、表面温度は剝離部分だけが高くなることになります。サーモグラフィを使えば、この表面温度の面的な違いを簡単に把握できることから、剝離箇所の調査が可能となるわけです。

（8）鉄筋の腐食は電気ではかる

コンクリート内部の鉄筋の腐食が進行すると、鉄筋コンクリート構造物には致命傷になります。そこで、できるだけ早いうちに鉄筋の腐食状況を知って、対策をとらなければなりません。鉄筋腐食の調査には、コンクリートを介して鉄筋の電流や電圧をはかる電気化学的方法が用いられています。鉄筋の腐食現象は、鉄のイオン化にともなう腐食電流の発生というかたちで現れるため、鉄筋上に当たるコンクリート表面で電位差（自然電位）を調べることで鉄筋の腐食可能性を調べることができるのです。また、電気化学的方法で求められる分極抵抗値を使えば鉄筋の腐食速度が推定でき、鉄筋の腐食量を計算する方法についても研究が行われています。

以上のように、コンクリート構造物も、われわれ人間と同じように顔色を見て様子を探る方法に始まって、超音波あるいはレーダーといったハイテクを駆使した診断法によってさまざまなことを調べる方法が使われていることがおわかりいただけたかと思います。

## 42 診断 Do it yourself

読者のみなさんが日常的に見かけるコンクリート構造物の変状を取り上げ、利用者の立場からひび割れやコンクリートの剝離をどのように考えて対応すべきかについて、説明してみたいと思います。

あなたの身近にあるコンクリート構造物に、どうやら普通ではないと思われる現象が見つかった場合にはどうしたらいいのでしょうか。たとえば昨日まで気をつけていなかったのだけれど、何気なく目を凝らして見るとコンクリートの灰色の中に黒っぽく変色している部分があるとか、足元にコンクリートの小片が落ちていたので見上げてみるとコンクリートの表面が膨らんで見えるとか、なんとなく心配されたことはないでしょうか。「まあいいや、どうせ私の所有物でもないし……」と思われるかもしれませんが、ちょっと待ってください。あるいは「私の生活に影響することでもない」あなた個人の所有物でもなく、日頃あなたの生活に直接影響しないようなコンクリート構造物って、ひょっとすると税金で造られた公共構造物ではありませんか。そうなのです、土木構造物は社会基盤という皆さんの生活を安全に、便利にすることを目的に造られていますので、これらが突然機能しなくなったら皆さんの生活に大きな影響を及ぼすことになります。生活物資の輸送が滞るだけでなく、ライフラインと呼ばれる水道、電気なども止まってしまう可能性があります。

このように、普通に暮らしているときは意識してもらえない構造物に、万一のことが起こらないように日夜努力している方がおられます。作業服を着ていて外見上とっつきは悪いかもしれませんが、その彼らに維持管理を任せている構造物の所有者は、突き詰めて考えれば納税者である皆さんであるということになります。つまり国や県、市などは皆さんの委託を受けて構造物がその寿命を終えるまで安全に快適に使用できるよう管理していることになります。

歯医者さんを考えてみてください。歯磨きをはじめ、歯の手入れは大切ですが、万一水が歯に沁みたらどうなさいますか。まず歯医者さんに診てもらうのが正解ですよね。歯医者は嫌いという方は多いのですが、早い手当てをすれば治療も簡単にすみますし、痛みも少ないことは皆さんよくおわかりだと思います。なんといっても治療費も安く上がります。コンクリート構造物の維持管理もよく似たところがあります。早期発見、早期対策が簡単で安上がりなのです。「公共のものなのに、どうして安くしないといけないの？」とお感じでしょうか。

少し硬い表現になりますが、わが国の将来は環境問題、高齢化社会とこれまで私たちが経験してこなかった変化に対応していかなければなりません。経済活動は右肩上がりというわけにはいかない状況にあることは認識されておられることでしょう。そうなると、社会資本整備も必要性を検証して実施していかなければなりませんし、建設された構造物を維持管理するコストも必要最小限にしていかなければなりません。維持管理コストの低減化には、先ほどの歯医者さんの話に喩えて簡単にいうと、日頃の手入れと早期治療が大切ということになります。コンクリート構造物の維持管理システムはできあがりつつありますが、まだまだ不十分なのです。別のいい方をしますと、専門家だけでは対応しきれていません。だからこそ、「あれ、おかしいな」と思っていただくこと、それを管理者に教えていただくことが、維持管理コストの縮減に結びつくのです。

でも、どんなことが本当に役立つ情報なのだろうとお考えになることと思います。専門家であれば、ひび割れ幅が○○㎜以上であるとか、ひび割れの発生位置がどうだとか、浮きが見られるかとか、鉄筋が見えているかとかいろいろいうことになりますが、皆さんには「あれ、おかしいな」と感じていただいたことをストレートにお話しいただければよいと思います。
それでもとおっしゃる方は、以下のようなポイントを参考にしてください。
①コンクリートが浮いている、あるいは欠け落ちている。
②数m以上離れて見てもはっきり見えるひび割れがある。
③鉄筋が露出して見える。
④排水設備でもないのに漏水がある、あるいは染み出ている。
⑤構造物が傾いて見える。
⑥振動や騒音を大きく感じる。
このような症状がどれかひとつでも見られたらイエローカード「要注意」です。2つ以上重なっていたら、レッドカード「危険」に近い状態かもしれません。火事は大規模に炎が上がってからでは消火は難しくなります。消防署ではありませんが、早めに情報をいただくことは維持管理者にとって迷惑な話ではありません。また、コンクリート構造物は社会資本であり、建設して使用している限り、安く維持管理をしていくことが土木技術者の使命のひとつであると考えています。

# 第8章
# コンクリートの維持管理

コンクリートで造られている構造物は、なんとなく放っておいても大丈夫というイメージがありませんか？　しかし、コンクリート構造物といえどもメンテナンス・フリーではありません。厳しい環境条件に置かれた構造物は何年か経つと補修や補強対策を施さなければならなくなりますし、普通の環境にあっても適切な維持管理が行われなければ、徐々に劣化が進行し、なんらかの対策を施さなければならなくなります。

コンクリート構造物の維持管理には費用がかかります。これから建設後50年、100年を経過した構造物の数が増えていきます。社会基盤の維持管理を、合理的かつ効率的に行うということは、非常に大きな問題です。維持管理には目で見て点検（目視点検といいます）するところに始まり、補修や補強に至るさまざまな段階、対策があります。

## 43 補修で長持ち

適切な時期を選んで適切な補修・補強などの維持管理が行われれば、コンクリート構造物は丈夫で長持ち、いつまでも元気はつらつでいることができます。第7章で述べたように、鉄筋コンクリート構造物の変状は、ひび割れ、ジャンカ、コンクリートの浮き・剝落、錆汁の発生などの形をとって現れます。これらは、構造的な問題の予兆であるかもしれません。また、そのまま放置すれば、ひび割れや剥離からは、酸素や水分が供給されやすくなり、鉄筋の腐食はより一層激しくなりますし、コンクリートの剥落が生じると構造物の下の通行人や走行車両に被害を及ぼす可能性がでてきます。

普通、この段階で「補修」という対策をとります。「補修」を行うには、構造物に生じたひび割れや剥離の原因を十分に把握しておく必要があります。構造的な原因でひび割れなどが生じた場合には、その原因を取り除かない限り、見当はずれの対策になってしまう場合があるからです。

| ひび割れ幅 | 注入孔間隔 |
|---|---|
| 0.05～0.2 | 150～250 |
| 0.2～0.3 | 250～350 |

単位：mm

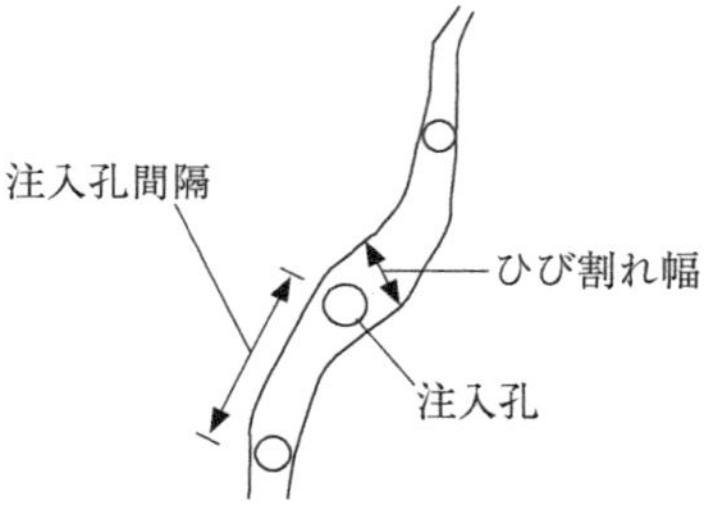


**表8-1**　注入孔間隔例

この段階で最もよく用いられる方法は「ひび割れ注入工法」です。ひび割れにエポキシ樹脂などを注入して、割れ目を塞ぐものです。

まず、注入しようとするひび割れの周りをよく清掃した上で、注入孔の位置を決めます。注入器具のための台座をセットした後、注入時に樹脂が漏れないようにその他のひび割れ部分にシールをします。注入孔の間隔は、ひび割れ幅の大きさによって変わりますが、だいたい表8-1に示す程度とします。図8-1に注

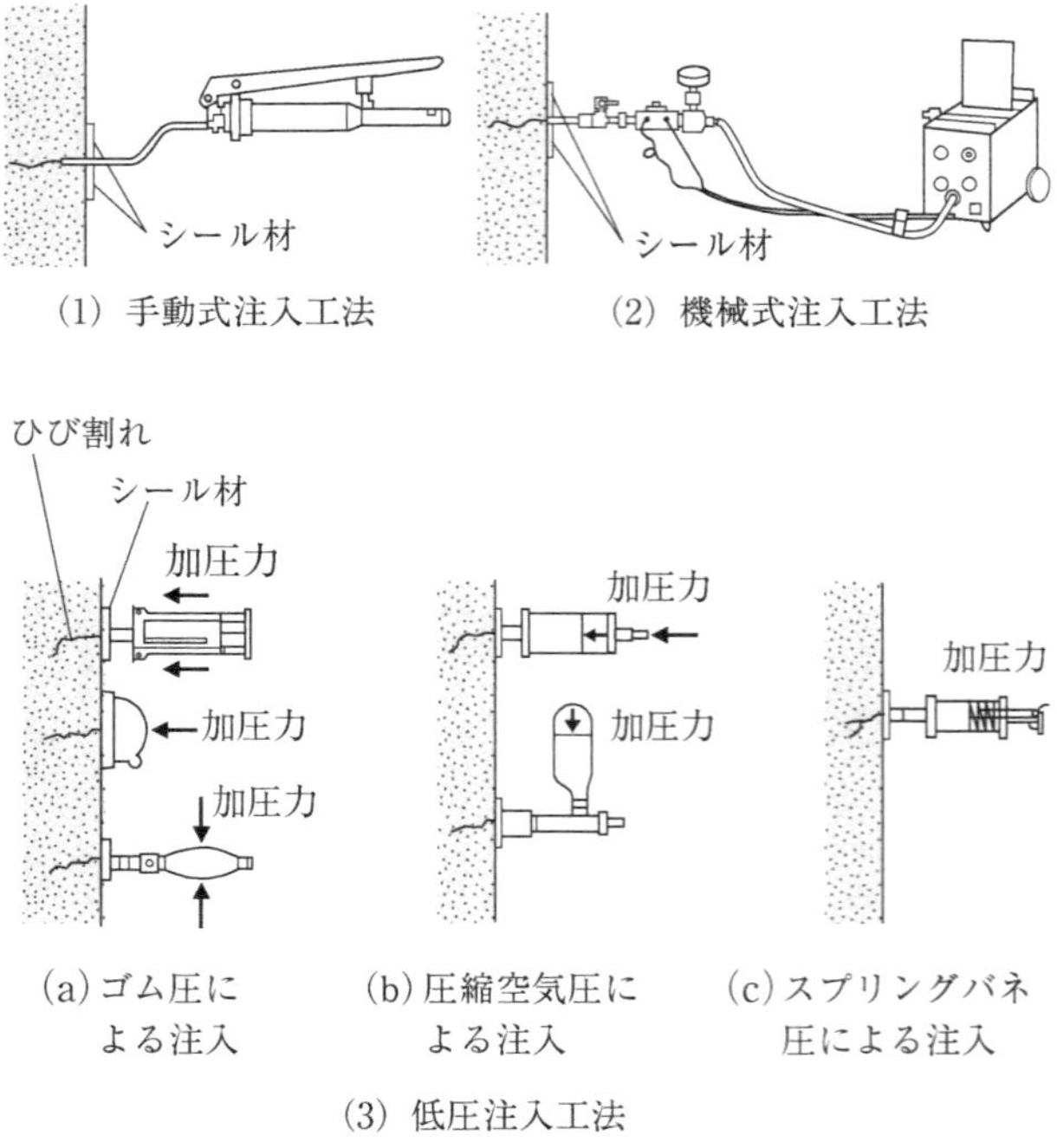


**図8-1** ひび割れ注入工法

入工法の概略図を示します。（1）が手動式の場合、（2）が機械式の場合です。ただし、現在よく用いられるのは、（3）の低圧注入工法のようです。台座に注入用材料を入れた器械（注射器のような形のものと風船のような形のものがあります）を取り付け、一定圧力で注入します。

コンクリートの剥離箇所には「断面修復工法」と「表面被覆工法」が用いられます（図8-2）。

「断面修復工法」は、剥離したコンクリート断面を元通りに戻すものです。鉄筋の錆を落とし、鉄筋には防錆材を塗ります。その後、元のコンクリートと新しく施工する断面修復材の接着をよくするためのプライマー（下塗り剤）を塗った上で、ポリマーセメントモルタルを用いて、断面を元に戻します。

プライマーは、被着材表面の接着性を改善するために塗布する不揮発分の少ない低粘度の液体です。プライマーが十分に乾いたところで接着剤を塗り重ねます。被着材に応じてプライマーはいろいろな種類のものが使われます。

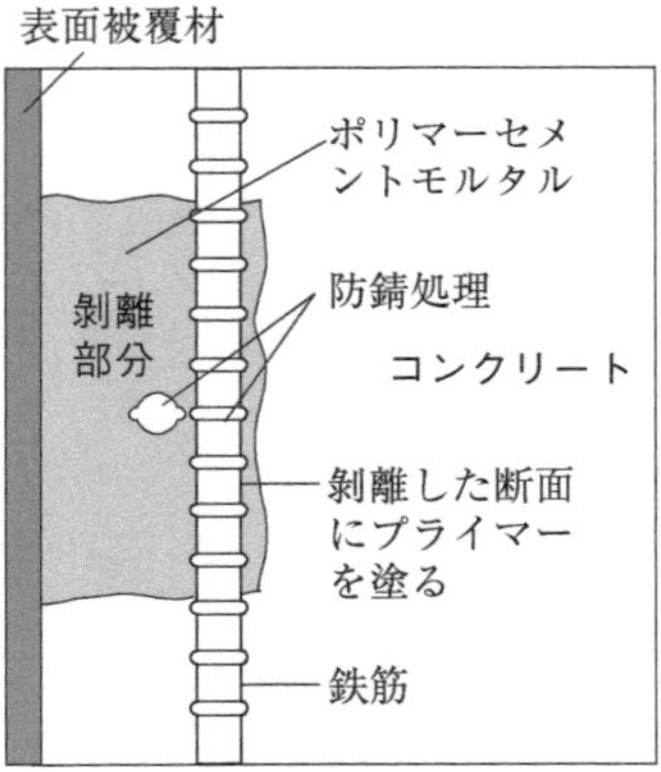


表面保護工法の併用例
断面修復工法＋表面被覆工法

**図8-2**　断面修復工法と表面被覆工法

補修する面積が小さいときには、コテでポリマーセメントモルタルを塗りますが、面積が大きいときには、器械を使った吹き付けなどの方法を使います。ポリマーセメントモルタルというのは、セメントと砂をエポキシ樹脂やアクリル樹脂などで結合させたものです。軽くて接着性がよいことが特徴です。その後「表面被覆工」と呼ばれる表面塗装を行います。「表面被覆工」として用いられる材料はきわめて多岐にわたっています。

そのほか、構造物の鉄筋腐食対策として最近よく使われるようになってきた方法に、電気化学的補修工法と呼ばれる方法があります。電気化学的補修工法には、大きく分けて「電気防食工法」、「脱塩工法」、「再アルカリ化工法」の3種類があります。いずれの工法も直流電流を用います。コンクリート表面に陽極、内部鉄筋に陰極を設置し、直流電流を流すことはどの工法にも共通しますが、「電気防食工法」では比較的微弱な電流を流すことで、鉄筋の電位差をなくし鉄筋の腐食を抑制します。鉄筋の腐食は、鉄筋表面に電池（腐食電池）が形成され、そこに電流（腐食電流）が流れることで進行しますが、電位差がなくなれば、腐食を食い止めることができます。「脱塩工法」は、「電気防食工法」より1桁多い電流量とすることで、マイナスイオンであるコンクリート内部の塩化物イオンをコンクリート表面に設けた陽極に引きつけ、排出します。結果としてコンクリート中の塩化物イオンを減少させることから、塩害対策に用いられます。最後に「再アルカリ化工法」は、陽極に配置したアルカリ水溶液のアルカリ成分を内部鉄筋付近まで電気的に浸透させて、鉄筋近傍の強いアルカリ性が失われたコンクリートに再度アルカリ性を付与するものです。この方法は中性化対策に用いられます。

いろいろな原因が複合して鉄筋が著しく腐食した場合には、新しく鉄筋を用いて補強する「添え筋補強」があります。最終的な補強方法といえるでしょう。

## 44 補強でへこたれない

構造物は使用されていないうちに当初予想されていないような大きな力を受けたり、補修のタイミングを逸した場合、あるいは橋などで当初の計画以上の大型車が通行する可能性がある場合など、構造物として外部から作用してくる力に対応できるような対策「補強」をする必要が生じることがあります。ここでは「補強」を採用する具体的な例を示すと共に、その方法について説明します。

当初予想されていないような大きな力は、いろいろあります。かかる力の大きさや、方向によって「補強」の方法が違ってきます。その最も影響の大きいものは地震です。

兵庫県南部地震などの大地震の経験を元に、すでに使用されている構造物に対するさまざまな耐震補強の方法が提案されました。図８－３は鉄道高架橋の脚柱の耐震補強方法の代表的なものをまとめたものです。

外部スパイラル鋼線巻立耐震補強工法は、将来被災しても亜鉛めっき鋼より線の隙間からコンクリート表面を観察できるところに特徴があります。かみ合わせ継手を用いた鋼板巻立補強工法は、通常の鋼板接着工法に比べて施工が容易で、現場溶接を必要としないため、薄い鋼板を採用する場合に有効です。リブプレート耐震補強工法は、かみ合わせ継手を採用することにより、施

| 工法名 | 概要 |
| --- | --- |
| 外部スパイラル鋼線巻立耐震補強工法(APAT工法) | 既設柱周りにポリマーセメントを塗布し、コンクリートブロックを取り付け、その周囲を亜鉛めっき鋼より線で巻き立てる補強工法。<br>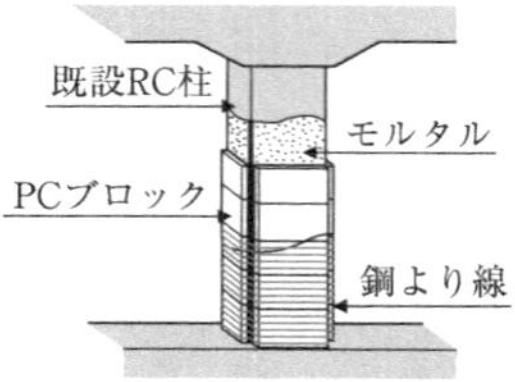<br><br>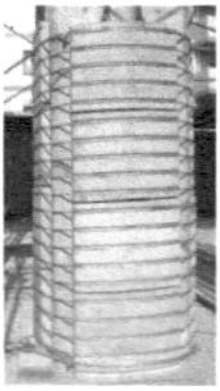 |
| かみ合わせ継手を用いた鋼板巻立補強工法 | ノコ歯状のかみ合わせ継手を用いることで、従来の現場溶接を不要としたプレハブタイプの鋼板巻立補強工法<br>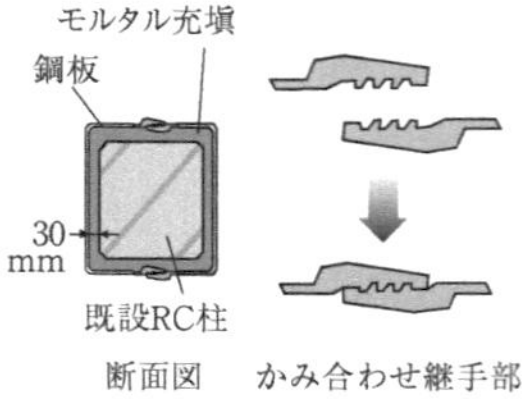<br><br> |
| RP(リブプレート)耐震補強工法 | 柱外周に分割した補強鋼板をかみ合わせ継手により取り付けることにより耐震性能を向上させる工法<br>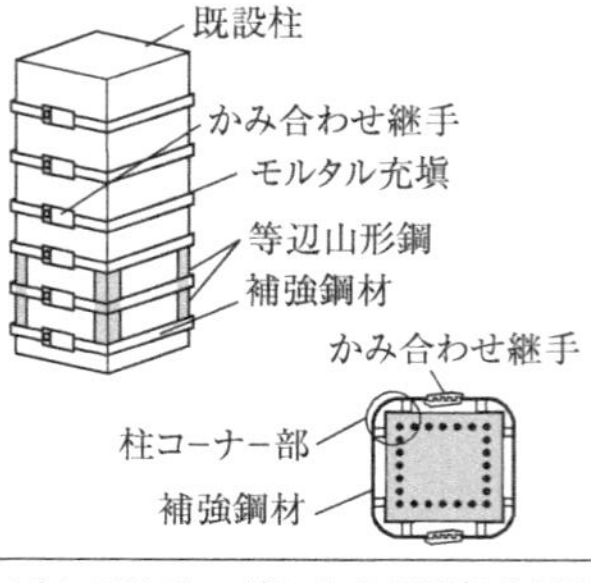<br><br> |

(注)ここで取り上げた工法はいずれも高架橋柱を対象としたものである

**図8-3** 高架橋の主な耐震補強工法

工にあたって特殊技能が不要となっています。補強材の加工も容易なため、種々の柱断面形状に対応が可能です。このほか、柱の片側面からしか補強できない場合に有効な、一面耐震補強工法も提案されています。

これらの工法を補強目的や現場条件によって適切に選択し、発生が懸念されている東海沖地震や南海地震、東南海地震に備えて、既設構造物の耐震補強が進められています。

地震以外で当初予想されていないような大きな力を受ける場合があります。たとえば外国から大型のコンテナがたくさん入ってくるようになり、道路橋に載せる自動車荷重を今までより大きくしなくてはならないというような場合です。また、適切な時期に補修を行っておけばよかったのですが、なんらかの事情でそのタイミングを逸してしまい、補修だけでは安全性が保てなくなってしまう場合などに補強が必要になってきます。

主な補強方法の概要を以下に示します。

・コンクリート部材の交換

まず、強度の高い部材に交換する方法です。構造物全体を取り替えるということではなく、必要な部分だけを取り壊し、鉄筋を加え、コンクリートを打換えするなどの方法をいいます。

・コンクリート断面の増加

既にある断面を取り壊すことなく、断面を大きくする方法で、その代表的なものが「増厚工法」と呼ばれるものです。橋梁の床版などに対して補強が必要になった場合に用いられます。床版の上からコンクリートを打ち込むことによって、断面を厚くすることで補強する場合を「上面増厚工法」、下からコンクリートを吹き付けることによって、同じ効果を得る場合を「下面増厚工法」といいます。

補強対象が柱の場合などは、「巻立工法」が用いられます。柱の周りに場合によっては鉄筋を新しく配置し、コンクリートで巻き立てます。耐震補強などでもよく用いられる方法です。

・部材の追加
現在の部材に加えて、新しく梁や柱などを追加したりします。
・支持点の追加
現在の橋脚に加えて、新しく橋脚を設けて、梁のスパンを短くします。
・補強材の追加
橋梁の床版などに対して補強が必要になった場合に、床版の下面に鋼板やＦＲＰ（＝繊維強化プラスチック）板を接着剤で貼り付けて補強します。補強対象が柱の場合には、鋼板やＦＲＰなどで巻き立てることもあります。
・プレストレスの導入
ＰＣ鋼材と呼ばれる高強度の鋼材を配置し、これを緊張することで、補強します。

## ㊺ ライフサイクルコスト

構造物を最初に建設する費用（イニシャルコスト）と、当初期待されている期間使用し続ける維持管理の費用（ランニングコスト）、さらに解体撤去するまでの費用を加えたものを「ライフサイクルコスト」といいます。これは、構造物の一生を経済的な側面から表したものです。

このように構造物の一生は人間の一生にも喩えられます。誕生の喜びとともに、どのような一生をおくるかが重要です。両者の大きく異なる点は、人間の誕生にはそれほどコストがかかるわけではありませんが、構造物には多額の建設費が必要となるということです。ごく最近まで、構造物のオーナーや設計者・施工者の関心は、いかにイニシャルコストを抑えるかだけにあったといってよいでしょう。ランニングコストに対してはほとんど関心が払われてこなかったのです。ところが、経済は低成長期となり、構造物の省エネルギーや維持管理、さらに延命か解体撤去かといった終末期の問題、廃棄物の処理問題など構造物のライフサイクルをトータルにとらえることが重要になってきました。

図８－４は、国土交通省が発表した「維持管理・更新投資の見通し」です。ここでは、国土交通省が所管する社会資本（道路、港湾、空港、公共賃貸住宅、下水道、都市公園、治水、海岸）

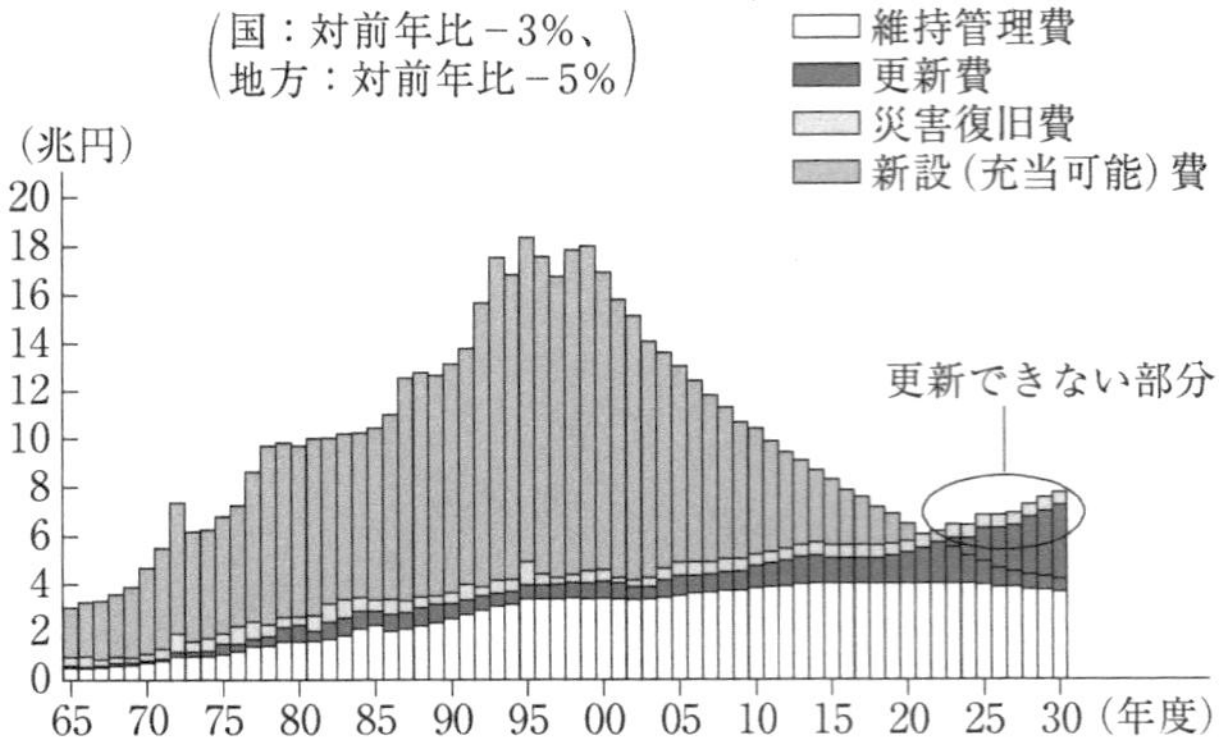


**図8-4**　維持管理・更新投資の見通し（出典：国土交通省HP）

を対象に、過去に行ってきた投資実績をもとに、２０３０年までの推計を行っています。国が管理の主体となる社会資本については、少子高齢化など経済成長率の低下を見込んで２００５年以降対前年比マイナス３％、地方が管理の主体となる社会資本については、２００５年以降対前年比マイナス５％と仮定して求めたものです。２０２０年になると投資できる総額が不足してしまい、社会資本の新設はおろか更新することさえ不可能になります。このことから、よほどよく考えて投資をしなくてはならないことがわかります。

　構造物の一生を考える場合、まずはっきりさせておかなければならないのは、「構造物の寿命」ということです。

　構造物の寿命が尽きるというのは、どのような状態をいうのでしょうか。海岸沿いの構造物で厳しい塩害環境に置かれている場合や、寒冷地にあって凍結を繰り返し受けている場合などには、どうしても構造物の劣化が進行し、構造物の安全性または使用性が確保できず、かつ有効な補修や補強などの対策もないという状態になってしまう場合があります。これ以外にも過酷な環境におかれた構造物がそのような状態になることがあります。

もちろん、過酷な環境ではない、いわば普通の環境におかれている構造物でも維持管理のためのアクションをとらなければ、長期にわたる緩やかな劣化の後に、構造物の安全性または使用性が確保できず、有効な補修や補強などの対策をとろうにも莫大な費用が必要になるという状態になることが考えられます。突き詰めれば、時間の問題といえましょう。その時点で、構造物は寿命に達したと考えなければなりません。

このような状態になった構造物はこれ以上使えない状態となり、いずれ取り壊し、撤去されることになります。もちろん、莫大な費用をかければ、構造物を使い続けることは可能ですが、実際にはそのようなことはしません。補修、補強等の対策をとった場合の費用と新しくもう一度造った場合の費用を比較して、新しく造りなおしたほうが得ならば、「有効な補修や補強などの対策がない」という判断になります。

構造物の安全性または使用性が確保できないといいましたが、橋が落ちるとか、ビルが壊れるとか、またそのことによって人命が損なわれるという、安全性が確保できないという状況は、誰にでもイメージしやすいと思います。それに比べて、使用性の観点から構造物が使えなくなる状況になるというのは少しわかりにくいかもしれません。それは、劣化によって力学的な性能が低下し、たわみや振動が増大し、使用に耐えなくなってしまうという場合です。

また、たとえば、社会情勢が変化して交通量が増え、道路橋の幅員が足りなくなってしまった場合などには、使用性が確保できなくなります。これは、広い意味では寿命が尽きたということになりますが、ここでは取り扱わないことにします。

イニシャルコストを切りつめると、ランニングコストが高くなり、かえってトータルコストが増える場合もあります。俗にいう「安物買いの銭失い」という状態です。逆にイニシャルコストをかけることによって、ランニングコストが下がり、トータルコストが節約できる場合もあります。先にも述べましたが、今まではともすれば、どうすればイニシャルコストが抑えられるかという点にのみ配慮がなされていたような気がします。これからは、ランニングコストをいかに安全に、かつ効率よく軽減できるかを考える必要があります。

過去150年間に人間の平均余命が延びた大きな理由は、予防医学の発達にあるといわれています。構造物の寿命を延ばすためにも、予防保全、メンテナンスが特に重要だということがわかります。メンテナンスが容易で費用のかからない設計がなされなければなりません。

ライフサイクルコストは、その建設から維持管理、取り壊し・撤去までをどのようなシナリオに従って進めるかによって、大きく異なってきます。このように構造物の使用目的や重要性（社会に与える影響の大小）によって、計画性を持って適切な維持管理を行ってコストの縮減をはかる考え方が導入されてきています。

新しく構造物を造ろうとする場合には、トータルなライフサイクルコストを考えることができます。しかし、すでに目の前にある構造物をどう維持管理していくかという場合には、今後その構造物をどれぐらいの期間使えばいいのかを判断することが必要になってきます。維持管理のための補修・補強などを実施することによって、どの程度使える年数を延ばすことを期待するのか。限られた予算のもとで最大の効果が得られるよう、どの構造物から、どの時期に、どのような補修・補強を実施すればよいかを決定することは、大きな問題です。

補修や補強には、さまざまな方法があります。そのさまざまな方法のなかから、どの方法を選ぶかは難しい問題です。少々値段は高いけれど、長持ちする方法がよいのか、手持ちのお金と相談してとりあえず値段が安い方法を選ぶのか。

今後その構造物をどれぐらいの期間使うのか、そのことを念頭に置きながら、補修・補強に必要な工事費、その結果として得られる効果の継続時間、さらには現場の施工条件等を考慮して、補修・補強工法を選定することになります。

補修・補強工法にはさまざまな組み合わせがありますが、そのなかから設計者は、時間の推移を考慮して、補修・補強のシナリオを選択します。

例として、表8－2に鉄筋腐食の進行を防ぐ補修・補強工法の効果の継続時間と概算工事費を示します。補修・補強工法のうち、①～③は断面修復材の種類が異なるものであり、④、⑤は電気化学的防食工法、⑥は、腐食した鉄筋の代わりとなるものを添加するもので、断面修復を伴うため効果や概算工事費もほかに比べて高くなっています。

概算工事費は過去に実際に施工された実績をもとに算出したものです。なお、補修・補強効果がどの程度の期間有効に働くかという点については、必ずしも正確に確認を行ったものではありません。補修・補強工事の効果確認のために追跡調査を行いましたが、その実績は、最も長いもので施工後十数年です。表の値は調査結果等を踏まえて現時点で推定したものと考えてください。工法ごとの補修・補強効果を確認するための作業は今後も継続し、その知見に応じて更新しなければならないと考えています。

表8－2を利用していくつかのシナリオを描くことができます。

・シナリオ1…できるだけ1回あたりの補修コストを下げる考え方。効果の継続時間が短いものであっても、繰り返して施工することによって所期の目的を達することができます。比較的低コストの補修工法を選択し、約10年間に1回の割合で再補修を行うことによって、耐久性を確保することが可能です。

・シナリオ2…初回のコストはかさむが、その後の再補修コストが低減できる考え方。

| 補修・補強工法 | 補修・補強の主な目的 | 推定される効果の継続時間（年） | 概算工事費（千円/$m^3$）注1) | | |
|---|---|---|---|---|---|
| | | | 断面修復 | 表面被覆 | 計注2) |
| ① 断面修復＋表面被覆工法 | 通常のひび割れ対策 | 10〜15 | 120〜130 | 10〜15 | 25 |
| ② 防錆剤入りモルタルを用い面修復＋表面被覆工法 | 鉄筋腐食が原因で起きるひび割れ対策 | 10〜15 | | | 25 |
| ③ 塩素吸着剤入りモルタルを用いた断面修復＋表面被覆工法 | 塩害が原因で起きる鉄筋腐食によるひび割れ対策 | 10〜15 | | | 25 |
| ④ 再アルカリ化工法 | 鉄筋の中性化が原因で起きる鉄筋腐食によるひび割れ対策 | 30〜50 | | 30〜35 | 25 |
| ⑤ 脱塩工法＋再アルカリ化工法 | 塩害と鉄筋の中性化が原因で起きる鉄筋腐食によるひび割れ対策 | 30〜50 | | 80〜90 | 25 |
| ⑥ 添え筋補強 | いろいろな原因で鉄筋が腐食した場合の最終的な補強の工法 | 50〜70 | 128 | | |

注1）概算工事費には足場費は含んでいない
注2）断面修復を行う面積は全体の10％と考え、工事費は平均値を用いて求めた

**表8-2**　補修・補強工法の効果の継続時間と概算工事費

たとえば「再アルカリ化工法」を施工することによって50年間の耐久性を確保することも可能です。

・シナリオ3…比較的低コストの工法による補修を繰り返しておき、新工法の開発を待つという考え方もあります。

これらの考え方は、現場の施工条件や施工数量の大小等によって大きく変化し、また、日々発展を遂げる技術革新の動向によっても変動します。これらが変動することによって、補修・補強工法の選定の方法、シナリオの考え方も変化します。すなわち、これらのデータは、常に見直しを必要とするものです。補修・補強効果そのものや効果の継続時間は、補修・補強工法を実施する際の施工の良否によっても左右されます。

## 46 世界遺産から

(1) 広島原爆ドーム

原爆ドームは一部鉄骨造りの3階建てレンガ造りですが、写真8-1に示すように、表面はモルタルや石造りで仕上げられています。また、補修材料として、モルタルが用いられていることも含めて、きわめて特徴のある維持管理手法が用いられています。

**写真8-1**　原爆ドーム

原爆ドームはチェコの建築家ヤン・レッツルによって設計され、1914年に建設された旧広島県産業奨励館です。この建物は原爆の惨禍を示すシンボルとして知られていますが、一方では「悲惨な戦争を思い出すので撤去すべき」などの意見もあり、存続か廃止かが議論されてきました。1966年に、広島市議会で永久保存することを決定され、風化を防ぐため定期的に補修工事が行われてきています。1996年には、ユネスコの世界遺産（文化遺産）への登録が決定されました。

2004年から、原爆ドームの保存方針を検討する「平和記念施設あり方懇談会」が開催されました。そこでは、①保存の手を加えない、②現状のまま保存する、③鞘堂、覆屋を設置する、④博物館に移設するなどの4案が議論され、②の現状のまま保存するという方針が確認されました。

②案は、鞘堂、覆屋を設置しないで、現状を保存するた

めに必要な劣化対策（＝雨水対策、地震対策等）を実施するものですが、雨水の完全な除去ができないなど、すべての劣化要因に対応できないことが課題として挙げられました。

原爆ドームは、定期的な補修作業が行われてはいるものの、年々風化が進んでいる箇所も確認されており、保存に非常に困難な面があることは否定できません。特に、雨水が完全に除去できないと、レンガの隙間に雨水が浸透し、凍結することによって劣化が進行することになります。また、地震に対しては、芸予地震（想定震度6弱）を考慮した耐震工事が行われてはいますが、あくまでも理論上の数値に基づくもので、地震による崩落の危険性は皆無とはいえません。

では、どのような補修が行われたのでしょうか。

具体的には、すでに、崩れかけた壁の上側の断面や、窓のあった下の部分に、雨水が染み込まないように防水モルタルをかぶせていますが、さらにそれが劣化しないように鉛板で覆い、レンガ壁の内側に雨がかからないようひさしを取り付けます。ただし、鉛板の使用は最小限にとどめ、鉛中毒などの発生に配慮しています。

壊れたドームをそのままの状態で保存するというのは、ほかに例がなく、メンテナンスにおける新しい挑戦であるといえます。

### （2）ローマのコロッセオ

ローマ帝国は、その最盛期には北アフリカを含む地中海沿岸一帯から現在のフランスやイギリスに及ぶ大帝国でした。帝国の勢力圏拡大を支えた技術的な要因として、社会基盤の整備にあたって、「水硬性」セメントが用いられたということがあります。

ローマ期以前には、石灰と水を混ぜて固めただけの「気硬性」セメントが用いられてきましたが、これは空気中においてのみ硬化する特徴があり、硬化した後に水に触れると、崩壊または溶解してしまうものでした。

それに対してローマ時代のセメントは石灰に火山灰を混ぜることによって「水硬性」を得ることができました。水硬性セメントは、水中でも硬化が進み、硬化した後には水中でも強度が低下しません。もちろん、水硬性セメントといっても、水で練り混ぜた直後に水中に投下すれば、固まることはありません。バラバラになります。しかし、セメントと水の水和反応が進行して、ある程度強度が発現し始めたら、水中に静置すると、水和はさらに進行して組織は緻密化します。火山灰は、それ自身には硬化する性質はありませんが、水酸化カルシウムと化合して、不溶性かつ硬化性を有する化合物を生成します。

ローマ帝国は「水硬性」セメントを用いて水道橋や下水道、巨大建造物としてのコロッセオなど、社会基盤の整備につとめました。ローマに征服された国々も社会基盤が整備されることによって自分たちの生活水準が高くなるので征服されたことをむしろ喜んだようです。

水硬性セメントを用いた代表的な建造物が、第2章でも紹介しましたローマのコロッセオです。ローマ帝国最大規模を誇る円形闘技場で、ウェスパシアヌス帝が建設したものです。しかし、彼は、8年間という歳月を費やして、紀元80年に完成したコロッセオを見ることはありませんでした。コロッセオが完成する前年の紀元79年に死んでしまったのです。かわって息子のティトゥスによって100日にも及ぶ盛大な完成祝賀式が行われたと伝えられています。コロッセオは通常は剣闘士や猛獣の闘いが行われますが、アレナ（闘技を行う場所）に水をたたえ、模擬海戦も行われました。

コロッセオは、平面的には、長径188m、短径156mの楕円形で、高さは最も高いところで48・5mです。約7万人の収容能力を有する階段状の観客席が、長径86m、短径54mの楕円形アレナを囲んでいます。

建設にはユダヤ人捕虜1200人が作業員として使われました。躯体はコンクリート造りで、使われたコンクリートの量は、6000tにのぼりました。観客席はアーチによって支えられています。外観はこのため4層のアーチが積層しています。アーチの表面はトラバーチンと呼ばれる平行な縞状の細孔を持つ無機質石灰岩で化粧されています。トラバーチンは水、湧泉中に溶けていた石灰分が沈殿して形成されたものであり、平行な縞は堆積の跡を示しています。細孔はあるものの緻密で、広い意味で大理石の一種として扱われています。

**写真8-2**　コロッセオ

コロッセオは14世紀の地震で被害をうけ、たくさんの石（トラバーチン）が崩れ落ちました。コロッセオ自体は修復されることなく、そればかりか、不幸なことに別の構造物の材料として流用するための石切り場となってしまったようです。今見る外周の半分以上がなくなっているのはこのためで、この形状から察すれば、相当な量の石が持ち出されたことになります。

20世紀になってコロッセオの形状の修復作業が始まりました（写真8-2）が、その保存修復方法についてもいろいろな問題があるようです。たとえば、コロッセオを建造していた当時の石切り場は現存しており、修復のための材料の調達は容易だったのですが、大気汚染が原因となって石材表面の腐食が著しく、修復作業をしてもすぐに元の黒ずんだ表面に戻ってしまうことが問題になっています。

また、古代の遺跡などを保存する場合には、完成当時の美しい状態を復元するのか、それとも、歴史的に価値のある状態として保存するのか、といったことも問題になります。たとえば、ギリシアにあるパルテノン神殿などは、ギリシア時代の完成当時のようなきらびやかな状態に復元するのではなく、歴史的あるいは観光資源として価値のある19世紀ごろの状態を保存しています。さらに、保存や修復、復元には、多額の費用が必要となるため、コロッセオの修復もなかなか進まないのが実状のようです。

# 第9章

# コンクリートと環境・未来

## ㊼ 地球にやさしく

１９９７年12月に、地球温暖化の原因のひとつである温室効果ガスの削減率が各国別に定められました。これが、「気候変動に関する国際連合枠組条約の京都議定書」、いわゆる、京都議定書です。２００６年2月末までに、京都議定書を締結したのは１６６ヵ国で、これらの国々から排出される温室効果ガスの量だけで、全世界の61・6％になります。京都議定書は、１９９０年に排出された各国の温室効果ガスの量を基準として、日本はマイナス6％を、アメリカはマイナス7％を、また、ＥＵはマイナス８％を２００８年から２０１２年の間に削減することを目標に定めています。日本は、２００２年5月31日に国会で承認され、２００２年6月4日に国際連合に受諾書を寄託しました。

コンクリートに用いる材料の中で、その製造時に最も二酸化炭素を排出するのはセメントです。セメントを１t製造するために０・８７tの二酸化炭素が排出されます。１９９０年のセメント製造量は、約８５００万tです。７４００万tの二酸化炭素が、セメント製造時に排出されたことになります。これに対し、１９９０年に排出された温室効果ガスの量を二酸化炭素で換算すれば、12億６０００万tになります。日本の削減目標である6％は、７５６０万t、すなわち、セメントの製造時に発生する二酸化炭素の量にほぼ一致します。

セメントを作る主原料は、石灰石、粘土、珪素、鉄原料の４つです。いずれも国内で入手でき、最も使用量の多い石灰石は、北海道から沖縄までの全国各地に高品質の鉱山が点在しています。

石灰石は、海中の珊瑚の成分と同じで、化学式で書けば$CaCO_3$です。石灰石を他の原料と混合し、１４００℃を超える温度で燃焼することによりセメントは製造されます。このとき、$CaCO_3$は$CaO$と$CO_2$に分解されます。重さにして、$CaCO_3$の約４割が$CO_2$です。生物が住める環境になる以前の地球には、大量の二酸化炭素が存在しました。その二酸化炭素を長い年月をかけて、微生物が海水中のカルシウムと結合させ、石灰石にしたことで、人類も住める現在の大気が作られたといわれています。セメントを製造することは、微生物が長い年月をかけて行ってくれた行為と逆の行為を、エネルギーを使って短期間に行っていることになります。セメントを用いてコンクリートを製造し、それによって構造物は建設されるのですから、私たち人類の文明は、高い負荷を環境に与えることで成り立っているといって過言ではありません。

環境に与える負荷をできる限り小さくするために、コンクリートの製造には、産業副産物の有効利用が活発に行われてきました。鉄を製造する際に発生する副産物である高炉スラグ微粉末や、石炭を用いている火力発電所から排出されるフライアッシュは、古くからセメントの一部として用いられてきました。

第4章でも説明しましたが、高炉スラグ微粉末について説明しましょう。鉄を製造する工程は、大きく分けて2つに分かれます。鉄鉱石から銑鉄を取り出すための工程と、銑鉄から余分な炭素を取り出し、鋼を製造する工程です。鉄鉱石から銑鉄を取り出すために使われる炉を高炉といいます。高炉には、鉄鉱石のほかに、コークスと石灰石が加えられます。コークスは、鉄鉱石を溶融する目的で、また、石灰石は溶融した銑鉄と鉄鉱石に含まれる不純物を分離する目的で使われます。

溶融した重い銑鉄に比べ、石灰石で取り除かれた軽い不純物が浮く密度差を利用して銑鉄が精錬されます。このプロセスで、石灰石を用いて取り除かれた不純物を高炉スラグとよびます。銑鉄を1t製造するために、約290kgの高炉スラグが発生します。また、セメントの場合と同様に、石灰石を溶融しますので、大量の二酸化炭素が発生します。つまり、鉄を製造する際にも、大きな環境負荷を私たちは与えているのです。

鉄の製造工程で製品になるのは、もちろん銑鉄ですが、高炉の工程においては、より多くの鉄を鉄鉱石から精錬するために、銑鉄だけではなく、高炉スラグの品質も一定になるよう管理されています。したがって、高炉スラグは、副産物でありながら、品質もとても安定したものになっています。また、その化学成分はセメントと非常に近いものです。高炉スラグをセメントのように粉状にしたものが高炉スラグ微粉末とよばれます。

フライアッシュは、石炭火力発電所から排出される廃棄物です。火力発電所では、微粉砕された石炭が燃焼されます。ボイラの中で燃焼され溶融状態になった灰の粒子は、高温ガス中を浮遊し、ボイラの出口で冷却され、球形の粒子となり、集塵装置で捕捉されます。石炭火力発電所から発生する灰の量は、年間約５００万ｔといわれています。そのうちのおよそ10分の1がセメントの一部として用いられています。

高炉スラグ微粉末も、フライアッシュも、その利用の歴史は古く、１９５０年代には、コンクリート用材料として使われ始めていました。セメントと同じような性質があることのほかに、コンクリートのがんともいわれるアルカリ骨材反応を抑制できる薬の役割があり、その利用が拡大しました。もしも、高炉スラグ微粉末やフライアッシュを有効に利用する技術開発を行ってこなければ、セメントの製造によって環境に与える負荷は、今以上に大きくなっていたものと思われます。

このように環境に与える負荷が大きいにもかかわらず、セメント産業は、環境産業とよばれることがあります。それは、セメントの製造時に多くの古タイヤや種々の廃棄物を引き受けているからです。古タイヤは、原料を溶融する際の燃料として用いられました。また、最近では、私たちの生活から出るゴミを清掃工場で焼却した際に発生する焼却灰や、汚泥等の各種廃棄物を主原料とした新しいセメント、エコセメントも開発されています。普通のセメントを作る場合、原料に占める石灰石の割合が8割であるのに対し、エコセメントは、5割が石灰石で5割が都市廃棄物です。埋め立て処理される廃棄物を大量にかつ有効活用できる技術として高く評価されています。

セメントの製造には、大量の二酸化炭素の排出と天然資源の消費を伴います。しかし、それを低減する技術開発も着実に進められているのです。

コンクリートが環境に与える負荷は、セメントだけではありません。コンクリートに占めるセメントの量は、1割程度にしかすぎません。大部分の7割は、砂や砂利とよばれる骨材です。砂や砂利は、コンクリートに用いられるだけでなく、アスファルト舗装や鉄道のバラストにも用いられ、年間に7億tから9億tの骨材が消費されています。かつては川や海で多く採取されていた砂や砂利も、その使用量が莫大であったために、最近では多くの地域で採取が禁止されています。現在使われている多くの骨材は、山を削り、砕いて製造された砕砂、砕石とよばれる骨材です。これでは、自然に対して良くないことがわかります。

セメント同様に、産業副産物を骨材にも使おうとする取り組みも盛んに行われています。銅、フェロニッケル、鉄を精錬する際に発生するスラグ、都市ゴミを溶融したスラグ等、たくさんのスラグも資源としてあります。また、次の項で紹介しますコンクリートガラから製造される再生骨材も、コンクリートの骨材として利用できる可能性があります。しかし、輸送コストがかかる、使える構造物の範囲が限定される、品質管理に手間がかかる、山を削って作った砕砂や砕石を用いたほうが、安価で良いコンクリートが作れる、といった理由で、まだまだ、有効利用されていないのが現状です。コンクリートに関する技術は、その技術によってもたらされる利点と比較して、製造コストが安価でなければ実用化されることはありません。

資源は無尽蔵ではありません。製造コストを追求し、環境への配慮を怠れば、私たちの文明社会の終焉を早めるのは自明です。少しでも長く、文明社会を持続するためには、コンクリートにおいても、環境技術の開発が必要です。

実用化にはまだ時間がかかるかもしれませんが、天然の砂や砂利、さらには、セメントも使わずにコンクリートを作り、環境負荷をできる限り小さくしようとする研究をご紹介します。

ひとつは、石油の精錬時に発生する副産物である硫黄を用いて骨材を固化させる「硫黄固化体」です。セメントを用いたコンクリートに比べて高強度で遮水性に優れ、かつ耐酸性の高い新しい材料といわれています。硫黄は水に溶けることがなく、化学的にも安定した固体ですが、約120℃から160℃に熱すると溶解し、冷えると再度固化する性質を持っています。硫黄固化体はこの性質を利用して製造されます。骨材には、鉄を精錬する際に発生するスラグを有効利用することも可能です。

もうひとつは、製鉄の過程で発生する廃棄物のみを用いて製造される「鉄鋼スラグ水和固化体」です。このコンクリートもセメントを必要としません。高炉スラグ微粉末をセメントの代わりに用い、骨材には製鉄の際に発生するスラグを用います。

高炉スラグ微粉末は、水と混ぜただけでは固まりません。通常は、セメントと一緒に混ぜて使うことで、セメントと水との反応で生じる水酸化カルシウムによって、高炉スラグ微粉末が刺激されることで固まります。鉄鋼スラグ水和固化体では、骨材に使われるスラグから水酸化カルシウムが溶出し、その刺激を受けて高炉スラグ微粉末が固まります。だから、鉄鋼スラグ水和固化体では、セメントが必要ないのです。また、材料のスラグには、鉄、ケイ素等の生物に必須の元素を多く含むため、海洋環境下における付着生物の種類も数も多くなるといわれています。海の中で使うと、海洋生物の「すみか」になりやすいのです。

これらのほかに、廃棄された発泡ポリスチレンを溶剤で溶かし、それをセメントの代わりに用いてコンクリートを製造する技術開発も行われています。コンクリートは文明社会を支える礎です。それを製造する際に環境に与える負荷をいかに抑えるか、それが、私たちの未来のための課題です。

## 48 資源を有効に

コンクリート塊を小さく砕いて、もう一度、セメントおよび水と混ぜて作るコンクリートを再生コンクリートと呼びます。そして、小さく砕いたコンクリートのことを、再生骨材とよびます。骨材とは、コンクリートに使われている砂や砂利です。一度、コンクリートに使った砂や砂利を、再びコンクリートの骨材として用いると、再生骨材となります。

再生骨材を使うと、コンクリートの強度は下がります。普通のコンクリートと同じように作ったのでは、長持ちもしません。製造コストもけっして安くありません。再生骨材を使っても、コンクリートを製造する側、利用する側には、何の利点もありません。では、なぜ、再生骨材を使うために多くの人たちが努力しているのでしょうか。それは、未来に生きる人たちへの、今を生きる私たちの責任だからです。「使ったほうがいい」じゃなくて、「使わなければならない」のです。

コンクリート構造物を解体する際に発生するコンクリートの塊を、「コンクリートガラ」と呼びます。コンクリートガラの再利用率は95％以上という統計データがあります。この数字を見ると、再生骨材が再生コンクリートとして利用されている印象を受けるかもしれませんが、再生コンクリートは実際にはほとんど作られていません。しかし、統計データもウソではありません。

コンクリートガラは、河川敷の敷石や道路舗装の下に敷かれる路盤材として使われ、最終処分場で埋め立てられているものはほとんどありません。

3R技術という言葉をよく耳にするようになりました。資源を大切にすることを啓蒙するためのキャッチフレーズとして登場した言葉です。Recycle、Reuse、Reduceの頭の3つのRをとって3Rです。コンクリートをリサイクル（＝Recycle）することは、コンクリートをコンクリートとして再び生き返らせることです。コンクリートガラを路盤材に用いることは、コンクリートに使われていた砂や砂利を、今度は、路盤材の砂や砂利として再び用いることです。すなわち、再利用（＝Reuse）です。

日本において排出される廃棄物の量は、年間4億tを超えています。産業廃棄物と一般廃棄物（都市ゴミ）の割合は、10対1です。産業廃棄物の中の4分の1を占めるのが、建設産業から排出される廃棄物で、その4割がコンクリートガラといわれています。すなわち、コンクリートガラの量と私たちの生活の中から出されている都市ゴミとの量は、ほぼ同程度です。長瀧、飯田らの研究によれば、戦後の復興から社会整備に用いられたコンクリートの量は、150億tとされています（図9-1）。

自然災害に対する備えを万全にし、安心で、安全で、かつ、快適な生活環境を整えるには、200億tのコンクリートが必要です。これを何年かけて実現するかにもよりますが、もし、残り

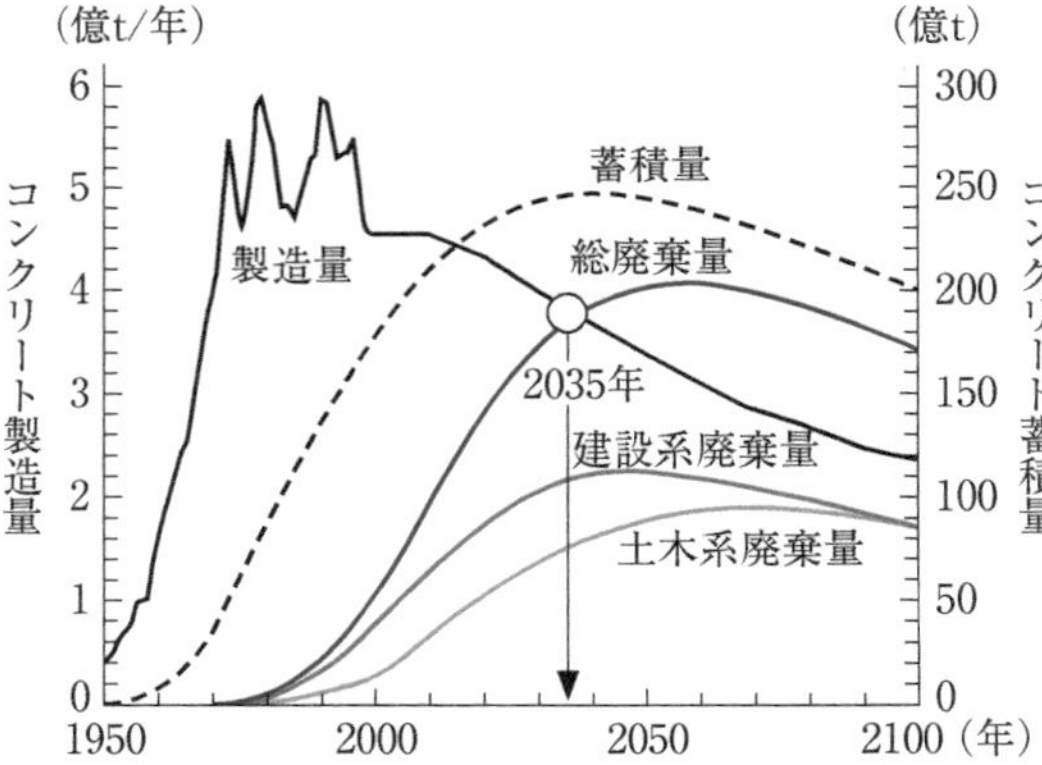


**図９-１**　コンクリートの製造量と蓄積量、廃棄量の関係。ライフサイクルを考慮し、建設材料の新しいリサイクル方法を開発する必要がある（出典：『未来開拓学術研究推進事業研究成果報告書』）

の50億tのコンクリートを１００年かけて作るのだとすれば、年間4億t製造されているコンクリートを、今と同じだけ毎年こんなに多く製造する必要はありません。つまり、コンクリートの年間の製造量は、これから着実に少なくなるのです。

　しかし、古くなって使えなくなるコンクリート構造物は建て替えなければならないことを考えれば、コンクリートの製造量が0になることはありません。１００年後におけるコンクリートの年間の製造量は、現在の半分と予測されています。これに対して、マンション、ホテル、ビルといった建築の構造物が解体されることで発生するコンクリートガラがピークを迎えるのは２０４０年で、橋、トンネル、港、護岸といった社会資本である土木構造物が解体されることで発生するコンクリートガラがピークを迎えるのは２０７０年といわれています。土木構造物および建築の構造物の両者を加えたコンクリートガラの発生量のピークは、２０６０年ごろです。けっして遠い未来ではありません。

コンクリートガラの発生量がピークを迎える２０６０年より、さらにもっと重要な年があります。それは、コンクリートの製造量よりも、コンクリートガラの発生量のほうが多くなる年です。長瀧、飯田らの研究によれば、２０３５年ごろになります。コンクリートを解体して発生するガラをすべてコンクリート用骨材として再生したとしても、使いきれずに残るコンクリートガラが発生するときが来ます。それが、約30年後です。この統計データが計算されていた当時のセメントの年間製造量は1億ｔに迫る勢いのあったころです。しかし、それからおおよそ10年が過ぎた今、セメントの製造量は６０００万ｔ近くにまで減産されています。それに従って、現在のコンクリートの年間製造量もこのデータが予測されたときよりも減っています。コンクリートの製造量に比べて、コンクリートガラの発生量が多くなる年は、もっと早まるかもしれません。

再生骨材を使ったコンクリートは、普通のコンクリートよりも良いものは作れないと書きました。これは、再生紙や再生ゴム、再生オイルとも同じ、リサイクルの宿命です。再生されたものが、もとの新しいものの状態以上に良くなることはありません。また、お金をかければ解決できる技術的な問題と、お金をかけても、どうにもならない問題があります。

このコンクリートが、どのくらいの力に耐えられるのか、という問いには、強度という尺度が使われます。このコンクリートは、寒いところでも使えるのか、と聞かれれば、耐凍害性が尺度になります。強度が高いからといって、耐凍害性にも優れるとは限りません。再生骨材を用いたときに、コンクリートの強度を上げようと思えば、たくさんのセメントを使えば強度を高くすることは可能です。しかし、耐凍害性を持った再生コンクリートを作るのは、簡単ではありません。特に、耐凍害性のなかったコンクリートから作られた再生骨材を用いなければならない場合には、再生骨材に付着しているセメントペースト（セメントが水と反応して固まったもの）を完全に近い状態まで取り除くか、究極まで水を絞ったコンクリートを作るしかありません。

また、アルカリ骨材反応のあるコンクリートから作られた再生骨材が混ざっていると、抑制対策を行っていなければ、必ずアルカリ骨材反応を再発します。こういうものを使って寿命の短い再生コンクリートを製造したのでは、新たなゴミを増やすだけです。

再生コンクリートの性能が劣るのは、再生骨材の周りに付着しているセメントペーストの影響です。ほかの廃棄物と同じように、莫大な燃焼エネルギーを使えば、セメントペーストも簡単に取り外せます。ただし、燃やすという行為は、自然環境に対して最も良くない行為です。エネルギーをかけてRecycleしても、Reduceの妨げになるだけです。大きなエネルギーをかけずに再生骨材を作り、再生コンクリートを使う人の要求するものにする、それが再生コンクリート技術の要諦です。

再生コンクリートを実用化するための品質保証のあり方として、2つの大きな思想が議論されています。ひとつは、コンクリートを購入（使用）する人から、たとえば、「強度がいくらで、寒いところでも使えるコンクリートを作ってください」と頼まれたとしたら、その要求されたことを満足させるコンクリートが提供できれば、そのコンクリートを作るために用いる材料にまで強い制約は求めないとする考え方です。ただし、コンクリートを製造する工程で品質管理がきちんとされていることが大前提です。コンクリートの品質管理がきちんとされているというのは、コンクリート技術者としての知識と経験を十分に持った資格のある人が製造する、原材料の品質確認も含めて定期的な検査が行われている、想定した範囲のばらつき内の製品が作られており、万が一、規格を外れる製品がでたときには、それを速やかに取り除き、改善する手順がある、ということです。

これに対して、もう一方の考え方では、コンクリートの製造に使える再生骨材を狭い範囲のものに限定し、製造方法も限定することで、誰が作っても極端に悪いコンクリートにはならないとするものです。

どちらの方法にも一長一短があります。前者の考え方に従えば、しっかりとした技術と知識を持った資格者であれば、低品質な再生骨材を使っても、普通のコンクリートと同じような再生コンクリートを作りあげることができるでしょう。しかし、もし、その反対の人が、何の知識もなしに再生コンクリートを作って販売したとしたら、それによって起こる被害は計り知れません。後者の考え方に従えば、大きな事故は起こらないかもしれませんが、再生骨材として使用されるコンクリートガラの量は限られます。少しでも多くの再生骨材が有効利用され、信頼される再生コンクリートを普及させるには、これらの方法を組み合わせて活用されていくことが重要です。

１００年後の子孫にも、１０００年後の子孫にも、私たちが享受している物質文明の恩恵を受け渡す責任が、私たちにはあります。コンクリートは、文明社会の礎です。役目を終えたコンクリートを再生（Recycle）し、鉄鋼業、電力業等から排出される廃棄物を再利用（Reuse）し、今あるコンクリート構造物は、適切な維持管理によってその寿命を延ばす。それによって、コンクリートガラの排出も抑制（Reduce）される。これが、環境に大きな負荷を与える建設産業が環境問題を解決する、コンクリートの３Ｒ技術です。

## 49 緑豊かに

緑にあふれ潤いのある空間づくりに、今までのコンクリートとは違った、新しいタイプのコンクリートが活躍しています。

近頃、環境問題の高まりの中でビオトープが注目されています。ビオトープ（biotop（独）、biotope（英・仏））とは、ドイツ語の bio（生物、生命）と top（場所）を合成した言葉で、森や林、川、池、湿地など、生物（群）の生息空間を意味します。日本では特に、自然との触れ合いや生き物観察のため、失われた自然環境を復元する場として注目されています。生物と人間が共生する場、環境教育の場として、川はもちろん、ビルの屋上、学校でもビオトープが設置されるようになっています。

生態系を考えたビオトープ造りを見てみましょう。あざやかに緑が映え、これを支える土や水があります。その緑の生えている場所をよく見てみると、単に土を盛っているだけではなく、根の部分に連続した石ころがあり、石と石の隙間に根が深く入っています。コンクリートと緑、この組み合わせには大きな関係があることを知っていましたか？　草花や芝生などの植物の根がコンクリートの中から生えているのです。

その生える仕掛けは、ポーラスコンクリート（porous concrete：内部に空間が多いコンクリート）です（写真9－1）。一般に、砂を使わずに、セメントと水、砂利を用いて、連続した空間（穴）があるコンクリートです。見た目は、東京名物「雷おこし」のように表面に多数の穴があり、これを詳しく見てみると、石と石とがセメントと水で作ったセメントペーストで固く結びついているのです。

**写真9-1**　ポーラスコンクリートが緑化（提供：藤木昭宏氏）

このしっかりとした骨格に内部空間（空隙）が確保されたポーラスコンクリートは、環境に優しい材料として注目されています。空隙率25％以上のポーラスコンクリートでは緑化が可能で、その空間部分に植物の種や土壌、肥料といった緑化のための基材を詰め込んで、緑化コンクリートや植栽コンクリートとして利用できるのです。ただし、空隙率が25％もあるのですから、普通のコンクリートのような強さを期待することはできません。

ポーラスコンクリートの活躍の場として、まずビルの屋上を見てみましょう。都市のビルの屋上や壁面などの緑化によって、都市に対するヒートアイランド効果の解消、炭酸ガスの吸収、ビル内部に対する室温上昇の抑制、省エネ効果、防火・防熱効果、騒音の抑制、修景効果などが期待されます。

国や東京都の調査では、夏場、緑化していない屋上表面の温度が約60℃となったのに対し、屋上緑化面（下部）では約30℃以下となり、差異が30℃となったことが報告されています。

地図上の等高線のように、温度の等しい場所を結ぶ等温線を地図上に描くと、都市部は島（アイランド）状に周囲より温度が高くなるというのが、ヒートアイランド現象です。都市部の平均気温の上昇や熱帯夜の増加をもたらすだけでなく、局地的な異常気象、特に集中豪雨をもたらします。豪雨によって道路や線路、地下街が冠水し、交通や社会生活がマヒするだけでなく、大きな被害となるおそれがあります。また、ヒートアイランド現象で生じる上昇気流によって、都心と郊外とで循環流が発生し、都市上空を汚染物質がドーム状に覆う「ダストドーム」が生じるおそれもあります。

東京都では、2001年から敷地面積1000㎡以上の民間施設、250㎡以上の公共施設に対し、新築や改築に際し屋上緑化を義務付ける条例を定めました。2015年度までに緑化面積1200haの目標を立てています。

国も2004年に改正された「都市緑地法」により、市区町村レベルで〝緑化地域〟を指定し、その地域開発に一定割合の緑化を義務付けるようにしています。

近い将来、あちこちのビルの屋上が、緑化・公園化はもちろん、家庭菜園や野菜団地になっているかもしれませんね。

もうひとつ、ポーラスコンクリートの活用の場として、身近な水辺環境も見てみましょう。

日本の川は、急勾配で流路が短いことから流れが速く、また渇水期と洪水時の流量差が大きいことから水位変動が大きいという特徴があります。台風などがよく来る西日本地域では、特に治水対策が求められます。ひとたび、川が氾濫すると、大勢の人が財産のすべてを失うだけでなく、生命の危険にさらされることになります。

ポーラスコンクリートの骨格は浸食防止効果があることから、河川護岸に有効で、圧縮強度が10N／㎟以上確保されていることを確認して、活用されています。そして、ポーラスコンクリートの穴に水草が根付くことによって、川の水際に土や植物が存在して、魚や昆虫に限らず、多様な生物にとっても良好なビオトープとなっていくのです。また、ポーラスコンクリートの穴にバクテリア（微生物）が定着することで汚れた水を分解し、水質浄化の役割も担います。人間にとっても、緑化された河川空間は、川遊びや魚釣り、散歩や休息を通して、親水性や快適性が感じられる場となります。自然の力を利用して、生物の良好な生育環境と自然景観を創出する川づくり（多自然川づくり）だけでなく、波浪の影響にも耐えられる海岸づくり、海草が根付き、魚がすごしやすい魚礁づくりでもポーラスコンクリートの利用は広がりつつあります。表面上は緑化や植栽がされてコンクリートの地肌は見えないけれど、基礎はしっかりコンクリートが活かされた水辺空間は、みんなの安全と安心、美しい景観を守ることとなります（写真9－2）。

ポーラスコンクリートの活躍の場として、斜面（法面《のりめん》）保護も考えてみましょう。

日本の国土は平野が少なく山がちで、土を盛ったり切ったりすることで道路や宅地を造成し、その斜面保護には、平滑なコンクリートブロックが擁壁《ようへき》として使用されてきました。硬くて頑丈

**写真9-2**　ポーラスコンクリートを使った多自然川づくり（提供：北川照晃氏）

なコンクリートは、落石、土砂崩れなど災害のない安全・安心な空間を確保するという点では合格点だったのですが、最近は、環境性や景観性も求められるようになってきています。

斜面保護と環境保全を両立できるポーラスコンクリートを利活用することで、斜面は地域固有の植生で緑化ができます。つまり、河川護岸と同様に、緑化されたコンクリート斜面によって、日常生活をおくる住空間は、安全と安心、美しい景観を創造するのです。

ポーラスコンクリートの使用方法について、道路の舗装面も見てみましょう。

雨の日に車が通り過ぎた後、跳ねた水がこともあろうに自分にかかったことはありませんか。道路にできる水たまりに不便を感じたことはありませんか。

たくさんの穴があるポーラスコンクリートを舗装面に使用することによって、「透水性舗装」が可能です。この舗装は、雨水を舗装面で一時ためたあと、少しずつ地中に浸透させるものです。道路面から雨水や水たまりを除去して、車の走行性やドライバーの視認性（見通し）を良くするだけでなく、車による騒音の低減や土壌の環境保全にも良い影響を与えます。

また、ポーラスコンクリートに保水材料を詰めることによって、保水性舗装が可能です。この舗装は、散水された水が舗装表面で蓄えられ、日射による水の気化で周囲の熱が奪われた結果、道路面の温度を下げようというものです。夏の暑い日に庭や道路に水をまいて涼をとる昔ながらの知恵〝打ち水〟が、保水性舗装で再現されているのです。

新しいタイプのコンクリートであるポーラスコンクリートを活用することで、今まで考えられない場所にも緑化や植栽が可能となります。地域に根ざした植生とコンクリートが連携することで、環境への負荷を少なくする、資源の循環を考える、自然と共生するといった、美しい町づくりが可能となるのです。

## 50 放射能から守る

エネルギー資源の乏しい日本では、原子力発電で使い終わった燃料（使用済み燃料）を再処理して、再び燃料として利用する原子燃料サイクルを基本政策としています。

図9－2には、原子力発電所および原子燃料サイクル施設から発生する放射性廃棄物の分類と、それぞれの処分概念を示します。高レベル放射性廃棄物とは、使用済み燃料を再処理した後に残った、再利用のできない放射能レベルが高い核分裂生成物のことを指します。使用済み燃料の約5％がこれに該当します。

高レベル放射性廃棄物は放射能レベルが高く、そのレベルが十分に低くなるには長い時間がかかります。そのため、人間の生活環境から長期間隔離する必要があります。わが国では、地下数百mの深い安定した地層に地下施設を構築して埋設する方法が考えられています。これを「地層処分」と呼びます。

地層処分においては、ガラス固化体（ガラス材料とともに高温で溶解、固められた廃棄物）、オーバーパック（鉄製容器）、緩衝材（ベントナイト：締め固めた粘土）からなる人工バリアと、それが設置される岩盤の天然バリアで構成されます。これらはそれぞれの安全機能が長期にわたって発揮されることが期待されています（図9－3）。

地下施設は、さまざまな坑道が組み合わされて構築されるレイアウトが計画されています。その構築においては、既往の土木技術の応用や新たな技術開発などが求められています。たとえば、トンネル掘削技術を適用した吹き付け材料や吹き付け工法、支保工の選定などがそれに当たります。そしてなによりも重要な点は、これら施設を構築する際に使用した材料が、人工バリア

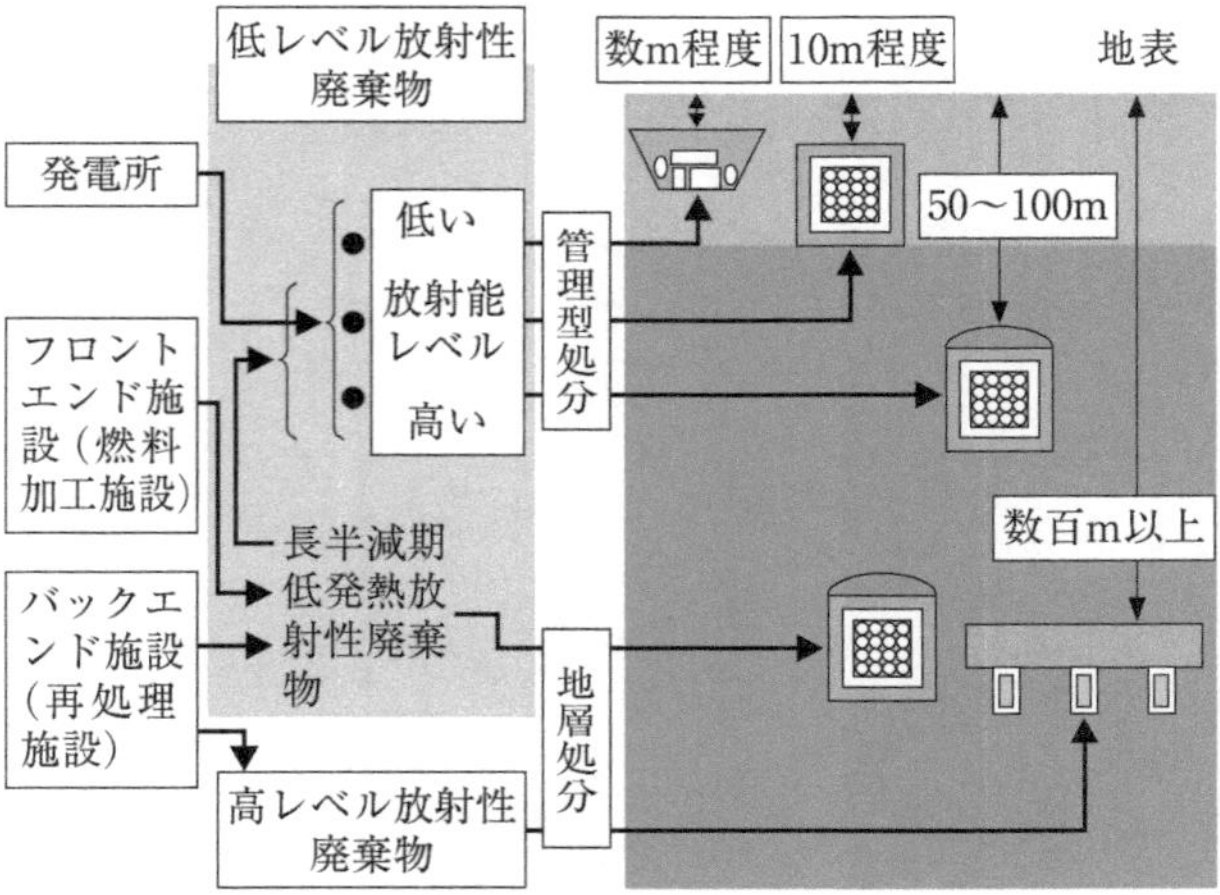


**図9-2**　放射性廃棄物の処分の概念（出典：土木学会誌2006. 11）

であるベントナイトや天然バリアである周辺の岩盤に対して悪い影響を及ぼさないことです。ベントナイトは、高アルカリ性の環境においては変質が速くなることが知られています。通常、セメント系材料は高アルカリ性を示し、たとえば普通ポルトランドセメントではpHは約13を示します。このことから、地層処分に関与する国内外の関係機関では、低pHを示すセメント系材料の開発とその適用性を検討しています。

低pHを示すセメント系材料はいくつか開発され、その基礎的な性状やコンクリートへの適用性などが実験的に研究されています。今後、これらの実験データを蓄積するとともに、長期耐久性や施工性、設計方法などの観点からの検討も進められ、さらなる技術の進歩が期待されています。

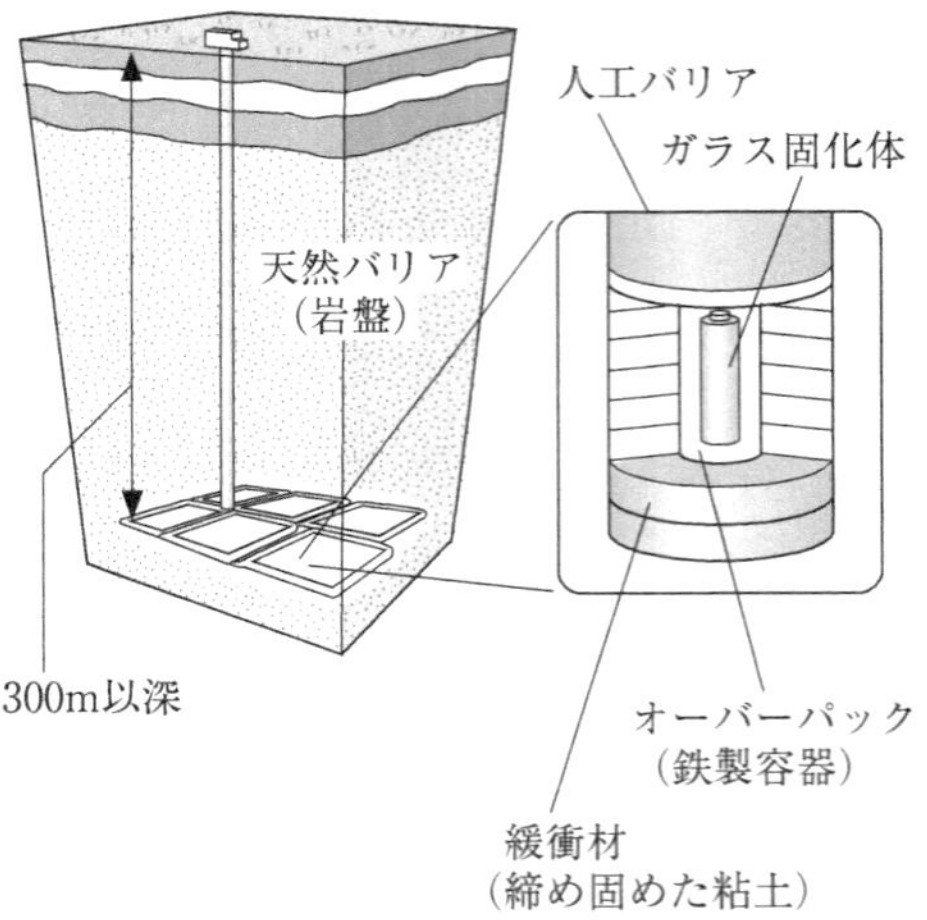


**図9-3**　高レベル放射性廃棄物の地層処分の概念
（出典：原子力発電環境整備機構 HP）

現在、高レベル廃棄物の地層処分の概念において、残念ながらセメント・コンクリート材料に対してバリア性能は見込まれていません。将来、超長期的に性質の安定したセメント・コンクリート材料が開発され、そのバリア性能が評価されれば、人工バリアのひとつとして地層処分の施設構築に重要な役割を果たすものと期待されます。

一方、原子力発電所や原子燃料サイクル施設では、施設の運転や点検、解体などに伴い、低レベル放射性廃棄物が発生します。これら低レベル放射性廃棄物は、図9-2に示したとおり、放射能レベルに応じて区分された後に、人間による管理が可能な浅い地層に処分する「管理型」の処分が行われます。

低レベル放射性廃棄物のうち、廃液、フィ

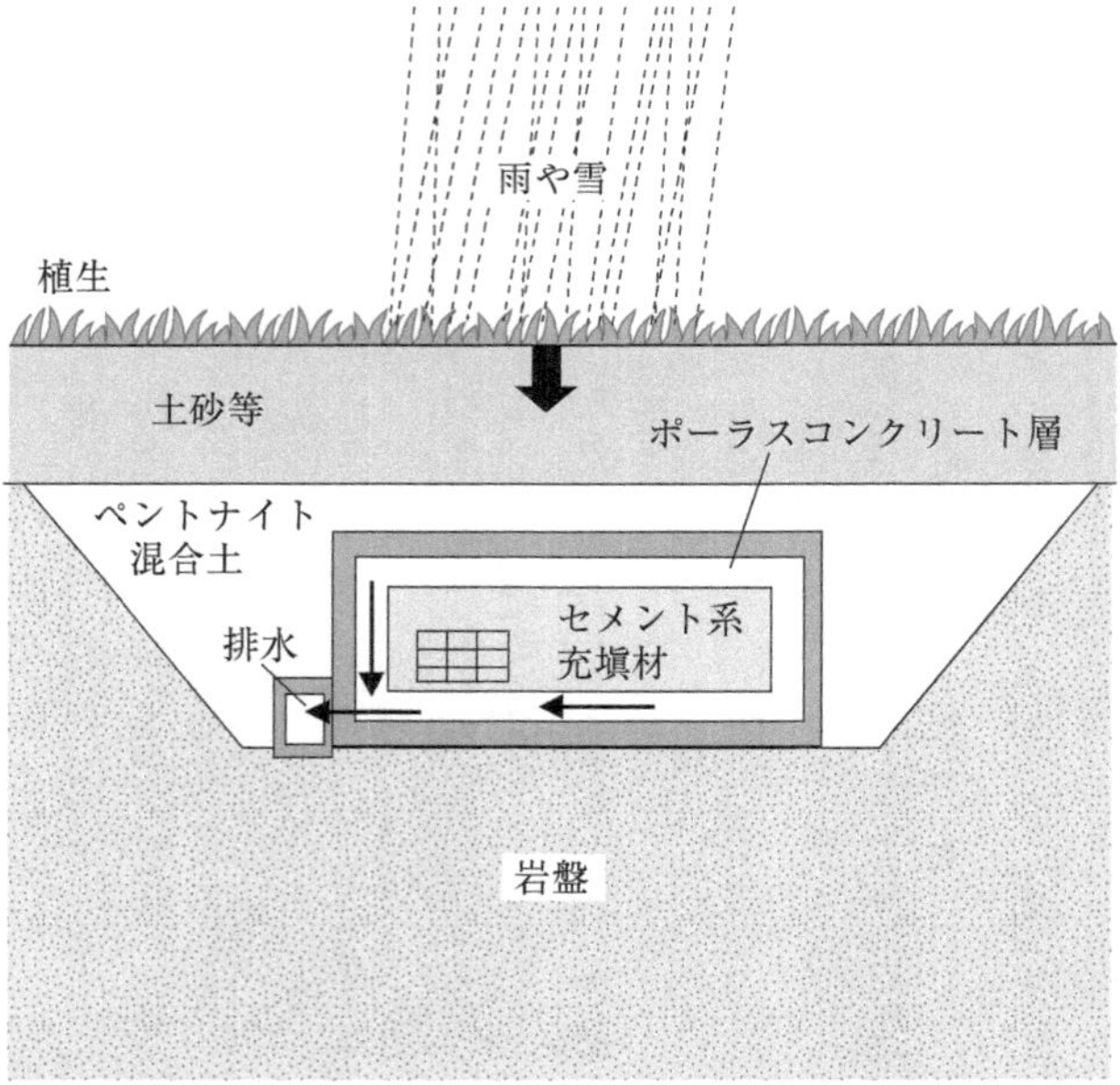


**図９-４**　低レベル放射性廃棄物の処分の概念（出典：日本原燃（株）HP）

ルターなど放射能レベルの比較的低い廃棄物は、地下10ｍ程度に鉄筋コンクリート製のピットを設けて処分されます。この処分方法では、廃棄物は鉄筋コンクリート製のピットに収納され、その周りにはセメント系充填材（モルタル）が隙間なく充填されます。そして、その外周には水を通しやすい多孔質のコンクリート（ポーラスコンクリート）の層が設けられ、仮にピット内に水が浸入しても、廃棄物に接することなく排水されます（図９-４）。

このような仕組みにおいて、コンクリートは鉄筋コンクリート構造材料と、排水機能を有するポーラスコンクリート材料として利用されています。

以上、放射性廃棄物の処分の現状と、セメント・コンクリート材料に求められている機能の現状について述べましたが、セメント・コンクリート材料の、超長期の安定性に関わる課題などを今後も解決していくことで、より信頼性の高い材料として、その将来が期待できると考えられます。

## 51 未来の都市づくり

人類が狩猟中心の生活から農耕を始めたのは、今から約1万年前といわれています。獲物と共に移動を繰り返してきた生活から、定住生活に移行すると共に、多種多様な構造物を造るようになりました。文明の始まり、そして建設業の始まりです。人類は大自然を相手に幾多の挑戦を続けてきました。住居、灌漑、堤防、道路、水路、港。人が集まり、都市が形成されました。そこにはさまざまな機能が備わり、人類にとって安心、安全な生活空間として発展してきました。近代になり、その都市機能の飛躍的発展に貢献してきたのが鉄とコンクリートであるといっても過言ではないでしょう。私たちは、コンクリートたちの力を借りて造り上げられた安全、快適な都市生活という恩恵を受けているのです。

さて、今後の都市はどのような形態になっていくのでしょうか？　現在地球が抱える多くの問題を解決していかなければ都市の未来は見えてきません。近未来の地球はどうなっているのでしょうか？　地球温暖化により21世紀中に数十cm海面が上昇し、太平洋の多くの島国が水没してしまう、2050年までに世界の人口が90億人を超えてしまう、そんな状況が予測されています。コンクリートの製造や利用において地球に優しくあるためにはどうすべきか先に述べました。ここでは、少々夢物語になるかもしれませんが、大林組が雑誌『季刊大林』の中で構想した「海上空港都市」、「海中トンネル」、「月面都市」を紹介しながら、未来の都市づくりにおいて、コンクリートがどのように活躍するのか考えてみたいと思います。

(1) 海上空港都市

国際ハブ空港として、トランジット目的以外にも文化交流・コンベンション施設、物流拠点、ホテル、オフィス、住居、さらにレジャー施設、カジノなどの機能も備えた国際空港都市構築を構想します。ここでは大都市近海の大陸棚、水深約100mの位置に海上空港都市を造ることを想定しましょう。

建設方法は、関西国際空港のような埋め立て人工島形式ではなく、海底油田開発などに用いられているようなプラットフォームをつなぎ合わせる形式を採用します。これは大規模な海底土砂掘削（浚渫）や埋め立てといった作業を必要としません。

プラットフォームの造り方を説明しましょう。沿岸のドックでケーソン基礎やスカート基礎と呼ばれるコンクリート製の大きな箱や筒を造り、所定の位置まで船で曳航し、安定した海底に沈設します。沈設する前に基礎の上にあらかじめ支柱となる４本のコンクリート製タワーを造っておきます。海底に設置した基礎と４本のタワーの上に平らなデッキを敷設して80ｍ角程度の大きさのプラットフォームがひとつできあがりました。

海底の基礎内空部分は航空燃料タンクなどに利用するため、浸水などは禁物です。そのため、コンクリートは、ひび割れ発生をできるだけ抑えることを最重要に考えた配合とします。良質のポゾランや高炉スラグ微粉末という混和材を用いてコンクリート自体の水密性、海水抵抗性を高めたり、表面に防水処理を施したりして浸水抵抗性を確保します。

また、プラットフォーム上部を支えるコンクリート製タワーは海水と空気の両方に触れたり、海水の飛沫にさらされたりして過酷な条件下にあります。そのタワーは鋼管を中心部に配置してその周りに鋼線を巻きつけてコンクリートで覆うハイブリッド構造を採用します。コンクリート製タワーの引張り強さを負担している鋼管や鉄筋、鋼線が錆びて劣化しないように、密実でしっかりとしたコンクリート保護層（鉄筋かぶり）を形成して耐久性を高める必要があります。また、エポキシ樹脂などを使ってコーティング処理したり、鉄筋の代わりに炭素繊維を用いる方策も耐久性向上に有効です。

そのようにして造ったプラットフォームをいくつも連結させて空港都市の中核部を形成します。これが国際空港島になります。デッキは多層構造とし、最上部は滑走路や管制塔、ターミナル部分、その下の中間層には航空機の格納庫、整備工場エリア、機内食工場や貨物倉庫エリア、さらにはホテル、コンベンションセンターが設置されます（図9－5）。下層部分は海上交通ターミナルや連絡海中トンネルのオンランプがあります。国際空港島とは別に少し離れた場所にいくつか海上基地を設置します。ひとつは中距離用空港島として主に東南アジアや国内線の空港として利用されます。また、小型機用空港島も設置して、近距離や小型機用空港とします。さらに空港関連施設に勤務する人々やその家族、さらには空港関係者だけでなく、頻繁に航空機を利用する人たちが生活するアーバン・アイランド（居住区島）。学校や医療機関も備わっています。また、居住者たちのレクリエーションや観光スポットとしてレジャー・リゾートアイランドも設置します（図9－6）。

海上空港都市と陸地をつなぐアクセスはコンクリート製の海中トンネルが担います（図9－7）。これは海底深くトンネルを設置するのではなく、海上を橋で結ぶのでもありません。鉄筋コンクリート製のパイプ状トンネルエレメントを沈めてつなぎ合わせて造る沈埋トンネルの一種で、それを海底に沈めるのではなく、船の航行に支障ない程度の深さ（水深30～50m程度）に固

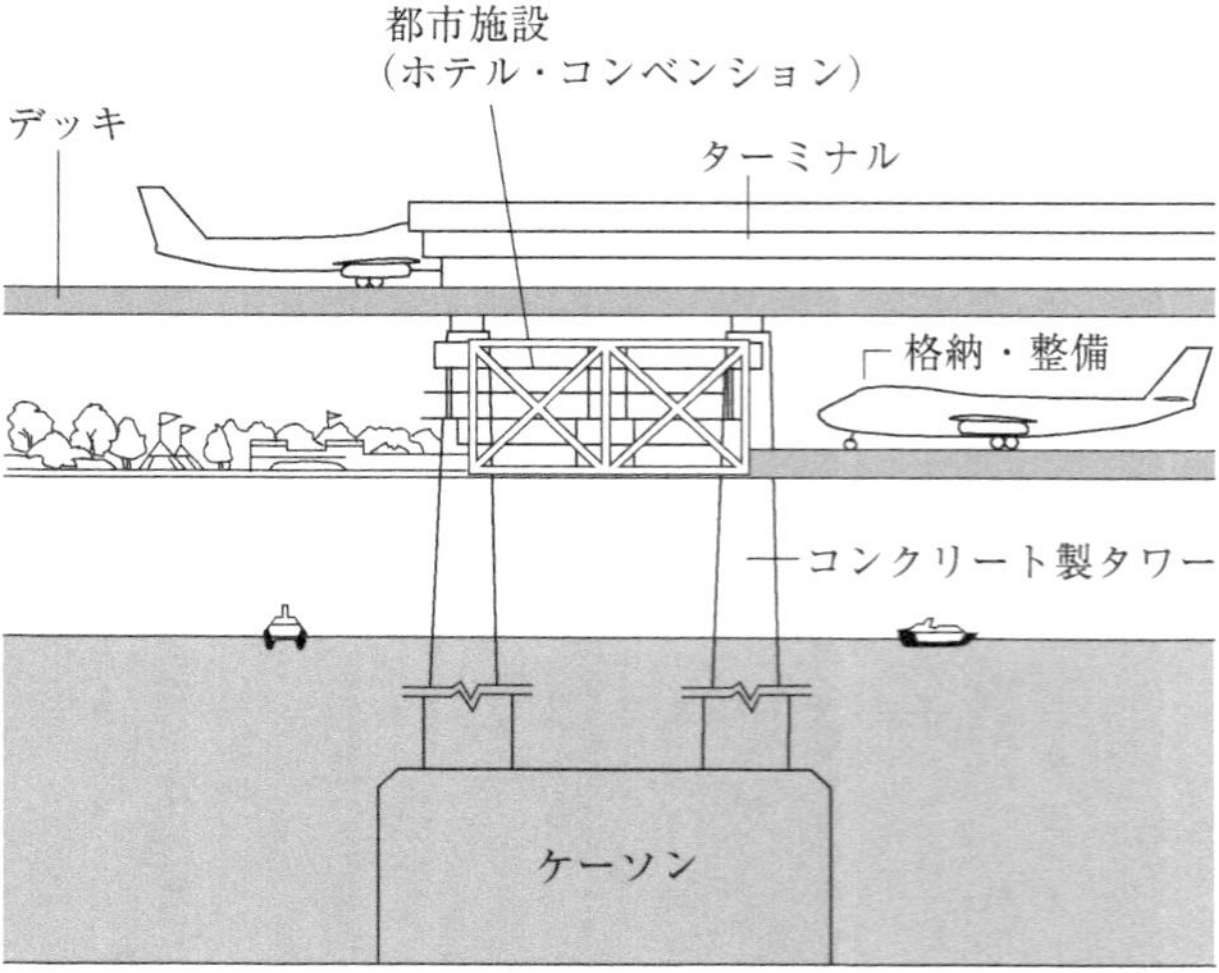

**図9-5** 海上空港都市断面図（部分）。ケーソン基礎とコンクリート製タワーの上にデッキが敷設されている。デッキは多層構造（原図提供：大林組）

定します。トンネルは自重と浮力が相殺され、エレメント同士の結合を確実に行えばそれほど頑丈さを必要としません。ただし、潮流や車両走行荷重による変動を抑える必要があります。そのため、係留チェーンや、ワイヤーにより固定しておく必要があります。できれば耐久性を考慮して錆びない素材が求められます。

地球温暖化により海面が1m上昇した場合、日本の砂浜の約90％がなくなってしまいます。満潮時に海面より低い土地となる部分が現状の3倍近くなると考えられます。海上空港都市はそのような環境においても新しいフロンティアとして人々に安全な都市空間を

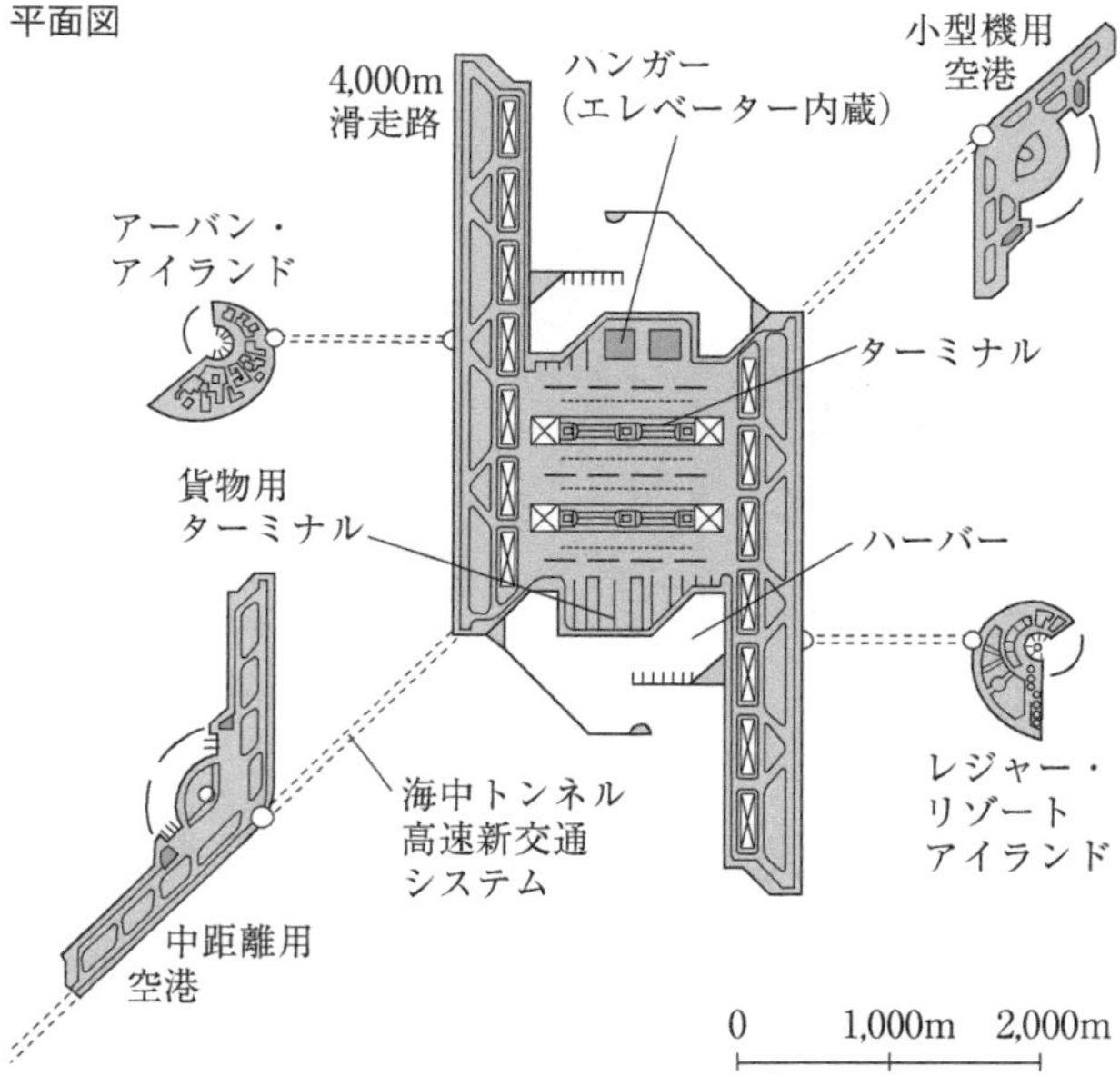


**図9-6**　海上空港都市平面図。2本の4000m滑走路を備えた国際空港島の周囲に、いくつかの海上都市が散らばる（原図提供：大林組）

もたらすことでしょう。できればこの海上空港から飛び立つ旅客機は大量の化石燃料を消費しないエンジンを搭載していることを望みます。人類の知恵と努力がきっと新しいクリーン駆動機関を生み出すことでしょう。

### （2）月面都市

1969年アポロ11号が月面に到達しました。その偉業は、月の謎や太陽系宇宙の成り立ちなど惑星科学の解明、宇宙船開発による輸送・制御技術の発展など大きな成果を

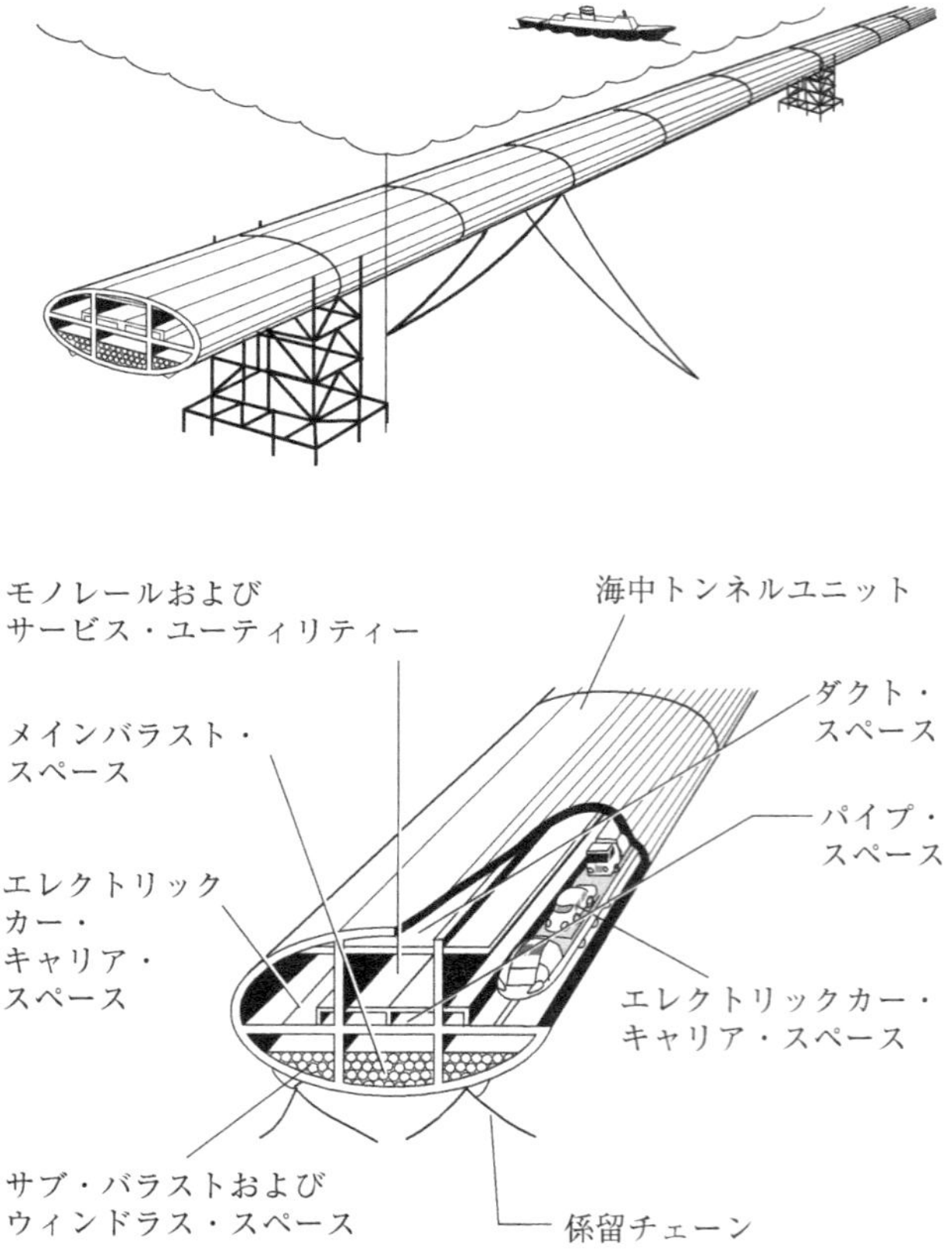


**図9-7** 海中トンネル。中央部にモノレールが走り、左右が電気自動車の走行スペース。メイン、サブのバラストで自重を調整する。ウィンドラス・スペースは係留チェーンを巻き上げたりする設備のスペース（原図提供：大林組）

もたらしました。その後東西冷戦の終結という世界情勢の変化を背景に宇宙開発競争の色合いが薄れ、だんだんと月への関心が失われていったように感じられました。

しかし、月にはまだまだ解明されていない謎がたくさん残されています。人類の科学的探究の対象であるだけでなく、空気がなく地球からの電波の影響が小さい月の裏側は、宇宙観測基地として地球と宇宙のしくみや歴史について新しい発見の拠点として期待されます。さらに重力が地球の約6分の1という特徴を活かして、火星探査などより遠くへ飛行するための中継基地として活用できます。また、月の鉱物や砂は資源として人類の未来の生活を支えるようになる可能性もあります。月の地表面を覆うレゴリスという微細砂は、ガラス粒子や鉄、チタンなどを含み、さらに核融合炉の燃料となるヘリウム3を吸着しています。将来はエネルギー問題に行き詰まる地球に向けて貨物宇宙船が環境にやさしい発電原料輸送を行っているかもしれません。

月面都市の概要を想像してみましょう。月移住開始当初は地中に居住区を造るしかありませんでした。しかし、月面コンクリート製造技術確立により7層建ての月面居住棟を皮切りに、研究所、オフィス棟、農場、工業施設、レジャー施設などを次々に造っていきました。また、地球からルナツアーに訪れる観光客のための居留施設としてルナタワーホテルがあります。コンクリート打設に適した空気圧と湿度を確保するためのシェルター型スリップフォーム工法で立ち上がっていくセントラルタワーの高さは地上500m余り。ルナツアー客たちは、タワーホテルから眺める地球の美しさに「地球は青かった」という20世紀のガガーリンの言葉を思い出すことでしょう。

そのような月面都市構築を支える月面コンクリートについて考えてみます。月世界の環境条件を整理しましょう。

A. 重力が地球の6分の1程度である。
B. 真空である。雨が降らない（空気、水がない）。宇宙線、隕石が降り注ぐ。
C. 地表温度差が非常に大きい。昼間130℃、夜間マイナス170℃、その差約300℃。
D. 火山活動がない。地震がない。

とんでもない条件です。しかし、人体に影響を与える温度変化、宇宙線や隕石落下に対してコンクリート建造物は有利な点が多くあります。材料強度、構造体強度、耐衝撃性が高い。耐久性、耐熱性、断熱性に優れ、メンテナンスがほとんど不要。宇宙線遮蔽効果を有する。材料に鉛などを加えることによりさらに遮蔽効果を高めることができる。また、月の環境に適合しているだけでなく、水以外のほとんどの原材料が比較的容易に現地採取または精製できる点からも優れた月面都市構造材料といえます。セメントを作るための原料である酸化カルシウムやシリカ、アルミナは豊富に存在し、骨材として砂利、砕石の代わりとなる鉱物もあります。

材料のうちセメントが固まる化学反応（硬化・水和反応）に欠かせない水の入手方法は最も困

難であると考えられます。そのうちひとつは地球から運搬する方法です。しかし、これは莫大な費用がかかり、どこでも手に入りやすい材料を用いて安価に作ることができるというコンクリートの根本的な長所を完全に奪ってしまいます。次に、月の極地域に地中深く存在するかもしれない氷を用いる方法。この方法が採用可能か否かは更なる月面調査に期待したいと思います。最後に月の鉱物に含まれる酸化化合物の還元過程から水素を取り出し、そこから水を作り出す方法があります。現在の技術で可能だと考えられますが、大量の月の砂や鉱物とエネルギーが必要になります。エネルギーとして太陽光発電を利用する方式が有力ですが、月面コンクリートを工業ベースに乗せるためには実用的な水製造技術確立が必須になります。当然この技術は人類の月面都市生活には欠かせないものですから、開拓時代には実用化されていることでしょう。

さて、材料がそろったところでコンクリートの製造と施工について考えましょう。重力が地球の６分の１であることは、密度の大きい骨材と小さい水、セメント、混和剤の分離抵抗において有利な条件といえます。さらに骨材としてより密度が高い金属類も使用可能であり、用途に応じてその選択肢は広がると考えられます。また大気がない（真空である）こと、雨も降らないことから水和反応に用いられた以外の水は真空で分散し、コンクリートの耐久性を低下させるアルカリ骨材反応や凍結融解作用の影響を受けにくいと考えられます。ただし、コンクリート内部でゆっくり進行する水和反応を阻害せずに余剰水分を排出、分散させるメカニズムの解明と養生方法など、環境整備の確立が月面における超耐久性コンクリートを生み出すカギとなります。

巨大海上空港都市や月面都市は、夢物語で終わるかもしれません。でも、ここで考えた未来都市で活躍するコンクリート技術は、現在の技術発展の先、もうすぐ手の届くところに存在するものです。コンクリートはその製作に携わる人たちの想いを反映します。正しく管理された良い材料をきちんと配合して手間をかけてじっくり仕上げれば、じつに美しいものができあがります。そうやってできあがったものは、長い期間にわたって人々が暮らす都市機能向上と安全確保に役立ってくれるでしょう。そんなコンクリートと暮らせる未来の都市を作っていきたいと、コンクリートにかかわる人間たちは考えています。

# あとがき

ここ数年、コンクリートに関する話題が新聞をはじめとするマスコミに取り上げられる機会が増えてきました。トンネルや高架橋からのコンクリート塊の落下、兵庫県南部地震によるコンクリート橋の倒壊、手抜き工事による早期劣化、ビルの耐震偽装問題、コンクリートジャングルによるヒートアイランド現象等々、ネガティブな話題ばかりです。これらの記事を読まれた皆さんはコンクリートについてどのように感じられたでしょうか。コンクリートは悪者のように報じられていますが本当にそうなのでしょうか。現代社会において、道路、橋、ビルなどのコンクリート構造物は当たり前のように存在し、皆さんにとっては空気のような存在になっているがゆえに、何か不都合が起こると、あたかも悪者のように扱われる風潮があるのではないでしょうか。

コンクリートを扱う技術者、研究者として、昨今のコンクリートに関する誤解を解きたい、コンクリートを知っていただくことで土木・建築分野の仕事に対する理解を深めてほしい、日常生活でのコンクリートに関するさまざまな疑問の答えにしてほしい、等々の理由が本書を出版するきっかけとなりました。

コンクリートのルーツは古代ローマ時代以前にもさかのぼります。近代以降は、人類の生活の基盤を支えてきました。わが国においては、昭和30〜40年代の高度成長期に橋、道路をはじめとする数多くの社会基盤が整備されました。その材料のほとんどがコンクリートと鉄であったことはよくご存じかと思います。これら社会基盤の充実により私たちの生活水準は格段に向上し、現在に至っていますが、その中でコンクリートとその関連技術が果たしてきた役割はきわめて大きいということができます。

しかし一方で、私たちの生活を支えてきてくれたこれらの構造物は年齢でいうと40歳から50歳になろうとしており、近年においてはその劣化によって造り替える必要が生じているものも見られるようになりました。これらの構造物を建設した時代は、技術者・研究者を含めほとんどの人がコンクリートは永久的であり、メンテナンス・フリーであると考えていましたが、昨今の劣化問題は、コンクリートは「生き物」であることを認識させる結果となりました。現代は、悪くなった構造物を造り替えるのではなく、適切にメンテナンスしてできるだけ長生きをさせることが要求されています。本書を読んでいただければ、コンクリートは適切に製造、施工し、メンテナンスすれば半永久的であること、昨今の問題に関していえば、コンクリートに罪はなく、それを扱う人間のほうに非があることを理解していただけると思います。

本書は土木学会関西支部内に組織された「コンクリートなんでも小事典」特定事業幹事会（旧一般書特定事業幹事会）で企画し、幹事を含め第一線の技術者・研究者が、できるだけ平易な形で記述しました。本書が読者の方々のコンクリートに関する日頃の疑問の解答になることを願っております。また、忌憚のないご意見を土木学会関西支部または著者までお寄せいただければ幸いです。

最後になりましたが、本書の出版に際し惜しみないご協力をいただきました講談社の堀越俊一氏、中谷淳史氏にこの場を借りて厚くお礼申し上げます。また、本書執筆中に急逝された元幹事の北後征雄氏に謹んで本書を捧げます。

２００８年12月

土木学会関西支部「コンクリートなんでも小事典」特定事業幹事
井上晋、森田雄三、葛目和宏、藏本修、小林茂広、宮川豊章、森川英典

# 参考文献

## 第1章、第2章


R. Malinowski : Ancient Mortars and Concretes—Durability Aspect—, International Symposium on Mortars, Cements and Grouts used in the Conservation of Historic Buildings, pp. 341-350, 1981. 11

R. Malinowski and Y. Garfinkel : Betongens forhistoria, Nordisk Betong, pp. 25-29, 1988. 5

長瀧重義、横山隆、河井徹、「新石器時代にも高強度コンクリートがあった《先史時代のコンクリート》」、『セメント・コンクリート』、pp. 1-11、1990. 5

李最雄、「世界最古のコンクリート」、『日経サイエンス』、pp. 74-84、1987. 7

浅賀喜与志、古澤靖彦、「5000年前のセメントの謎—古代中国のセメントをたどる—」、『セメント・コンクリート』、pp. 1-9、1999. 11

小林一輔、『コンクリートの文明誌』、岩波書店、246p、2004. 10

塩野七生、『ローマ人の物語〈27〉すべての道はローマに通ず〈上〉』、238p、新潮文庫、2006. 10

セメント協会編、『C&Cエンサイクロペディア［セメント・コンクリート化学の基礎解説］』、279p、

2004.3

第3章

セメント協会、『セメントの常識』、2007.11

岡田清編著、『コンクリートの耐久性』、朝倉書店、1986.1

コンクリート構造物の耐久性シリーズ、『塩害（Ⅰ）』、『塩害（Ⅱ）』、技報堂出版、1986.5、1991.4

セメント協会、『コンクリート専門委員会報告F－38　初期の乾燥がコンクリートの諸性質に及ぼす影響』

土木学会関西支部、『コンクリート構造の設計・施工・維持管理の基本（施工編）』、2003.11

第4章

小林和夫、『コンクリート構造学（第3版）』、森北出版、2002.11

小林和夫、井上晋、『プレストレストコンクリート工学』、国民科学社、2006.6

多田宏行、『保全技術者のための橋梁構造の基礎知識』、鹿島出版会、2005.1

土木学会関西支部、『コンクリート構造の設計・施工・維持管理の基本（設計編）』、2003.11

（社）プレストレスト・コンクリート建設業協会、『やさしいＰＣ橋の設計』、2002.7

## 第5章

土木学会、『２００７年度版コンクリート標準示方書【施工編】』、丸善、2008.3
（社）日本道路協会、『道路橋示方書・同解説Ⅲコンクリート橋編』、丸善、2002.3
（社）日本道路協会、『コンクリート道路橋施工便覧』、丸善、1999.5
（社）プレストレスト・コンクリート技術協会、『ＰＣ橋架設工法』、技報堂、2002.8
小林一輔、和泉意登志、出頭圭三、睦好宏史、『図解　コンクリート事典』、オーム社、2001.12
大成建設技術開発部、『コンクリートのはなし』、日本実業出版社、1995.2
大島久次編、『建築　コンクリート施工マニュアル』、理工学社、1982.1
土木学会関西支部編、『橋のなんでも小事典』、講談社ブルーバックス、1991.8

## 第6章

小野塚一郎、『戦時造船史』、今日の話題社、1989.12
小林和夫ほか、『プレストレストコンクリート技術とその応用』、森北出版、2006.3
港湾ＰＣ構造物研究会編、『港湾ＰＣ構造物実績集』、2004.4
（社）プレストレスト・コンクリート建設業協会編、『ＰＣ建設業協会50年史』、2005.5

第7章
土木学会、『2007年度版　コンクリート標準示方書【維持管理編】』、丸善、2008.3
藤原忠司、長谷川寿夫、宮川豊章、河井徹、『コンクリートのはなしI』、技報堂出版、1993.6
土木学会メインテナンス工学連合小委員会、『社会基盤メインテナンス工学』、東京大学出版会、2004.3
小林一輔、『コンクリートが危ない』、岩波新書、1999.5

第8章
小柳洽監修、『コンクリート構造物の診断と補修メンテナンスAtoZ』、技報堂出版、1995.7
片脇清士、『最新のコンクリート防食と補修技術』、山海堂、1999.9

第9章
北山一美、「放射性廃棄物の地層処分における課題と取組み―特集1　地層処分の現状と課題」、『土木学会誌』、第91巻、第11号、pp. 16-17、2006.11
原子力発電環境整備機構ホームページ：http://www.numo.or.jp/
久保義夫ほか、『地盤工学会誌』、46、10、pp. 31-34、1998

日本原燃ホームページ：http://www.jnfl.co.jp/
大林組プロジェクトチーム・菊竹清訓監修、「海上空港都市『パシフィック　エアポート　21』」、『季刊大林』21号「空港」、1985
大林組プロジェクトチーム、「ユーラシア・ドライブウェイ構想」、『季刊大林』7号「道」、1980
大林組プロジェクトチーム・栗木恭一協力、「月面都市２０５０構想」、『季刊大林』25号「月」、1987

# 著者略歴（執筆分担）

久田　真（ひさだ　まこと）第1章、第2章
　1990年京都大学工学部交通土木工学科卒業、（株）鴻池組、東京工業大学工学部助手、新潟大学工学部助教授などを経て、東北大学大学院工学研究科准教授。博士（工学）

小林　茂広（こばやし　しげひろ）第3章
　1973年神戸大学工学部工業化学科卒業、大阪セメント（株）（現：住友大阪セメント（株））。博士（工学）、技術士（総合技術監理部門、建設部門）

井上　晋（いのうえ　すすむ）第4章
　1984年京都大学大学院工学研究科交通土木工学専攻修士課程修了、京都大学工学部講師などを経て、大阪工業大学工学部教授。博士（工学）

三方　康弘（みかた　やすひろ）第4章
　2002年大阪工業大学大学院工学研究科土木工学専攻博士後期課程修了、（株）ニュージェックなどを経て、大阪工業大学工学部講師。博士（工学）

横山　雅臣（よこやま　まさおみ）第5章
2000年大阪大学大学院工学研究科土木工学専攻博士課程修了、鹿島建設（株）を経て、（株）ピーエス三菱。博士（工学）、技術士（建設部門）

森田　雄三（もりた　ゆうぞう）第6章
1974年京都大学工学部土木工学科卒業、住友建設（株）（現：三井住友建設（株））。技術士（総合技術監理部門、建設部門）

葛目　和宏（くずめ　かずひろ）第7章
1973年立命館大学大学院理工学研究科土木工学専攻修了、（株）国際建設技術研究所社長。工学修士、技術士（建設部門）

鎌田　敏郎（かまだ　としろう）第7章
1986年東京工業大学工学部土木工学科卒業、大阪大学大学院工学研究科教授。博士（工学）

北後　征雄（きたご　ゆきお）第8章
1965年中央鉄道学園大学課程土木科卒業、日本国有鉄道を経て、ジェイアール西日本コンサルタンツ（株）。博士（工学）、技術士（建設部門）。2008年逝去

著者略歴（執筆分担）

綾野　克紀（あやの　としき）第9章
１９８９年岡山大学大学院工学系研究科土木工学専攻修了、岡山大学大学院環境学研究科准教授。博士（工学）

西内　達雄（にしうち　たつお）第9章
１９８９年東京大学大学院工学系研究科土木工学専攻修了、財団法人電力中央研究所地球工学研究所。博士（工学）

市坪　誠（いちつぼ　まこと）第9章
１９９０年広島大学大学院工学研究科博士課程（前期）構造工学専攻修了、呉高専教授などを経て、独立行政法人国立高等専門学校機構本部事務局教授・教育研究調査室長。博士（工学）

宮本　裕（みやもと　ゆたか）第9章
１９９０年岡山大学大学院工学研究科土木工学専攻修士課程修了、（株）大林組。技術士（建設部門）

## <ま・や・ら・わ行>

## <な行>



## <は行>

## <た行>

## <さ行>

# さくいん

N.D.C.511.7　313p　18cm

ブルーバックス　B-1624

# コンクリートなんでも小事典《しょうじてん》
## 固まるしくみから、強さの秘密まで

2008年12月20日　第１刷発行
2025年４月３日　第７刷発行

編者　土木学会関西支部《どぼくがっかいかんさいしぶ》
著者　井上《いのうえ》　晋《すすむ》 他
発行者　篠木和久
発行所　株式会社講談社
〒112-8001 東京都文京区音羽2-12-21
電話　出版　03-5395-3524
販売　03-5395-5817
業務　03-5395-3615
印刷所　（本文表紙印刷）株式会社ＫＰＳプロダクツ
（カバー印刷）信毎書籍印刷株式会社
本文データ制作　講談社デジタル製作
製本所　株式会社ＫＰＳプロダクツ



ISBN978−4−06−257624−6

発刊のことば

# 科学をあなたのポケットに

二十世紀最大の特色は、それが科学時代であるということです。科学は日に日に進歩を続け、止まるところを知りません。ひと昔前の夢物語もどんどん現実化しており、今やわれわれの生活のすべてが、科学によってゆり動かされているといっても過言ではないでしょう。

そのような背景を考えれば、学者や学生はもちろん、産業人も、セールスマンも、ジャーナリストも、家庭の主婦も、みんなが科学を知らなければ、時代の流れに逆らうことになるでしょう。

ブルーバックス発刊の意義と必然性はそこにあります。このシリーズは、読む人に科学的に物を考える習慣と、科学的に物を見る目を養っていただくことを最大の目標にしています。そのためには、単に原理や法則の解説に終始するのではなくて、政治や経済など、社会科学や人文科学にも関連させて、広い視野から問題を追究していきます。科学はむずかしいという先入観を改める表現と構成、それも類書にないブルーバックスの特色であると信じます。

一九六三年九月

野間省一

## ブルーバックス　事典・辞典・図鑑関係書

325 現代数学小事典　寺阪英孝=編
569 毒物雑学事典　大木幸介
1084 図解 わかる電子回路　加藤 肇／見城尚志／高橋 久
1150 音のなんでも小事典　日本音響学会=編
1188 金属なんでも小事典　増本 健=監修　ウォーク=編著
1439 味のなんでも小事典　日本味と匂学会=編
1484 単位171の新知識　星田直彦
1614 料理のなんでも小事典　日本調理科学会=編
1624 コンクリートなんでも小事典　土木学会関西支部=編　井上 晋 他
1642 新・物理学事典　大槻義彦／大場一郎=編
1653 理系のための英語「キー構文」46　原田豊太郎
1660 図解 電車のメカニズム　宮本昌幸=編著
1676 図解 橋の科学　土木学会関西支部=編　田中輝彦／渡邊英一 他
1761 声のなんでも小事典　和田美代子　米山文明=監修
1762 完全図解 宇宙手帳　渡辺勝巳／JAXA（宇宙航空研究開発機構）=協力
2028 元素118の新知識　桜井 弘=編
2161 なっとくする数学記号　黒木哲徳
2178 数式図鑑　横山明日希

## ブルーバックス　技術・工学関係書（Ⅱ）

2056 新しい1キログラムの測り方　臼田　孝
2093 今日から使えるフーリエ変換　普及版　三谷政昭
2103 我々は生命を創れるのか　藤崎慎吾
2118 道具としての微分方程式　偏微分編　斎藤恭一
2142 ラズパイ4対応　カラー図解　最新Raspberry Piで学ぶ電子工作　金丸隆志
2144 5G　岡嶋裕史
2172 スペース・コロニー　宇宙で暮らす方法　向井千秋＝監修・著　東京理科大学スペース・コロニー研究センター＝編・著
2177 はじめての機械学習　田口善弘